超高水材料充填采煤技术

Backfill Mining Technology with Superhigh-water Material

孙春东　著

科　学　出　版　社

北　京

内 容 简 介

邯郸矿区具有地表村庄密集、人口众多、村庄压煤比重大的特点,如何高效开采村庄下压煤,实现矿区的可持续发展是矿区面临的重要挑战之一。本书紧密结合超高水材料充填采煤技术的发展历程,系统地总结了邯郸矿区超高水材料充填采煤理论、技术与实践方面的创新成果。

本书系统地介绍了超高水材料的基本性能和工程特性、超高水材料充填开采工艺方法、充填工艺系统和装备、矿山压力显现及覆岩活动规律、地表沉降规律及控制等内容。结合超高水材料充填采煤工程案例,通过地表沉降观测、工程探查、充填体承载监测、等效采高理论验证,阐述超高水材料充填固结体的整体稳定性及其存在的问题,给出了超高水材料充填开采设计的要素及主要原则等。

本书可供从事采矿工程、矿山安全及相关专业的工程技术人员、科研工作者、研究生等参考使用。

图书在版编目(CIP)数据

超高水材料充填采煤技术=Backfill Mining Technology with Superhigh-water Material/ 孙春东著. —北京:科学出版社,2017.6
ISBN 978-7-03-053575-7

Ⅰ.①超… Ⅱ.①孙… Ⅲ.①高水充填材料-充填法-采煤方法
Ⅳ.①TD823.7

中国版本图书馆 CIP 数据核字(2017)第 131955 号

责任编辑:李 雪/责任校对:桂伟利
责任印制:张 倩/封面设计:无极书装

科学出版社 出版
北京东黄城根北街 16 号
邮政编码:100717
http://www.sciencep.com

北京通州皇家印刷厂 印刷
科学出版社发行 各地新华书店经销
*
2017 年 6 月第 一 版 开本:787×1092 1/16
2017 年 6 月第一次印刷 印张:19 1/2
字数:460 000
定价:188.00 元
(如有印装质量问题,我社负责调换)

序

进入 21 世纪以来,我国煤炭工业发展迅猛,有力地保障了国民经济高速发展的需求。这一期间,煤炭行业的整体技术水平及科技创新能力也得到了较大的提升。"十一五"期间,国务院根据国内煤炭生产的发展形势,以〔国发(2005)18 号〕文颁发了《国务院关于促进煤炭工业健康发展的若干意见》。《国务院关于促进煤炭工业健康发展的若干意见》在肯定煤炭对国民经济和社会发展发挥了重要作用的同时,也指出"煤炭工业在发展过程中还存在结构不合理、增长方式粗放、科技水平低、安全事故多发、资源浪费严重、环境治理滞后、历史遗留问题较多等突出问题"。其中,采矿造成的环境治理问题,首次摆放到煤炭行业可持续发展的重要位置,学术界积极倡导绿色开采、科学采矿、建设生态矿山,至今已成为行业共识,不断出现新成果。

煤炭在我国一次性能源消费中,长期占据 70%左右的主体地位。改革开放以来,我国中东部地区的经济快速发展,对煤炭的需求大幅攀升,煤炭资源丰富的西部地区资源开发较为滞后,同时受运力的影响,对发达的中东部地区及东南沿海地区的煤炭需求支持力度不足,受市场需求和利益驱动等多重影响,造成中东部地区煤炭超强度开发,带来了一系列问题。比较突出的问题如下:①中东部地区煤炭矿山开发较早,大部分矿井到了服务年限的后期,随着开发强度的加大,资源消耗过快,剩余资源多为呆滞的"三下"(建筑物下、铁路下、水体下)资源,有的矿井村庄压煤量已占到矿井总储量的 70%;②部分矿井转入深部开采,矿井受煤与瓦斯突出、高承压水和冲击地压等地质灾害威胁增大,安全治理带来开采成本的大幅提升;③煤矿长期开采,造成地面矸石山堆积、自燃,采煤塌陷区将农田变为水塘。燃煤电厂的粉煤灰、钢厂的炉渣、金属矿山的尾矿等固体废弃物,都对环境产生了污染,已经到了人与自然环境不和谐、不可持续的严重程度。

当经济社会发展到一定程度,工业文明变革便呼之欲出。在人们认识到采矿带来环境污染问题时,便有人开始研究和攻克一些有效治理的关键技术。"十一五"期间,我国充填采矿技术得到较快发展。目前,煤炭矿山已基本形成较为成熟的三大充填采煤方法,一是以矸石等固体废弃物为主的固体充填采煤方法;二是以矸石与粉煤灰为主的膏体充填采煤方法;三是超高水材料充填采煤方法。三种充填采煤方法都实现了综合机械化和安全高效的规模化生产,减轻了传统垮落法开采造成的地表塌陷严重问题,处置了矸石、粉煤灰等固体废弃物,缓解了对环境的污染和占用耕地的问题,减少了对井上下水资源的破环程度及瓦斯等有害气体的排放,解决了"三下一上"煤炭资源开采的一系列安全和环境问题。充填开采技术尽管能够大大缓解垮落法开采带来的环境破坏问题,但增加了部分开采成本(这些成本目前全部由煤炭企业承担),应强调指出的是这部分增加的成本,与治理恢复矿区生态大环境相比,还是较低的。在当前经济形势下,充填开采还仅用于"三下一上"呆滞资源的开采,若要将充填开采推广为常规开采方法,需要从政策方面对煤炭企业大力扶持。相比膏体、矸石充填而言，超高水材料充填采煤，水体积可达95%以上，固体资源用量很少，可直接使用矿井废水，远距离输送成本很低，是一种适合持续大规模使用的充填开采方法。

　　本书系统地总结了超高水材料充填采煤技术研究的创造性成果，介绍了研究团队创建的超高水材料充填采煤成套技术及其初步的理论体系，详实地介绍了超高水材料的基本性能和工程特性、开采工艺方法、充填工艺系统和装备、矿山压力显现及覆岩活动规律、地表沉降规律及控制等系统研究内容，并给出了若干超高水材料充填采煤工程案例。通过地表沉降观测、工程探查、充填体承载监测及等效采高理论验证，基本查清了超高水材料充填固结体的整体稳定性及其存在的问题，从理论上探索出了解决问题的技术途径。鉴此，我愿为本书作序，并谨向广大工程技术人员推荐本书，相信本书的出版必将对超高水材料充填采煤技术的深入研究起到重要的奠基作用，对煤矿开采技术的不断创新和煤炭工业持续健康发展产生积极的推进作用。

中国工程院院士

2016 年 7 月

前　　言

"煤炭是工业的粮食"，这句话对于从事煤炭行业的人来说，是深深植入骨髓的记忆。无论当今发达国家，还是发展中国家，其工业化发展的过程中煤炭都是头等功臣。我国煤炭工业长期以来主要以井工长壁垮落法开采为主，这种开采方法回收率高，特别是实现了综合机械化开采后，其开采效率大幅提高。但同时存在着地表沉降严重，地下含水层被破坏，大量农田变为水塘或干旱土地；矸石山堆置占用大量土地，矸石自燃；煤炭利用后产生的废弃物严重污染环境等生态破坏问题。改革开放以来，我国经济增速较快，煤炭需求总量持续增加，特别是"十五"后期开始，煤炭经济经历了十年"黄金期"，有力地支持了国民经济的高速增长。对煤炭工业自身发展来说，经济效益的提高，带动了技术装备水平的大幅提升，同时也造成了矿井超强度开发，特别是中东部矿井资源快速萎缩，一些矿井"三下一上"呆滞储量成为主要可采资源。在煤炭经济尚好的时期，煤炭人意识到了生态保护的重大意义，为了有效开发利用呆滞资源，同时解决生态环境破坏问题，充填采煤技术得到了快速发展。

冀中能源集团是较早研究应用充填采煤技术的大型煤炭企业，自 2005 年以来与中国矿业大学合作，先后在邢台矿、小屯矿、陶一矿进行了矸石固体充填，矸石粉煤灰膏体充填，超高水材料充填等充填采煤技术试验，多种充填采煤技术均突破了关键技术难题，获得成功。经过近十年的不断深入研究，各种充填采煤技术都实现了综合机械化开采和规模化应用，形成了较为成熟的三大充填采煤技术体系，引领了充填采煤技术的发展方向。充填采煤技术不仅解决了呆滞资源开采的技术屏障，同时也成为生态矿山建设，实现绿色开采的关键技术，取得了可观的经济效益和显著的社会效益。

邯郸矿区开采历史较为悠久，地处华北平原，矿区地表村庄密集，人口众多，村庄压煤比重较大，属典型的"三下"开采矿区之一，由于开采规模不断加大，矿区资源逐渐减少，如何成功开采村庄下压煤已成为矿区可持续发展面临的主要关键问题之一。自 2008 年，邯矿集团首次以陶一煤矿为试点采用超高水材料进行充填开采，研制了第一套井下使用的自动化程度较高的超高水充填制浆设备（120m³/h），研制了第一套 4.5m 袋式充填支架。经过近十年的不断探索，已形成了较为完善的理论基础和工艺技术体系，主要体现在：①超高水材料充填开采工艺的适应性进一步提高。在开放式充填工艺的基础上，成功开发并实施了开放式、袋式、混合式等多种充填方法与工艺（工作面长度为 50~60m），取得了良好的技术经济效果。②与长壁充填开采（工作面长度 120m）相适应的充填工艺系统和覆岩沉降控制机理与方法进一步完善。建立了超高水材料充填开采"顶板-煤层-支架-充填体"整体结构力学模型，结合充填体力学性能，揭示了超高水材料长壁充填开采顶板变形破坏机理，提出了相应的顶板控制方法，首次设计实施了配套的地面充填工艺系统（充填能力达到 400m³/h，满足了充填工作面年产百万吨的需求），并构建了顶板控制技术体系。③"充填体-覆岩-地表"三位一体变形实时监测技术得到了普遍应用。首次将岩层破裂产生的震动场探测与覆岩应力场及地表沉降观测相结合，实现了实时联合监测，取得了丰富的实测成果。系统分析了超高水材料大采高长壁袋式充填开采顶底板破裂特征、采场矿压显现、充填体承载特性及其稳定性；揭示了"井下开采与充填参数"和"顶板破裂动态与地表沉陷规律"的多参量相关关系，实现了"一张图"多参量对比及覆岩沉降预测功能；得出了超高水材料袋式充填开采地表下沉量与采高无关、垮落法开采覆岩下沉系数不适合预计超高水材料袋式充填开采地表下沉量的新认识；通过工程探查、充填体承载监测、等效采高理论验证，证实了超高水材料充填固结体的整体稳定性及其存在的问题，从理论上探索出了解决问题的技术途径。基于超高水材料充填开采大量的实验室研究和现场工程实践，证明了超高水材料充填采煤技术是成功的，特别是在单一回采工作面非充分采动条件下，地表沉降控制达到了预期效果。结合关键层理论，在工作面间留设区段小煤柱，使工作面处于非充分采动状态，也达到了区域充填开采控制地表沉降的目的。充分采动状态下的充填实践，充填体的承载为其上覆岩石自重，充填固结体承载超过了其"临界抗压强度"，固结体发生泌水，产生较大压缩变形，影响了充填开采效果。降低超高水材料水体积比、提高充填固结体强度，是实现超高水材料区域充填无煤柱化的有效途径。

本书以 2008 年以来冀中能源邯郸矿业集团与中国矿业大学、北京科技大学、河北工程大学等单位合作，针对应用超高水材料充填采煤进行的试验、应用、推广所取得的技术研究成果为基础，全面、系统地总结论述了超高水材料充填采煤技术的方法、工程实践及其理论创新研究成果。书中详细介绍了超高水材料的基本性能和工程特性、充填开采工艺方法、充填工艺系统和装备、矿山压力显现及覆岩活动规律、地表沉降规律及控制等系统研究内容，提出了今后应用该技术在设计方面应当充分考虑的因素、原则及参考指标，创建了完整的超高水材料充填采煤技术与理论体系。为了记载超高水材料充填开采技术的初始研究现状，书中基本录入了所有应用了的技术，尽管有些技术不一定会成为今后的主流方向。特别是在应用研究方面编录了典型充填工作面实例，系统详实地表述了研究方法及取得的成果和存在的问题，真实地展现了超高水材料充填采煤成套技术，具有较强的实用性和指导性，可供设计、生产、装备制造、科研和教学等工程技术及研究人员参考。期许本书能对超高水材料充填采煤技术的后续研究起到一定的基础作用，对该技术的推广起到积极的促进作用。

全书的整体构思、统稿和审定工作由孙春东负责。编写分工如下：第 1 章，孙春东；第 2 章，冯光明、孙春东、张东升、王旭锋；第 3 章，孙春东、冯光明、李永元；第 4 章，孙春东、冯光明、卢永战；第 5 章，孙春东、毕锦明、高文亭；第 6 章，孙春东、姜福兴、张东升、王旭锋、李永元；第 7 章，姜福兴、孙春东、张东升、王旭锋；第 8 章，孙春东、张东升、王旭锋；第 9 章，张兆江、孙春东、李永元；第 10 章，张兆江、孙春东；第 11 章，王旭锋、孙春东、李永元。

本书文献内容主要源自科研成果总结报告，主要合作单位为中国矿业大学、北京科技大学和河北工程大学等。在此作者首先向在成果的原创性研究、试验和推广应用过程中做出了突出贡献的冀中能源邯郸矿业集团有限公司原副总程师胡海江、邸志平、孟杏荞、生产部齐惠敏副部长；陶一煤矿李凤凯、马民乐矿长、王春耕总工程师、赵玉泉副总工程师；亨健公司布铁勇董事长、卢志敏总工程师等同志表示真诚的谢意！装备研发制造与材料加工生产合作单位：河南华威矿业工程公司荣金慧董事长；河北紫晨超高水材料有限公司原董事长冀满良等对项目的实施给予了很大的支持。特别是在本书资料的搜集、编撰与审定过程中，得到了煤炭科学研究总院姚建国研究员、中国矿业大学（北京）王家臣副校长、中国矿业大学邓喀中教授等热忱的指导和斧正；还得到了冀中能源集团、邯矿集团有关领导和同事们极大的关注、支持和帮助，在此一并表示诚挚的感谢！

　　由于作者学识水平有限，书中不当之处，敬请各位同行、专家批评指正。

作　者
2016 年 7 月

目　　录

序
前言
第1章　绪论 ……………………………………………………………………………… 1
　1.1　传统采煤方法存在的突出问题 ……………………………………………………… 1
　1.2　国内外充填采煤技术沿革 …………………………………………………………… 3
　　1.2.1　国外充填采矿技术发展历程 …………………………………………………… 3
　　1.2.2　国内充填开采技术发展历程 …………………………………………………… 4
　1.3　充填采煤技术现状 …………………………………………………………………… 5
　　1.3.1　现代充填采煤特征 ……………………………………………………………… 5
　　1.3.2　充填采矿分类 …………………………………………………………………… 5
　1.4　充填采煤技术发展趋势 ……………………………………………………………… 6
　1.5　超高水材料充填开采技术研发应用及发展 ………………………………………… 7
第2章　超高水材料及性能 ……………………………………………………………… 9
　2.1　超高水材料的基本组分 ……………………………………………………………… 9
　　2.1.1　超高水材料水化反应 …………………………………………………………… 9
　　2.1.2　超高水材料固结体微观特性 …………………………………………………… 10
　2.2　超高水材料的基本性能 ……………………………………………………………… 11
　　2.2.1　固结体力学特性 ………………………………………………………………… 11
　　2.2.2　固结体物理化学特性 …………………………………………………………… 14
　　2.2.3　浆体流变特性 …………………………………………………………………… 17
　　2.2.4　浆体的流动性 …………………………………………………………………… 19
　2.3　超高水材料固结体工程特性 ………………………………………………………… 22
　　2.3.1　不同形态固结体力学性能 ……………………………………………………… 22
　　2.3.2　大尺寸固结体蠕变特性 ………………………………………………………… 27
　　2.3.3　固结体侧限受压承载特性 ……………………………………………………… 35
　2.4　影响超高水材料性能的因素 ………………………………………………………… 41
第3章　超高水材料充填开采工艺 ……………………………………………………… 43
　3.1　采空区袋式充填开采工艺 …………………………………………………………… 43
　　3.1.1　工艺特点 ………………………………………………………………………… 43
　　3.1.2　袋式充填开采工艺的应用 ……………………………………………………… 45
　3.2　采空区开放式充填开采工艺 ………………………………………………………… 55
　　3.2.1　工艺特点 ………………………………………………………………………… 55
　　3.2.2　开放式充填开采工艺的应用 …………………………………………………… 56
　3.3　采空区混合式充填开采工艺 ………………………………………………………… 61
　　3.3.1　间隔交错式充填 ………………………………………………………………… 61
　　3.3.2　分段阻隔式充填 ………………………………………………………………… 63

第4章 超高水材料浆体制备系统 ································· 64

4.1 井下浆体制备系统 ····································· 64

4.2 地面浆体制备系统 ····································· 65

    4.2.1 地面浆体制备设备 ······························· 65

    4.2.2 地面浆体制备自动控制系统 ······················· 69

4.3 浆体输送系统 ··· 73

    4.3.1 输送泵浆体输送系统 ····························· 73

    4.3.2 浆体自流输送系统 ······························· 74

    4.3.3 浆料混合装置 ·································· 76

    4.3.4 风水联动管路清洗系统 ··························· 78

4.4 制浆系统的推广应用 ··································· 78

第5章 充填工作面液压支架 ································· 79

5.1 充填液压支架研究现状 ································· 79

5.2 整体式充填液压支架 ··································· 79

    5.2.1 基本原理 ····································· 79

    5.2.2 结构形式 ····································· 80

5.3 分体式充填液压支架 ··································· 81

    5.3.1 基本原理 ····································· 81

    5.3.2 结构形式 ····································· 81

5.4 悬移式充填液压支架 ··································· 84

第6章 超高水材料充填开采覆岩活动及矿压规律 ··············· 86

6.1 覆岩活动规律及矿压观测基本方法 ······················· 86

    6.1.1 微地震监测 ··································· 86

    6.1.2 围岩应力在线监测 ······························· 92

    6.1.3 支架工作阻力在线监测 ··························· 95

    6.1.4 充填体承载应力监测技术 ························· 97

6.2 开放式充填开采工作面覆岩活动及矿压显现 ··············· 98

    6.2.1 陶一煤矿充I工作面 ····························· 98

    6.2.2 陶一煤矿充VI工作面 ····························· 104

6.3 袋式充填开采工作面覆岩活动及矿压规律 ··············· 120

    6.3.1 陶一煤矿12706工作面 ··························· 120

    6.3.2 亨健煤矿2515工作面 ··························· 129

第7章 袋式充填开采覆岩控制机理及关键要素 ··············· 154

7.1 袋式充填开采覆岩结构特征 ··························· 154

    7.1.1 充垮开采覆岩结构对比 ··························· 154

    7.1.2 袋式充填开采覆岩控制要素 ······················· 155

7.2 袋式充填开采"支架-围岩"作用关系 ··················· 158

    7.2.1 袋式充填工作面需控围岩 ························· 158

    7.2.2 袋式充填工作面"支架-围岩"关系 ················· 159

7.3 袋式充填开采覆岩控制机理及关键要素 ················· 162

    7.3.1 袋式充填开采覆岩控制机理 ······················· 162

7.3.2　影响充填效果的因素分析 ·· 163

7.3.3　充填开采参数对覆岩活动的影响 ··· 164

7.3.4　提高工作面充填效果的保障措施 ··· 165

第8章　开放式充填开采覆岩控制机理及关键要素 ································ 167

8.1　开放式充填开采覆岩控制机理及力学模型 ······································ 167

8.1.1　开放式充填覆岩控制机理分析 ·· 167

8.1.2　开放式充填开采覆岩整体结构力学模型 ······································· 168

8.1.3　基本顶受力分析 ··· 171

8.1.4　直接顶断裂步距分析 ··· 177

8.2　开放式充填开采"支架-围岩"作用关系 ··· 181

8.2.1　直接顶初次破断期间支架初撑力分析 ··· 181

8.2.2　直接顶周期破断期间支架初撑力分析 ··· 185

8.2.3　支架工作阻力分析 ··· 187

8.3　开放式充填开采覆岩活动特征模拟分析 ··· 190

8.3.1　UDEC数值计算模型建立 ·· 190

8.3.2　模拟结果与分析 ··· 192

8.3.3　地表移动变形特征 ··· 204

8.4　开放式充填开采覆岩控制关键要素 ·· 207

8.4.1　利用支架尾梁提高充填液面 ·· 207

8.4.2　提高充填率的其他措施 ·· 209

第9章　超高水材料充填开采地表沉降规律及控制技术 ························ 210

9.1　地表沉降观测方法 ··· 210

9.1.1　观测工作流程 ·· 210

9.1.2　技术依据 ·· 210

9.2　单一工作面充填开采地区地表沉降观测 ··· 210

9.2.1　地表移动观测站的布设原则与观测方法 ·· 210

9.2.2　观测设备 ·· 212

9.2.3　变形监测方案设计与测点布设 ··· 214

9.2.4　亨健矿2515工作面地表观测结果 ··· 217

9.2.5　陶一矿12706工作面地表观测结果 ·· 219

9.2.6　实测地表下沉率 ··· 221

9.3　单一工作面充填开采地表沉降规律研究 ··· 222

9.3.1　概率积分法简介 ··· 222

9.3.2　地表下沉实测参数拟合计算 ·· 223

9.3.3　等效采高 ·· 225

9.3.4　地表下沉系数 ·· 228

9.4　充填开采地表沉降控制技术 ·· 231

9.4.1　影响充填效果的要素分析 ··· 231

9.4.2　袋式充填开采提高充填率控制地表沉降效果 ·································· 233

9.4.3　开放式充填开采提高充填率控制地表沉降效果 ······························ 237

第10章　区域充填开采地表沉降规律 ··· 239

10.1　区域充填开采充分采动地表沉降规律 ·· 239

　　10.1.1　陶一矿邯长铁路下 12706 区块充填开采情况 ·········· 239
　　10.1.2　亨健矿 2515 区块充填开采情况 ···················· 249
　　10.1.3　陶一矿七采区充填开采情况 ······················ 258
10.2　区域充填开采效果工程验证及分析 ···················· 272
　　10.2.1　充填工作面开采情况 ···························· 272
　　10.2.2　充填过程中遇到的问题 ·························· 273
　　10.2.3　充填体应力监测 ······························ 274
　　10.2.4　工程验证 ·································· 274
　　10.2.5　充填体残余强度 ······························ 277
　　10.2.6　对 2515 区块充填效果 ·························· 277
10.3　超高水材料固结体稳定性综合分析 ···················· 278
　　10.3.1　钙矾石生成及稳定性 ···························· 278
　　10.3.2　采空区充填体泌水因素综合分析 ···················· 281
　　10.3.3　区域充填固结体稳定的技术途径 ···················· 284

第 11 章　超高水材料充填开采设计 ······················ 285
11.1　超高水材料充填开采设计的总体原则 ···················· 285
　　11.1.1　总体原则 ·································· 285
　　11.1.2　地表建(构)筑物破坏等级划分标准与要求 ·············· 286
11.2　超高水材料充填开采设计流程 ······················ 287
　　11.2.1　一般流程 ·································· 287
　　11.2.2　优化设计流程 ································ 289
11.3　超高水材料充填开采设计内容 ······················ 289
　　11.3.1　超高水材料选择 ······························ 289
　　11.3.2　充填率及充填采区布置 ·························· 290
　　11.3.3　充填开采工艺系统设计 ·························· 292
　　11.3.4　充填开采"三机"配套 ·························· 293
　　11.3.5　采充工作制度 ································ 294
11.4　核心技术要素 ································ 295

参考文献 ···································· 296

第 1 章 绪 论

随着矿井储量的逐渐减少，资源枯竭与经济发展的矛盾日益突出，有效地进行"三下"煤炭资源开采对充分利用地下资源、延长矿井寿命、促进煤炭工业的持续健康发展具有重要意义。随着煤炭开采技术的发展[1~4]，覆岩移动及地表沉陷控制技术得到了进一步丰富和完善，如条带开采和充填开采等技术。充填开采逐渐成为解放"三下"煤炭资源的重要技术途径之一，按充填材料不同，充填开采划分为干式充填与非干式充填两大类。近年来，伴随着超高水充填材料的研发，超高水材料充填开采技术于近年来在煤矿采空区充填方面得到了较广的应用。

1.1 传统采煤方法存在的突出问题

我国煤炭资源的一个特点是资源总量较为丰富，截止到 2015 年，在已探明的煤炭可采储量前 10 位的国家中，我国位居第 3，见表 1-1。然而，我国的煤炭总储量不及美国的 1/2，由于我国人口是美国的 5 倍之多，人均资源占有量不及美国的 1/10，不足世界人口人均资源占有量的 1/2。我国的能源资源相对贫乏，能源消费对煤炭的依赖程度较高，一直占到消费总量的 70%左右[5, 6]。随着我国经济的快速发展，煤炭消耗大幅增长，连续超强度开采导致煤炭储采比逐年下降，由 2007 年的 45a、2011 年的 35a 减小至 2015 年的 31a，大大低于世界平均储采比[7, 8]。可以预见，随着国家经济建设的不断发展，储采比还会持续下降。

表 1-1 世界 2015 年煤炭探明储量前 7 位国家

排序	国家	探明储量/亿吨	比重/%	储采比/年
1	美国	237295	26.6	292
2	俄罗斯	157010	17.6	422
3	中国	114500	12.8	31
4	澳大利亚	76400	8.6	158
5	印度	60600	6.8	89
6	德国	40548	4.5	220
7	乌克兰	33873	3.8	>500

我国煤炭资源的另一特点是"三下"压煤比较普遍，形成呆滞煤量，不能有效开采利用，回采率较低。据对国有重点煤矿的不完全统计，全国国有重点煤矿生产矿井的"三下"压煤就达 137.9 亿吨，其中建筑物下 94.68 亿吨，占总压煤量的 69%[9]。几乎每个矿井都存在建筑物下压煤问题，一般都占矿井储量的 10%～30%，有的高达 40%。随着经

济的持续发展，村镇规模不断扩大，新矿区和新井田不断建设，实际压煤量远高于这一数字。主要产煤省，如河北、江苏、安徽、河南等，多数矿区(井)地处平原，村庄密集，人口众多，村庄压煤比重较大，有的矿区或井田村庄压煤量占总储量的70%[10, 11]。一方面，随着国家经济建设的发展，"三下"压煤量在不断增加；另一方面，随着矿井开采强度的增大，矿井资源在逐年减少。老矿区如不进行"三下"采煤，尤其是村庄下采煤，将面临矿井关闭的局面；新矿区如不从可持续发展的战略高度进行统筹规划、协调"三下"压煤开采问题，就很难保证矿区的可持续发展。

此外，现代科学技术的高速发展和现代工业生产的高速增长，使煤炭资源的开发利用规模和强度也达到了前所未有的程度。据有关资料统计，截止到2015年，我国在过去的10年间，煤炭生产总量增长了约1.09倍，见表1-2。在这不断快速增长的开发过程中，多数老矿区煤炭资源正逐步枯竭。

表 1-2　我国能源生产总量和构成

年份	能源生产总量/万吨标准煤	构成(能源生产总量 = 100)			
		原煤	原油	天然气	水、核、风电
1991	104844	74.1	19.2	2.0	4.7
1993	111059	74.0	18.7	2.0	5.3
1995	129034	75.3	16.6	1.9	6.2
1997	132410	74.1	17.3	2.1	6.5
1999	125935	72.5	18.2	2.7	6.6
2001	137445	71.9	17.0	2.9	8.2
2003	163842	75.1	14.8	2.8	7.3
2005	205876	76.5	12.6	3.2	7.7
2007	237000	76.6	11.3	3.9	8.2
2009	274619	77.3	9.9	4.1	8.7
2011	317987	77.8	9.1	4.3	8.8
2013	340000	75.6	8.9	4.6	10.9
2015	362000	72.1	8.5	4.9	

经济快速发展与资源匮乏、枯竭矛盾的日益尖锐，给人们合理开发和充分利用煤炭资源提出了严峻的考验。如何充分利用现有资源，更加科学、合理、有效地开发和利用不可再生的矿产资源是我国矿业发展亟待解决且不能回避的问题。

同时，传统的煤炭开采技术或方式也产生了一系列的问题：据统计，平均每开采万吨原煤会造成塌陷土地 $0.2hm^2$，每年由于煤炭开采塌陷土地面积为 5~6 万 hm^2[12, 13]。全国受煤炭开采下沉影响的土地面积达 60 万 hm^2，直接经济损失约为 20 亿元。煤矿在生产过程中排放大量的矸石，目前全国历年累计堆放的煤矸石约 45 亿吨，规模较大的矸石山有 1600 多座，已占用土地约 1.5 万 hm^2，而且堆积量每年还以 1.5~2.0 亿吨的速度增加。煤矿自备电厂生产中排放大量粉煤灰，历年排放达到 5 亿吨以上，且每年新增5000~7000 万吨[14, 15]。煤炭开采使地下水系与土地资源严重破坏，引起地下水位大幅度下降,矿区水源枯竭,地表植被干枯,自然景观破坏,地表土壤沙化,进而引起农业产量下降,此外矿井排出的污水、矸石堆淋溶水及选煤废水等对地表河、海、水库等水资源又造成严重污染,使地表生态环境失去平衡,严重影响人类生存环境。开采对环境、生态的破坏越来越严重,如何解决建筑物下压煤开采、采矿引起的地表沉陷、固体废弃物矸石与粉煤灰的排放处理问题,已成为煤矿企业亟须解决的重大技术难题之一。近年的开采实践证明,充填开采可解决上述提及的问题。因此,进行充填开采技术的研究十分必要。

1.2　国内外充填采煤技术沿革

充填采矿在国际上已有百年以上历史,最早采用充填开采的是 1915 年澳大利亚的塔斯马尼亚芒特莱尔矿和北莱尔矿,应用废石充填矿房。近 60 多年来,充填开采技术在重金属和非金属矿山的应用研究中得到了长足发展,先后经历了早期的固体废弃物充填[16~18]、水砂充填[19~24]和细砂胶结充填[25~31]的技术演化过程;21 世纪以来,充填采矿进入高浓度介质的膏体充填[32~36]、碎石砂浆胶结充填[37~41]和全尾矿充填[42~46]等现代充填采矿技术研究及应用阶段。

1.2.1　国外充填采矿技术发展历程

在 20 世纪 40 年代以前,出现了以处理固体废弃物为目的的充填采矿方法,这个时期,是在不完全了解充填物料性质和使用效果的情况下,将矿山废料送入井下采空区。例如,澳大利亚北莱尔矿在 20 世纪初进行的废矿石充填[47];加拿大诺兰达公司霍恩矿在 20 世纪 30 年代将粒状炉渣加磁黄铁矿充入采空区[48]。

20 世纪 40~50 年代,澳大利亚和加拿大等国就开始研究应用水砂充填技术,欧洲一些产煤国家利用水砂充填进行了建筑物下采煤试验,并取得了成功,在波兰、德国应用效果好且广泛,波兰在城镇及工业建筑物下采用密实水砂充填技术的采煤量占全国建筑物下采煤量的 80%左右[49, 50]。从此真正将矿山充填开采纳入采矿计划,成为采矿技术的一个组成部分,并且对充填材料及充填工艺展开研究。之后,这一技术也逐步扩展到世界多数主要产煤国。

20 世纪 60~70 年代,一些国家开始研发和应用尾矿胶结充填技术。由于非胶结充填体无自立能力,难以满足高效采矿、高回采率和低贫化率的需要,因而在水砂充填工艺得以发展并推广应用后,就有了胶结充填技术研发和应用。例如,20 世纪 60 年代澳大利亚的芒特艾萨矿采用尾矿胶结充填工艺回采底柱,胶结方式是在尾矿中添加 12%左右的水泥[51, 52]。随着胶结充填技术的发展,在这一阶段已开始深入研究充填材料的特性、充填料与围岩相互作用和充填体稳定性等。

20 世纪 80~90 年代,为了提高尾砂利用率和充填浓度,70 年代后期开始研究全尾砂高浓度充填技术。80 年代早期,该技术先在德国、南非等国进行了试验研究,取得了一定成果,如南非的西德瑞方登金矿。随着采矿工业的发展,原充填工艺已不能满足回采工艺的要求和进一步降低采矿成本及环境保护的需要,因而发展了高浓度充填技术如膏体充填、碎石砂浆胶结充填和全尾矿胶结充填等技术。膏体充填技术首先在西德 Preussage 金属公司格隆德铅锌矿进行全尾砂膏体泵送充填试验[53]。所形成的泵送充填新工艺，效果良好。所谓膏体充填则是指充填料呈膏状，其具有的特点是，充填材料是以全尾砂或全尾砂与碎石混合作为充填集料，以水泥浆或水泥砂浆作为胶结介质，其胶结充填体具有良好的强度特性；充填料充入采场后不会出现离析、脱水现象，减少了井下充填水对环境的污染及排水费用。在 80 年代，国外曾开展过固体充填采空区的实验研究，其使用的充填料通常有河砂、煤矸石和电厂粉煤灰等。英国、法国、比利时等国都不同程度地采用过风力充填技术进行采煤[54~56]。

1.2.2　国内充填开采技术发展历程

我国矿山充填开采技术起步较晚，基本也经历了与国外类似的四个发展时期[57~66]。

20 世纪 50 年代以前，国内均是以处理固体废弃物为目的的废石充填开采技术[67, 68]；废石充填采矿法在 50 年代初期成为我国金属矿山的主要采矿法之一[69, 70]，1955 年在有色金属矿床地下开采中占 38.2%，在黑色金属矿床地下开采中达到了 54.8%。废石干式充填主要问题是生产能力小、效率低和劳动强度大，满足不了采矿工业发展的需要。50 年代以后，废石充填所占比重逐年下降，1963 年中国有色金属矿山废石干式充填仅占 0.7%，处于被淘汰的边缘。

20 世纪 60 年代，国内矿山开始采用水砂充填工艺。我国抚顺煤矿是最早应用水砂充填技术的煤矿，主要用于回收矿柱。水砂充填一般要求构筑专门的护壁和隔墙，充填工艺较为复杂，且从采场渗出的泥水污染巷道、水沟和水仓，清理工作量大、排水费用高、充填量小，不能从根本上阻止岩层移动，其应用范围受到很大限制。由于工艺复杂，开采成本高，煤矿中未能得到推广。1965 年，山南锡矿为了控制大面积地压活动，首次采用尾矿水力充填采空区工艺，有效地缓减了地表下沉；湘潭锰矿也从 1960 年开始采用碎石水力充填工艺，并取得了较好的效果；20 世纪 70 年代在铜绿山铜矿、招远金矿和凡口铅锌矿等矿山应用尾矿水力充填工艺；80 年代则已在国内 60 余座有色、黑色等金属矿山的开采中应用了水砂充填技术。

自 20 世纪 60~70 年代，国内矿山开始研究应用胶结充填技术。该技术一般采用以碎石、河砂、尾砂或戈壁集料为骨料，与水泥类材料拌和形成浆体或膏体后，以管道泵送或重力自流方式输送到采空区对围岩进行支撑。与水砂充填相比，胶结充填速度较快，工艺相对简单，有利于改善地压和防止地表的塌陷。胶结充填技术，在非煤矿山充填开采中发挥了较好的效果，但这种粗骨料胶结充填输送工艺比较复杂，对物料级配要求较高，未得到大范围的推广与使用。至 20 世纪 70~80 年代，开始有了细砂胶结充填技术，该技术以尾砂、天然砂和棒磨砂等材料为骨料，以水泥为凝固料，以两相流的管道输送方式输入采空区进行充填。该技术在 80 年代得到了广泛的应用，但该技术存在的明显问题是需要大量的水泥，充填成本明显高，且受管道输送浓度限制，充入采场后，有大量的水溢出，增加了排水费用，污染了井下环境，也造成大量水泥料损失，既增加了成本又降低了充填体的强度。

20 世纪 90 年代，国内开始发展高浓度充填技术，如膏体充填、碎石砂浆胶结充填和全尾矿胶结充填等新技术。1994年，在金川有色金属公司二矿区建成第一条膏体泵送充填系统，此后在铜绿山铜矿、湖田铝土矿、喀拉通克铜矿等相继建成了膏体充填泵送系统。2004年以来，中国矿业大学科技人员将膏体充填技术应用于煤矿采空区充填，对不迁村膏体充填工艺与方法进行了研究，取得了良好效果。

20世纪90年代以来，国内充填采矿技术研发比较活跃，几乎与膏体充填同期研究应用了矸石粉煤灰固体充填[71~73]和超高水材料胶结充填[74~76]等。超高水材料可将较高比例的水凝结起来，水体积可达到88%~97%，充填料浆凝固较快，早期强度较高，充入采空区后浆体可不脱水，无环境污染。

总之，充填采矿在国内的发展要比国外滞后10~20年，由于借鉴了国外的经验和研究力度的加大，其技术差距在逐步缩小，个别技术，如超高水材料充填开采技术处于国际领先水平。

1.3　充填采煤技术现状

1.3.1　现代充填采煤特征

从国内外充填采矿的发展历程可以看出，每一种充填采矿方法，都有一个明确的目的。最早的矸石充填是为了处置废弃矸石，不占用土地和污染环境。金属矿山采用尾砂充填、水沙充填或膏体充填，其主要目的是防范采空区垮塌造成安全灾害。金属矿山采矿后会形成较大的不易垮落的采空区，如不进行处置，一旦垮塌就会形成灾害。利用废弃物充填开采，一是可有效解决发生灾害的问题；二是可以将废弃物进行处置，不再污染环境；三是可以提高资源回收率，可谓一举多得。煤炭矿山研究充填采矿也有着同样的目的而一路发展至今。

随着国民经济的发展，社会及工业文明的进步，现代煤矿充填采煤应当遵循的理念：一是能够解决开采带来的环境破坏问题；二是能够提高资源的开发利用率；三是能够实现安全高效采矿。

1.3.2　充填采矿分类

充填采矿根据充填作业的场所，可分为巷道式充填和采煤工作面充填两种类型；根据充填物料含水与否，可分成干式充填与非干式充填两种类型；根据充填物料的输送方式，可分为水力充填、风力充填、机械充填和自溜充填等；根据充填物料进入充填区域的方式，可分为空间直接充填、冒落空区灌注(钻注)间接充填、离层(裂隙)带钻注间接充填等。

1)干式充填

干式充填[77~85]是将充填物料以相对干燥状态送入采空区的工艺方法。其针对的作业场所可以是未垮落的巷道和采煤工作面，将矸石等充填料直接充入采空空间[86,87]。实现的途径如下：①轨道+矿车；②管道风力；③机械化(皮带、刮板输送机)；④自溜(开放槽、管道)。

2) 非干式充填

非干式充填有水砂充填与胶结充填及超高水材料充填等。其针对的作业场所可以是未垮落的巷道和采煤工作面，充填料直接充入采空空间，超高水材料充填还可以针对冒落空区灌注(钻注)充填和离层带(裂隙)钻注间接充填。实现的途径如下：①水力(管道、开放槽，如水沙充填)；②管道泵送(如水沙、膏体、超高水材料充填)；③自流(管道、开放槽，如膏体、超高水材料充填)；④钻孔[泵送、自流，如冒落空区灌注间接充填、离层(裂隙)带钻注间接充填等]。

1.4　充填采煤技术发展趋势

我国煤炭工业在进入 21 世纪之初的 10 年间，即国民经济"十五"和"十一五"计划时期，随着国民经济的高速发展，采煤技术[88]有了质的飞跃和发展，许多技术跻身国际领先地位。这期间，人们对生态保护意识逐渐增强，充填采煤技术迅猛发展，如以冀中能源股份公司邢台矿为代表的矸石粉煤灰固体充填采煤技术[89]；以冀中能源峰峰集团小屯矿为代表的矸石膏体充填采煤技术[90~92]；以冀中能源邯郸矿业集团陶一煤矿为代表的超高水材料充填采煤技术[93~98]等；多种充填采煤技术日臻成熟，推广应用已基本不存在技术障碍。同时，关键层理论为"三下一上"采煤的深化研究提供了理论基础，也为进一步完善建筑物下充填开采设计提供了理论指导。

随着煤炭经济形势的下滑，未来充填采煤技术的推广应用主要取决于充填成本的控制，充填材料的低成本和本地化应是优先考虑的问题。因此，未来充填采煤技术的发展趋势必然是围绕充填材料低成本和对充填效果的有效控制以及对充填开采理论的不断完善所开展的研究工作。在技术层面上优先发展的方向如下：

(1) 以就地取材，处理固体废弃物(如矸石、建筑垃圾、粉煤灰等)为主，或西部矿区以黄土为充填物料的固体充填，由于成本低廉，在小型矿井中会受到较高的关注。

(2) 胶结充填开采的研究方向是新型胶结材料及其改进，无论是全尾砂充填，还是矸石(矿渣)充填，都要求其不仅价格低廉，材料来源广泛，还要求其达到采矿工艺所需的强度。因此，新型胶结剂的开发与研制是未来充填技术中地位最重要、发展潜力最大、前景最广阔的研究内容，它是充填技术发展水平的重要标志，目前已开始应用有一定活性的工业废弃物，如炉渣、粉煤灰作为胶结剂的组分。这既满足了充填技术要求，又综合利用了工业废弃物，使充填开采技术走上了良性循环的发展道路。

(3) 超高水材料充填开采，由于其具有投入低、效率高，容易实现远距离输送，固体料用量少等特点，而受到广泛的关注。由于材料的技术含量高，本地化生产存在一定困难，目前开采成本较高。其研究的方向，一是突破材料加工生产的技术障碍，实现本地化；二是将超高水材料浆体作为胶结剂，从工艺上解决与固体废弃物混合充填，实现减少超高水材料使用量，降低成本的问题。该工艺可以与膏体充填工艺相结合，一旦得以实现，可以解决在固废较少时达到处理固废，降低充填成本的目标；无固废时则完全使用超高水材料充填，充填工作面不受任何影响。

(4) 矿山压力及岩层控制理论研究将会是重点。煤矿充填开采在工艺成熟后，完善理论研究是必须进行的。目前的几种充填工艺，各自都有对矿山压力和岩层控制机理的初步认识，但是都未形成系统的理论体系。因此，基于覆岩控制的关键层理论，有效开展矿山压力及岩层控制理论研究，对于科研单位、院校或现场的技术人员都将是可以为之付出的努力方向。

1.5　超高水材料充填开采技术研发应用及发展

超高水材料充填开采技术是伴随着超高水材料的发明而新兴的一种新技术，而超高水材料是在高水材料的基础上进一步发展而来的。

高水材料是 20 世纪 80 年代问世的一种新型材料，由中国矿业大学北京研究生部孙恒虎教授研制，该材料以铝酸钙或硫铝酸钙等为甲料(分别称为高铝型甲料和硫铝型甲料)，以石灰、石膏和外加剂等为乙料，经磨细、均化等工艺而制成甲、乙两种固体粉料，使用时，加大量的水配制成浆液，用管道将其送到使用地点，混合后的浆液便很快凝结。中国矿业大学冯光明教授在原高水材料的基础上，成功研制开发了一种新型超高水充填材料，所谓超高水是指水的体积含量可以达到总体积的 95%以上，其固结体仍可以硬化并有一定强度。超高水材料由主料 A 料、B 料，辅料 AA 料、BB 料组成，其中 A 料由硫铝酸盐水泥组成，AA 料由复合缓凝分散剂组成，B 料由石灰、石膏组成，BB 料由复合速凝剂组成。

1985 年之后，中国矿业大学孙恒虎教授研制开发的高水材料，主要用于沿空留巷，并在新汶煤矿成功进行了井下工业性试验研究。2008 年以来，中国矿业大学冯光明教授与冀中能源邯郸矿业集团有限公司合作，在陶一煤矿首次将超高水材料用于充填采煤试验并获得成功，对"三下"压煤超高水材料充填方法与工艺进行了试验与研究，在充填工艺、充填方式、充填装备和矿山压力控制等方面取得了一系列专利成果[99~102]。该技术在多家煤矿得到了推广应用。

实验室及现场实践表明，超高水材料浆体具有良好的流动性，属漫流型流体。因此，一般情况下将超高水材料浆体充入采空区可采用地面打灌注孔或经管路直接输送两种方法。其中，管路直接输送由于浆体流向的可控性好，往往是一种应用简单、灵活的方式，具体有两种方式：①将超高水充填材料输送至采空区后，让其自然流淌漫溢；②通过管路将其导引至预先安设于采空区的封闭空间或袋包内，使其成形固结。根据井下实际条件，并结合现场充填工程实践，通过研究形成了适用于超高水材料采空区充填的工艺与方法，其中主要有开放式充填法、袋式充填法、混合式充填法和分段阻隔式充填法等。

目前，超高水材料充填开采技术在陶一煤矿、邢东矿、井陉矿等多个不同地质条件的矿井获得了成功应用，取得了良好充填效果。各试验矿井的应用情况见表 1-3。

近年来，超高水材料在预充空巷开采与井下防灭火方面也有了较多应用。2011 年，超高水材料预充空巷开采技术首次在潞安矿业集团王庄煤矿进行了应用试验，之后在徐州矿务集团庞庄煤矿和陕西宝鸡北马房煤矿获得了推广应用，均取得了很好的应用效果。目前，霍州煤电集团三交河煤矿正在进行该技术的现场试验。2011 年 9 月，山西金地兴县煤业首次进行了超高水材料注浆灭火试验，之后在肥城矿业集团梁宝寺煤矿、徐州矿务集团三河尖煤矿和张双楼煤矿获得了推广应用，均取得了良好效果[103]。

表 1-3 超高水材料充填开采技术应用情况

矿井名称	工作面	采高/m	埋深/m	煤层倾角/(°)	采煤工艺与方法	充填方法
陶一煤矿	12701 上 01~06	3.5~4.3	315~389	10~13	大采高仰斜长壁综采	开放式、袋式、混合式
田庄煤矿	1611 等	1.2	205~253	8	仰斜长壁炮采	开放式
邢东煤矿	1126	4.0~4.7	792~883	9	大采高走向长壁综采	袋式
城郊煤矿	C2401	2.9	533~543	2~8	走向长壁综采	袋式
刘东煤矿	北七 1005	3.2	468~501	28	走向长壁炮采	分段开放式
井陉三矿	1612	2.1	108~160	17	仰斜长壁普采	充填兼沿空留巷

由于超高水材料充填能将采空区及其顶底板中几乎所有导通的裂隙充填密实，对含水层下煤层的保水开采、承压含水层上的煤层开采和巷旁充填开采具有良好的适应性[104]，这也将成为未来超高水材料应用的方向之一。

第 2 章　超高水材料及性能

超高水材料是在高水材料的基础上进一步发展，水体积可达 95%~97% 的一种高铝型充填材料。高水材料发源于英国 (Tekpak，特克派克)，国产高水材料由中国矿业大学、中国建材研究院、西北矿冶研究院研发，从 20 世纪 80 年代以来，高水材料被应用于煤矿、金属矿山的充填开采当中。在生产过程中，高水材料显现了其优越的性能，但是由于强度较低、价格较高没有能够大范围推广。

2006 年以来，冀中能源邯郸矿业集团积极探索开采"三下一上"煤炭资源，与中国矿业大学合作，发明了超高水材料及其充填采煤工艺方法，推动了高水系列材料的研发和推广。本章主要对超高水材料的基本性能进行分析，内容包括超高水材料的基本组成、性能、流动特性和工程特性等。

2.1　超高水材料的基本组分

超高水材料是指由高铝水泥熟料、悬浮分散剂、缓凝剂等组成的 A 组分和石膏、生石灰、促凝剂等组成的 B 组分构成，两种组分分别加水形成单一组分浆体时，数小时不凝结，一旦混合，便能快速凝结、硬化，水体积达到 97% 时，自然状态下不泌水并有一定强度的一种水硬性材料。

超高水材料由 A、B 两种主料和 AA、BB 两种辅料共四种组分组成。A 料主要以铝矾土、石灰石和少量其他矿物烧制研磨制成，AA 料是 A 料的辅料，是由缓凝剂、悬浮分散剂等成分组成的复合缓凝剂；B 料主要由生石膏、生石灰和少量其他矿物研磨制成，BB 料是 B 料的辅料，是由促凝剂、悬浮分散剂等成分组成的复合促凝剂。使用时，通过浆体制备系统分别将 A 及 AA，B 及 BB 料与水混合分别制成 A、B 两种料浆。AA 料和 BB 料分别是 A 料和 B 料的活性催化剂，为计量准确并获得稳定的效果，使用时先将 AA 料和 BB 料加水制成浆体进行激活，然后再添加到 A、B 料浆的制备中。超高水材料 A、B 浆体按 1∶1 比例配合使用，两种浆体充分混合后，快速凝结，并形成具有一定强度的固结体。固结体的主要成分是钙矾石，其次含有少量的胶凝物质和极少量游离水。固结体的强度可据需要进行调整，满足井下充填要求，材料水体积最高可达到 97%。

钙矾石是 C-A-H (水化铝酸钙) 和硫酸根离子结合产生的结晶物水化硫铝酸钙 (简称 AFt)，AFt 与天然矿物钙矾石的化学组成及晶体结构基本相同。其中，钙矾石的分子式是 $3CaO \cdot Al_2O_3 \cdot 3CaSO_4 \cdot 32H_2O$，其结晶水的数量与其所处环境湿度有关。

2.1.1　超高水材料水化反应

根据目前的研究成果，A 料中的 Al^{3+} 与 OH^- 先发生反应，之后与 Ca^{2+} 和硫酸根发生反应，成为钙矾石[105, 106]。其矿物与石膏快速溶解产生 Ca^{2+}、SO_4^{2-}、OH^- 等离子，形成钙矾石过饱和溶液，这些离子通过浓差扩散聚集在一起，按照下列三步反应过程形成钙矾石：

第一步：

$$AlO_2^- + 2OH^- + 2H_2O = [Al(OH)_6]^{3-}$$

第二步：

$$2[Al(OH)_6]^{3-} + 6Ca^{2+} + 24H_2O = \{Ca_6[Al(OH)_6]_2 \cdot 24H_2O\}^{6+}$$

第三步：

$$\{Ca_6[Al(OH)_6]_2 \cdot 24H_2O\}^{6+} + 3SO_4^{2-} + 2H_2O = \{Ca_6[Al(OH)_6]_2 \cdot 24H_2O\} \cdot (SO_4)_3 \cdot 2H_2O$$

AFt 的生长具有结晶压，倾向于受力方向生长，所以钙矾石是较好的支撑材料。AFt 可以以胶体或结晶体形式存在，由于周围环境的作用，AFt 表面带负电。由于静电引力的作用，AFt 的吸水性较强，当湿度小于 90% 时，AFt 吸水很小；当湿度为 90% 时，AFt 吸水 1.4%；当湿度为 95% 时，AFt 吸水 7.6%。

2.1.2　超高水材料固结体微观特性

运用扫描电子显微镜（scanning electron microscope，SEM）对超高水材料固结体进行扫描分析，结果表明，固结体以钙矾石为主，形貌为网状或针状。图 2-1~图 2-3 分别为不同水体积的 SEM 照片。可以看出，钙矾石的形态因水灰比不同而变化。

(a)　　　　　　　　　　　　　　　　　　　　　(b)

图 2-1　水体积为 95% 时固结体的 SEM 图（放大 3000 倍）

随水体积的加大，钙矾石的针、杆状结构不断纤细化，尤其以 97% 水体积的钙矾石结构特征最明显，为非常纤细的丝网状结构[107]。

由图 2-1~图 2-3 可以看出，不同水体积，钙矾石的形态也不同。随着水体积的增大，钙矾石结构由较粗的针状结构过渡到纤细状结构。而随着水体积降低，材料越来越致密，这种致密通过两种形式表现，一是钙矾石晶体粗大化，二是局部纤细钙矾石致密化。由这些特征可以说明，材料强度的提高是这种结构不断致密化的结果，也是超高水材料性能可以通过调整水体积来调整其性能的原因所在。

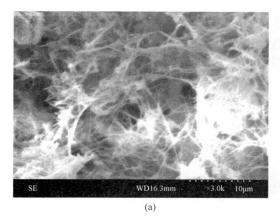

(a) (b)

图 2-2 水体积为 96%时固结体的 SEM 图(放大 3000 倍)

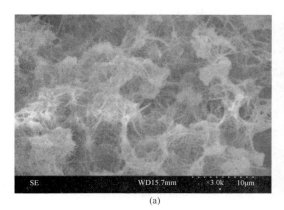

(a) (b)

图 2-3 水体积为 97%时固结体的 SEM 图(放大 3000 倍)

此外,除钙矾石外,还有铝胶和弥散的团絮状无定形物质。这些物质与更为纤细的钙矾石交织在一起,充于钙矾石网状结构之间。在水灰比较低时的固结体中,纤细的钙矾石与较粗的针状钙矾石相互交错,形成致密而又多孔的内部结构。这种钙矾石与钙矾石、钙矾石与凝胶物质相互交错、交织的多孔结构是超高水材料固结体高持水量的原因之一。

2.2 超高水材料的基本性能

2.2.1 固结体力学特性

1. 固结体应力–应变特性

1)固结体单轴压缩应力–应变特性

图 2-4 为超高水材料固结体的单轴抗压应力-应变曲线示意图。

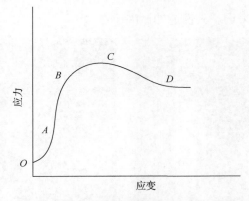

图 2-4　超高水材料固结体单轴抗压应力–应变曲线

从图 2-4 可以看出，固结体受压过程可分为以下四个阶段。

第 1 阶段为 *OA* 段：曲线斜率逐渐增大。这是由超高水材料固结体在载荷的作用下被压实所致。充填体为被动承载结构，因此，在实际充填过程中，必须使充填体充分接顶，这样可以在顶板下沉量较小时，就能使充填体进入弹性阶段，充分发挥充填体对顶板的支撑作用。

第 2 阶段为 *AB* 段：为弹性阶段，曲线近似直线。表明超高水材料固结体具有较高的弹性模量。从 *AB* 段看，当充填体产生很小应变时，就可对顶板有较大的支撑力。该阶段充填体能很好地控制顶板的下沉。

第 3 阶段为 *BC* 段：曲线逐渐弯曲，曲线斜率逐渐减小。在载荷的作用下，纵向不断产生裂隙，支撑力达到极限 *C* 点。由于超高水材料具有良好的可压缩性，这种特性使高水固结体能适应围岩的大变形。*BC* 段充分体现了超高水速凝材料具有良好的可缩性，即当载荷增加时，充填体就具有相当的变形量，此特性使超高水材料固结体能适应围岩的变形。

第 4 阶段为 *CD* 段：为应力降低段。该段充填体内裂隙不断扩展，到 *D* 点后超高水固结充填体即丧失承载能力。从 *CD* 段看，充填体在达到峰值 *C* 点后，仍具有较高的残余强度，不会因充填体破坏就完全丧失支撑能力。

2) 固结体三轴压缩应力应变特性

在实际采矿留巷过程中，充填固结体会受到周围岩体对其产生的作用，类似于三向受力状态。对高水速凝充填材料进行三轴压缩应力-应变特性研究后表明，与单轴抗压强度的应力-应变曲线不同，围压对充填体的变形及充填体的刚度影响较大，围压对高水材料固结体的三轴强度影响明显，围压大时三轴极限强度大，残余强度大。

2. 固结体的强度特性

超高水材料固结体的强度特性随时间变化而变化。其固结体中含水量高，其中存在游离水。当置于空气中会风化，固结体力学性能会受到较大影响。

图 2-5 与图 2-6 分别是超高水材料水体积为 91%、92%、93%、94%、95%、96% 与 97% 七个级别时养护与风化情况下固结体的力学性能。

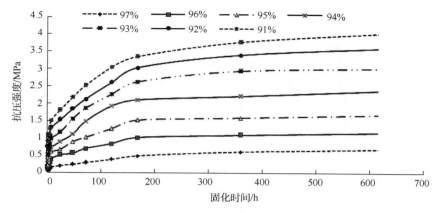

图 2-5　超高水材料固结体各龄期强度随时间变化曲线

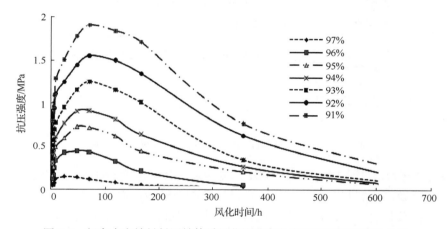

图 2-6　超高水充填材料固结体受风化影响各龄期强度随时间变化曲线

图 2-5 为不同水体积下超高水充填材料固结体抗压强度随时间变化的关系曲线。可以看出，超高水充填材料固结体早强特征明显，早期强度 R_{2h}、R_{4h}、R_{6h}、R_{8h}、R_{1d}、R_{2d}、R_{3d} 和 R_{7d} 分别占最终强度的 1.96%~21%、4%~26%、8%~30%、15%~35%、22%~43%、29%~52%、36%~61%和 66%~90%，7 天后强度增长缓慢。

图 2-6 为不同水体积下超高水充填材料固结体受风化后各时段强度随时间变化曲线。可以看出，早期强度 R_{f-2h}、R_{f-2h}、R_{f-6h}、R_{f-8h}、R_{f-1d}、R_{f-2d}、R_{f-3d} 受风化影响程度较小，7 天后强度明显下降。水体积为 91%、92%和 93%时固结体风化后抗压强度峰值大约出现在第 3 天，分别为 1.96MPa、1.56MPa 和 1.25MPa，28 天时抗压强度均低于 0.2MPa；水体积为 94%、95%和 96%时固结体风化后抗压强度峰值大约出现在第 2 天，分别为 0.89MPa、0.71MPa 和 0.42MPa，28 天时抗压强度基本为零；而水体积为 97%时的抗压强度峰值大约在第 1 天，值为 0.119MPa，28 天时抗压强度为零。上述结果表明超高水材料不适用于地面环境。

3. 固结体变形特性

在外力作用下，一种物体的体积发生变化与否，主要看其体积应变是否为零或体积应变值的大小怎样。显然一定体积的物体，若四周没有受到约束，则在外力作用下，几何形状会发生一定的变化，但体积变化与否则与物体的固有特性有关。超高水充填材料用于采空区充填后，固结体受到上覆岩层的作用。在这种封闭状态下，固结体体积是否会发生收缩或膨胀，直接影响对上覆岩层的有效控制。对超高水充填材料体积应变的研究结果如图 2-7 所示。

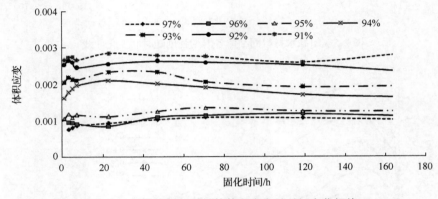

图 2-7　超高水材料固结体体积应变随时间变化规律

从图 2-7 可以看出，超高水材料固结体受压后，体积应变较小，为 0.00075～0.003。该特性是由于超高水材料含水量较高，内部空隙相对较少，而水又是不可压缩流体，与内部有孔隙的其他材料相比，可压缩性自然较小。因此，在实际应用中，超高水充填材料固结体在顶板来压及各方受力状态下，受压后的体积变化非常小，可认为体积压缩非常有限，该性质对采空区充填十分有利。

2.2.2　固结体物理化学特性

1. 凝结时间

超高水材料浆体凝结时间是确定充填工艺的基本参数。该材料属于早强、快硬型胶结材料，初凝与终凝时间很近。一般情况下，在其他条件相同的前提下，超高水材料的凝结主要受温度（水温、养护温度）、水灰比与外加剂的影响。

图 2-8 为浆液温度与浆液初凝时间的关系，其中在初凝时间大于 60min 时会出现大量泌水，尤其是在水灰比较大时。由图可知，超高水材料对水温较为敏感，尤其是水温大于 22℃时，初凝时间大大减小，与水灰比间关系不大；当温度低于 18℃时，超高水材料浆液初凝时间增加幅度较大，但是容易出现泌水现象，且固结体强度下降较大。

水灰比影响材料凝结时间。水灰比越大，凝结时间越长，反之则越短。

表 2-1 为某批次材料在不同水灰比时实验室测得的凝结时间。

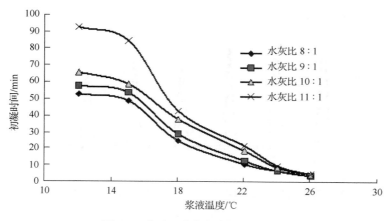

图 2-8 浆液温度与初凝时间的关系

表 2-1 不同水体积超高水材料实验室测得的凝结时间

水体积/%	91	92	93	94	95	96	97
凝结时间/min	8	11	13	16	19	21	22

表 2-2 为某批次材料在不同水灰比时现场取样所测得的凝结时间。

表 2-2 不同水体积超高水材料现场测得的凝结时间

水体积/%	91	92	93	94	95	96	97
凝结时间/min	14	18	22	25	30	36	45

2. 稳定性

超高水材料固结体稳定与否直接影响到工程的应用。由于材料固结体主要由钙矾石、凝胶及游离水构成，钙矾石是其中的主要物质。显然，钙矾石的稳定性直接影响到超高水充填材料固结体的稳定性。下文是对超高水材料固结体稳定性基本情况的介绍。

1) 风化性

当超高水材料固结体置于空气中时，固结体的物理力学性能会发生变化，抗压强度会明显降低，如前所述。究其原因主要如下：①当超高水充填材料固结体置于空气中时，存在于固结体表面的游离水会逐渐摆脱固结体结构的引力而蒸发到空气中，并在表面留下微细小孔，使表面密实性降低，这些微细小孔又是内层游离水进入空气的通道，使超高水材料固结体中的游离水逐渐失去，造成固结体的失水与失稳。②超高水材料固结体中的凝胶具有较好的持水性，它与游离水共同存在于固结体中钙矾石的骨架间，当这些凝胶与空气接触后，其中的水会流失，使凝胶层逐渐松散，进而影响固结体的稳定。③钙矾石是固结体的主要组分，当其置于空气中时，即与二氧化碳发生碳化反应，使钙矾石崩解。图 2-9 为风化时间统一为 28 天时不同水体积条件下的质量减轻变化规律。

由图 2-9 可知，超高水材料固结体在自然状态下质量减轻率与水体积大小有关。水体积为 97% 时，试块质量减轻约 80%，水体积为 95% 时，为 70%，而当水体积为 91% 时，

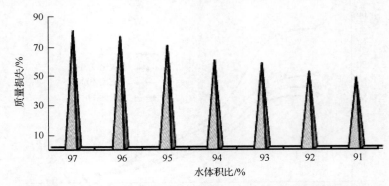

图 2-9　超高水材料固结体在 28 天之内的质量损失与水体积关系图

质量减轻约 48%。由此看出，水体积越高，质量减轻率越大，反之则越小。这种关系与固结体在烘烤时固结体质量变化与固结体的状态相似，即固结体的表面均形成一定厚度的松散层。

　　可见，置于空气中的超高水材料固结体，游离水的失去与凝胶的失稳，使固结体表面松散，与空气的接触面积逐渐增加，使固结体中钙矾石与空气大面积接触，加速了钙矾石的崩解。随着固结体置于空气中时间的延长，这种现象逐渐由表面向固结体中间发展，最终使固结体完全失稳。

　　2) 热稳定性

　　超高水材料固结体的热稳定性主要是通过对试件进行明火烘烤来研究分析。研究方法为，将不同水体积的固结龄期为 7 天的固结体，放置在明火上进行烘烤，温度在 800℃左右。烘烤时每隔 5min 称量试块质量，烘烤时间为 50min。研究结果如图 2-10 所示。

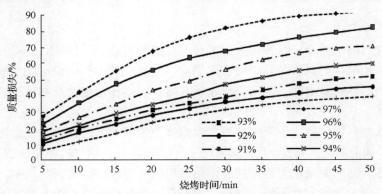

图 2-10　固结体烘烤时质量降低随时间的变化情况

　　结果表明：在烘烤初始 30min 内，试块质量减轻呈直线增长，当时间达到 40min 后，质量减轻减缓，且耐火性与水体积关系密切，水体积越高，耐火性越差，反之则越好，该特性主要由于随烘烤时间的延长，试块外表面变质而形成的松散层阻挡了部分火对试块直接的侵蚀，出现了随烘烤时间的延长试块质量减轻程度减缓的现象；而当固结体水体积降低时，其密实度较高，抗烘烤能力较强。

此外，对烘烤后试块观察发现，固结体表面松散，成细粉状，与自然风化完全相似。烘烤使固结体失稳的机理如下：高温状态下，固结体表面游离水受热迅速蒸发，水在汽化过程中受热膨胀，使固结体表面结构迅速崩解，很快形成无数微小洞隙。高温也使钙矾石中的结合水逐渐丢失，引起钙矾石的快速失稳，同时失稳的还有固结体中的凝胶组分，事实上当温度超过 400℃时，钙矾石会逐渐分解而完全失稳。

2.2.3　浆体流变特性

1. 单浆流变性

超高水材料由 A、B 两种组分组成。使用时，分别与水混合后通过管道独立输送。混合后流体再经管路输送至使用地点。A、B 两种流体在混合前、后的流体行为有很大的不同。混合前流体物性基本不随时间改变，而混合后则产生水化作用，并在一定时间内失去流动性，属时变性流体[108~110]。

超高水材料在应用过程中，从配制成液态至混合，以及到使用地点，都通过管道输送来完成。期间，浆体经历物理流动及化学反应固结的过程。这些变化特性对充填设备的选型、管道形式的确定、输送管路转换关键点处置以及采空区充填方式与技术方案的确定都有直接影响。

对超高水材料浆体性能的研究表明：超高水材料单浆流体流变性基本属无黏性料浆[111]，如表 2-3 所示。可以看出，超高水材料的体积浓度不超过 0.1，为极稀悬浮液，且 A、B 料浆黏度均较小，可视为牛顿流体[112, 113]。

表 2-3　不同水体积下的超高水材料 A、B 料浆的浓度特性

水体积/%	C_V	C_w	C_V'	C_w'	$\mu'/(\text{MPa} \cdot \text{s})$
95	0.05	0.136	0.053	0.158	1.156
96	0.04	0.111	0.042	0.125	1.122
97	0.03	0.085	0.031	0.093	1.089

通过实验对 A、B 两种不同料浆黏度特性进行研究，结果见表 2-4 和表 2-5。

表 2-4　A 料浆表观黏度随时间的变化关系　　　　　（单位：MPa · s）

水体积/%	时间/min												
	5	15	25	35	45	55	65	75	85	95	105	115	125
97	1.18	1.16	1.16	1.17	1.17	1.19	1.18	1.17	1.15	1.16	1.16	1.18	1.19
96	1.19	1.17	1.18	1.19	1.2	1.19	1.19	1.21	1.2	1.21	1.22	1.21	1.22
95	1.22	1.23	1.24	1.22	1.22	1.23	1.22	1.23	1.24	1.25	1.25	1.25	1.24

表 2-4 和表 2-5 显示，不同水体积下的 A 料浆，其黏度随时间变化不大，但随着水体积的减少，黏度不断增大。B 料浆的规律与 A 相似，但随着时间的延长，黏度有稍微增大的趋势。从工程应用角度考虑，超高水材料 A 与 B 浆体黏度属低黏度。

表 2-5　B 料浆表观黏度随时间的变化关系　　　　　　（单位：MPa·s）

水体积/%	时间/min												
	5	15	25	35	45	55	65	75	85	95	105	115	125
97	1.15	1.13	1.14	1.13	1.16	1.18	1.17	1.19	1.21	1.23	1.24	1.22	1.23
96	1.14	1.15	1.16	1.14	1.17	1.19	1.22	1.24	1.27	1.27	1.26	1.25	1.27
95	1.18	1.22	1.24	1.22	1.27	1.29	1.28	1.32	1.3	1.32	1.33	1.35	1.34

上述规律表明，超高水材料 A、B 两种单料浆可以视为牛顿流体，在研究时间段内，其黏度变化不大，时间对单浆流体黏度影响不大。因黏度随时间变化对工程应用不会产生较大影响，为该材料实施长距离输送提供了理论基础。

2. 混合浆体流变特性

A、B 两种浆体混合后，即开始发生反应。混合浆体的流变性随时间发生显著变化，属于时变性流体。时变性流体的黏度随时间变化对超高水材料混合浆体管道输送设计以及对采空区采取何种充填方法具有直接的影响。此外，A、B 料浆混合后的黏度特性除与配比有关外，还与含水量有直接的关系。

通过调整配比及水体积，使材料在不同的水体积下凝结时间大致相等，以此得出不同材料配比、不同水体积下的流变性能变化规律。凝结时间分成 –30~+30min 和 –60~+60min 两种情况，水体积按 93%、94%、95%、96% 与 97% 进行考察，变化规律如图 2-11 和图 2-12 所示。

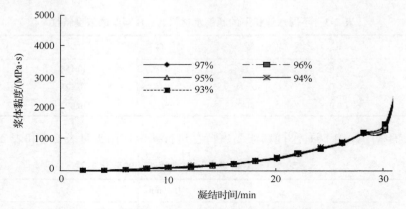

图 2-11　凝结时间 –30~+30min 时浆体黏度随时间变化情况

混合浆体初凝时间与拐点黏度关系如图 2-13 所示。由图可知，随着时间的延长，表观黏度也不断增大，且当材料临近凝结时间时，各曲线中黏度均存在拐点，即在极短的时间内黏度值迅速攀升，混合浆体很快失去流动性。各曲线拐点值为初凝时间 –30~+30min 时的拐点值在 1400MPa·s 左右，–30~+30min 时的拐点黏度值在 1500MPa·s 左右。由此得出，在通过管路输送混浆体时，若初凝时间较短，则因拐点黏度值较低，更易在临近凝结时间时发生管路堵塞。

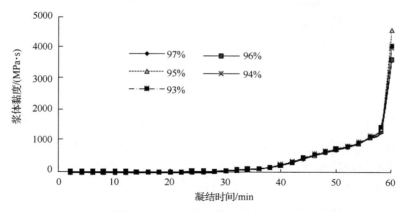

图 2-12　凝结时间 60 ±min 时浆体黏度随时间变化情况

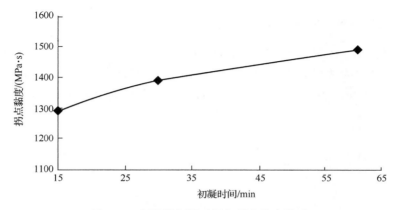

图 2-13　混浆体初凝时间与拐点黏度关系

上述结论表明，混合后的超高水材料浆体不再是牛顿流体，浆体属震凝性时变非牛顿流体。不同凝结时间，其时变性满足不同的规律；但相同凝结时间，不同水体积的浆体满足相同的时变规律。

因此，在管路输送设计时需要充分考虑该规律。选择合适的材料凝结时间与输送距离，以确保浆液的正常输送。

2.2.4　浆体的流动性

由材料流变性可知，超高水材料的 A、B 料单浆为牛顿流体，两者混合后因为时变性变为非牛顿流体。这些规律为管道输送超高水材料提供了理论依据，但同时超高水材料的流动特性，如流体流动过程中流速、压力等对充填工艺系统的确定具有十分重要的意义。通过质量守恒、能量守恒及动量守恒等手段进行研究，结果如下所述。

1. 超高水材料浆体管道输送阻力计算方法

浆体输送需要考虑的内容之一是流体流动阻力。一般由两部分构成，即直管沿程阻力和局部阻力。其中由于流体与管壁发生摩擦而产生的阻力叫直管沿程阻力，局部阻力是由管道突然扩大、缩小及各管件与阀门等造成流道的改变而产生。超高水材料管道阻力损失与管道流速的关系可用如下公式表示：

$$\sum h_f = \left(\lambda \frac{L}{D} + \sum \zeta \right) \frac{u^2}{2} \tag{2-1}$$

式中，L 为管道长度，m；$\sum h_f$ 为管线总阻力损失，m；D 为管道直径，m；$\sum \zeta$ 为管道局部损失系数；u 为流速，m/s；λ 为沿程阻力系数，与雷诺数及管壁粗糙度有关，即 $\lambda = f(Re, \Delta/D)$；$\Delta$ 为管壁绝对粗糙度，mm。

充填系统中泵的功率或输送压力是根据计算出的阻力损失大小来选择和确定。

在等直径管道长距离输送中，若浆体流速变大，阻力损失呈二次方增长，即流速增加会使流动阻力迅速升高。因此，浆体在管道内满足不沉降下的流速就是最佳流速。

2. 超高水材料浆体流动阻力特性分析

超高水材料 A、B 单浆属液固两相流。在一定管径、一定浓度时其流动阻力随两相流量的变化关系可表述成如图 2-14 所示。图中的光滑曲线为单相流体的流动阻力随流量变化的情况，是一个均匀增加的过程，而超高水材料浆体流动的阻力曲线要比单相流复杂。

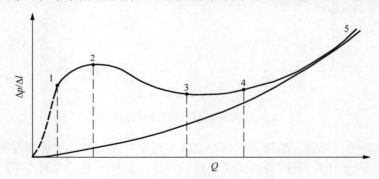

图 2-14　超高水材料浆体流动阻力特性

如图 2-14 所示，超高水材料在一定浓度及一定管径条件下，其流动阻力与流量的关系可分为以下 5 个阶段。

(1) 流量很小时，颗粒会沉积于管底，水由沉积层表面漫过，见图 2-14 中 0~1 段。

(2) 当流量增大到 Q_1 时，颗粒开始滑动、滚动或跳跃，阻力损失因固体颗粒的滑动与滚动而增加，如图 2-14 中 1~2 段。

(3) 当流量增大到 Q_2 时，大部分颗粒处于间歇悬浮或跳跃状态，沿管底滑动、滚动的固体颗粒开始减少，因此消耗于固体颗粒滑动和滚动的能量随流量的增加而减少，阻力也减少，如图 2-14 中 2~3 段。

(4) 当流量增大到 Q_3 时，部分颗粒处于间歇悬浮或跳跃状态，沿管底滑动、滚动的固体颗粒越来越少，为此而消耗的能量也越来越少，但液相消耗的能量随流量的增加而增大，如图 2-14 中 3~4 段。

(5)当流量增大到 Q_4 时,固体颗粒处于完全悬浮状态,阻力随流量 Q 的增加而增大,如图 2-14 中 4~5 段。点 4 是临界状态点,对应的流量亦称 Q_c,点 3 为阻力最小点,对应的流量用 Q_c' 表示。

3. 管道输送的临界流速

在超高水材料浆体流动阻力特性分析中(图 2-14)可知,点 4 是临界状态点,对应流速即为临界流速,此时颗粒完全处于悬浮状态。因此,在超高水材料的输送过程中,若颗粒下沉将会凝聚固结,临界流速即为输送的最低流速,以超临界流速输送是最合适的。

对于超高水材料 A、B 料,其主导粒径小于 60μm,极限粒径小于 0.2mm,此情况下临界流速可按如下公式计算:

$$v_c = \left[\frac{2gDC_V(\rho_s - \rho_w)\bar{\omega}}{e_s \lambda \rho_w} \right]^{\frac{1}{3}} \tag{2-2}$$

$$e_s = 0.024 \left[\frac{C_V(\rho_s - \rho_w)\bar{\omega}}{\rho_w \left(\dfrac{\varepsilon}{D} \right)\sqrt{gD}} \right]^{0.75} \tag{2-3}$$

$$\bar{\omega} = \sqrt{\frac{4}{3}gd\left(\frac{\rho_s - \rho_w}{\rho_w} \right)} \Big/ C_D(1 - C_V)^n \tag{2-4}$$

式中,$\bar{\omega}$ 为加权沉降速度,m/s;ε 为管壁绝对糙度,m;D 为管径,m;v_c 为临界流速,m/s;e_s 为悬浮效率系数,即悬浮功所占紊流动能的比数;C_V 为浆体体积浓度;λ 为沿程阻力系数;C_D 为曳力系数;D、d 分别为管道及颗粒粒径。

式(2-2)~式(2-4)表明,对给定条件下的管路,特定浆体的临界流速是一定的。超高水材料 A、B 单浆及混合浆体各有其特性。A、B 料浆属牛顿流体。分别取水体积为 93%~97%的料浆进行计算。取绝对粗糙度为 0.3mm,输送管径为 100mm 的无缝钢管为输送管道,分别针对平均粒径为 60μm 及极限粒径为 0.2mm 的流体进行计算,可得流体的不淤临界流速为 2.0~2.2m/s。

超高水材料 A、B 料浆混合后,流体不再是牛顿流体。由混合浆体的表观黏度随凝结时间的变化规律可知,在达到初凝时间约 2/3 时,黏度开始明显增大。由此设计管路输送时,应尽量把混合料浆的输送时间缩短在该时间段内,且要求浆体进入采空区后仍有良好的流动性,以保证充填饱满。

基于这方面的特点,应考虑凝结时间的选择与输送距离的配合,至于其无淤临界速度,由于在水化的过程中,其黏度不断增大,使颗粒的沉降阻力加大,因此相应颗粒沉降至管底的临界流速相应降低。只要 A、B 料浆单独不发生沉淀淤积,则在后续的输送中也不会发生淤积。

2.3　超高水材料固结体工程特性

超高水材料浆体充填到采空区后，随时间变化其所处的温度、湿度及应力都会发生改变，仅依靠超高水材料的基本力学特性还不足以判定和评价其固结体的承压能力及充填效果。因此，需要针对超高水材料充填固结体的工程特性进行试验研究。

采用实验室力学实验的方法，还原充填体充入采空区中的状态，对超高水材料充填固结体在不同胶结状态、不同应力状态和不同埋深条件下的工程力学特性进行系统的研究。

2.3.1　不同形态固结体力学性能

为了和井下实际情况相一致，根据直接顶垮落情况设计 4 种超高水材料组成方式[114]。1 组按照超高水材料水体积为 95%配比，2 组上半部按照矸石和超高水材料的质量比为 1∶5、下半部按照超高水材料水体积为 95%配比，3 组上半部按照超高水材料水体积为 95%、下半部按照矸石和超高水材料的质量比为 1∶5 配比，4 组整体按照矸石和超高水材料的质量比为 1∶5，其中超高水材料水体积为 95%配比。

1.　抗压强度试验

试样用预先准备好的材料按比例配制而成，试件配制中不允许有人为裂隙出现。按规程要求标准试件为圆柱体，直径为 50mm，允许变化范围为上、下端直径的偏差不得大于 0.02mm。试样数量视所要求的受力方向或含水状态而定，一般情况下每组至少制备 4 个，本实验均每组准备了 4 组试样。在试样整体高度上，直径误差不得超过 0.3mm。两端面的不平行度最大不超过 0.05mm。端面应垂直于试样轴线，最大偏差不超过 0.25度。将试样置于压力机承压板中心，调整有球形座的承压板，使试样均匀受力。对试样加荷，直到试样破坏为止，记录最大破坏载荷。

分别制备 2 小时、1 天、2 天、3 天、4 天和 5 天各四组试样，每组准备 4 个试样。试件制作与加载如图 2-15 所示。

试件

加载

(a)超高水材料固结体抗压试件(2 小时)

试件

加载

(b)超高水材料固结体抗压试件(1 天)

试件

加载

(c)超高水材料固结体抗压试件(2 天)

试件

加载

(d)超高水材料固结体抗压试件(3 天)

试件 加载

(e)超高水材料固结体抗压试件(5天)

图 2-15　抗压试件制作与加载

2. 试验结果分析

1)不同材料相同时间抗压强度对比

分析不同材料相同时间下的抗压强度变化情况及不同材料不同时间下的抗压强度对比，如图 2-16~图 2-21 所示。

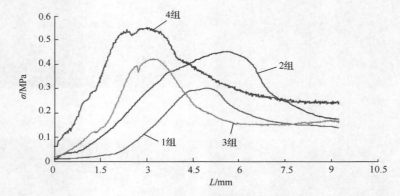

图 2-16　抗压(2 小时)强度对比

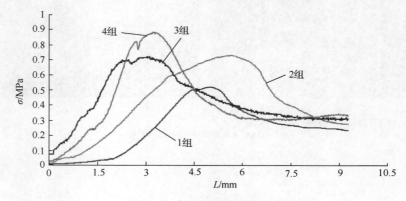

图 2-17　抗压(1 天)强度对比

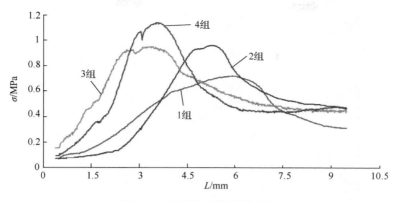

图 2-18　抗压(2 天)强度对比

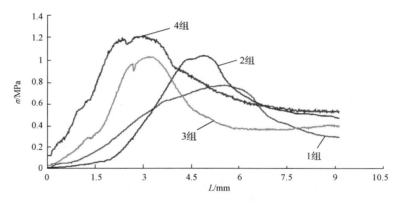

图 2-19　抗压(3 天)强度对比

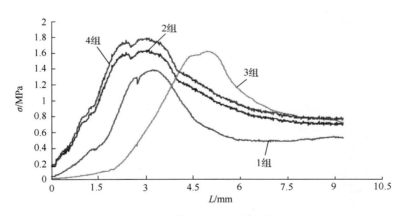

图 2-20　抗压(4 天)强度对比

　　分析结果如下：通过对上述不同材料相同时间抗压强度对比曲线的分析得出，试件在加压过程中应力基本都是经历了 5 个阶段，即原始空隙压密阶段、线弹性阶段、弹塑性过渡阶段、塑性阶段和后破坏阶段。在各个时间段中加压过程中 4 组材料的应力增加最快，且强度最高；纯高水材料与其他三种材料相比强度较低，但抵抗变形的能力强，残余强度也较高。

不同材料试件抗压(5 天)峰前阶段应力-应变关系如图 2-22 所示。

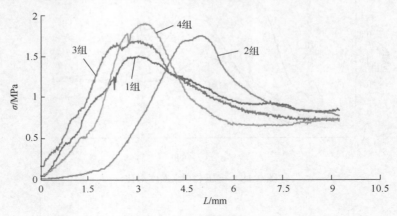

图 2-21   抗压(5 天)强度对比

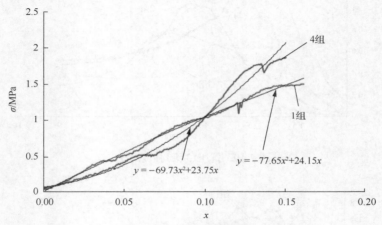

(a) 1组、4组抗压(5天)峰前阶段应力-应变关系

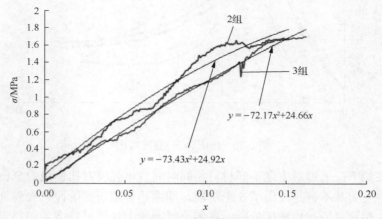

(b) 2组、3组抗压(5天)峰前阶段应力-应变关系

图 2-22   各材料抗压(5 天)峰前阶段应力-应变关系

2) 不同材料不同时间抗压强度对比

由图 2-23 可知，4 种不同成分的超高水材料试件在加压过程中，应力-应变变化趋势基本相同，且应变量大致相同，第 4 组峰值最大。4 种不同的成分材料随时间的延长，抗压强度逐渐增加，但增加幅度逐渐减小，基本在 5 天左右时达到最大值。其中，第 4 组材料(超高水和矸石混合材料)强度最高，第 2 组(上半部是超高水和矸石混合材料与下部是纯超高水材料)和第 3 组(下部是超高水和矸石混合材料与上部是纯超高水材料)强度基本一致，第 1 组(纯超高水材料)最小。

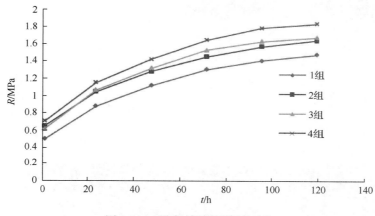

图 2-23　不同时间抗压强度对比

2.3.2　大尺寸固结体蠕变特性

利用自行研制的 10000kN 大尺寸试验系统对大尺寸试件(以水体积为 95%的试件为例)进行系统的实验分析，得出了超高水材料固结体的物理力学性质(包括抗压强度、弹性模量及蠕变特性)。

1. 主要技术参数

试件尺寸：长×宽×高=1500mm×600mm×900mm。

稳压系统最大可提供 20MPa 的压力。

试件最大压力可达 11MPa。

轴压公称力为 10000kN。

应变精度达 με 级。

2. 实验系统构成

系统主要由约束钢棒、承压板、液压枕、稳压系统、位移传感器和静态电阻应变仪等构成，如图 2-24 所示。

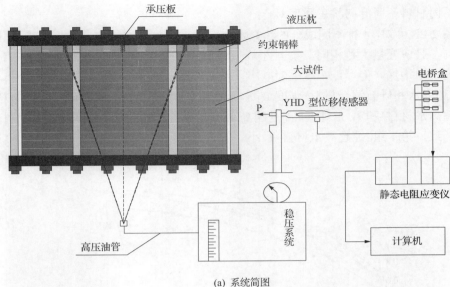

(a) 系统简图

(b) 实物图

图 2-24　试验系统

1) 约束钢棒强度校核

实验中所压试件的横截面尺寸为长×宽=1500mm×600mm，试件的横截面积 A=1500mm×600mm=0.9m²。试件所受力 F=P×A=11MPa×0.9m²=9.9×10³kN。塑性材料到达屈服时的应力是屈服极限 σ_s，也是构件失效时的极限应力，为保证构件有足够的强度，在载荷作用下构件的实际应力 σ，显然要低于极限应力 σ_s。强度计算中，以大于 1 的因数(安全因数)除极限应力，所得结果称为许用应力$[\sigma]$。对于塑性材料：$[\sigma]$=σ_s/n_s，把许用应力$[\sigma]$作为构件工作应力的最高限度，即要求工作应力 σ 不超过许用应力$[\sigma]$，即构件轴向拉伸或压缩时的强度条件为 $\sigma \leqslant [\sigma]$。

约束钢棒采用 Q235 圆钢制作,其 Q_s=235MPa,安全因数 n_s 取 1.5,计算得[σ]= 156.7MPa,现假设有 n 根 Φ=60mm 的约束钢棒布置在承压板的四周,则

$$\sigma = \frac{F}{n \times \dfrac{\pi \times 0.06^2}{4}} \leqslant [\sigma] \tag{2-5}$$

通过计算得 $n \geqslant 22.3$,为了便于布孔,n 取 22 根。承压板布孔方式见图 2-25。

2)承压板强度校核

实验选用的承压板近似看成薄板,采用弹性力学薄板理论对实验承压板的厚度进行求解。

选用薄板理论进行计算可求得板的合理厚度为 89.2mm。考虑到会有一定误差,故承压板的厚度取 100mm。

承压板布孔方式见图 2-25。

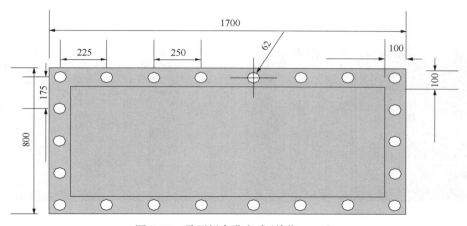

图 2-25　承压板布孔方式(单位:mm)

3)液压枕

液压枕如图 2-26(a)所示。采用厚度为 1 mm 的钢板压制后焊接而成,液压枕尺寸为长×宽×厚=500mm×500mm×30mm,液压枕最大可承受 20MPa 的压力,液压枕上设有管接头与排气孔,管接头通过"U"型卡与油管连接。

4)稳压加载系统

稳压加载系统如图 2-26 所示。其主要由电动机、油泵、稳压器、止流阀、卸压阀和耐震电解点压力表等构成。电动机工作后油箱中的油被压入油泵,再经过稳压器后稳定地输送到液压枕中。稳压器中安装有蓄能器,能吸收、释放油路中的能量,起到减震作用以确保液压枕中油压稳定地上升。电解点压力表监测经过稳压器后油路中的压力(也是液压枕中的压力),电解点压力表设上、下限二位开关型接点装置,当油路中压力达到设定压力值时,断开控制电路,切断电动机电源,电动机停止工作,油泵不向稳压器中供油;当油路中压力低于设定压力值时,接通控制电路连接电动机电源,电动机开始工作,

油泵向稳压器中供油。通断控制电路，供作业系统自动控制或发讯用。同时压力表上安有抗震结构，可有效抑制指针的抖动、冲击，保护接点，使仪表指示清晰，电信号切换可靠，工作稳定。

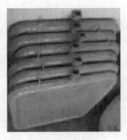  

(a) 液压枕　　　　　　　　(b) 加载泵站　　　　　　　(c) YHD100 型位移传感器

图 2-26　稳压加载系统

3. 试件制备

试件制备过程如图 2-27 所示。

(a) 钢制模板　　　　　　　　　　　　　　(b) 甲作业空间

(c) 乙作业空间　　　　　　　　　　　　　(d) 手持式震动棒

图 2-27　试件制备

按照水体积 95% 进行配比，利用设计的钢制模板进行整体构筑，如图 2-27(a) 所示。考虑到一次性构筑的体积比较大，为保证充分混合，实验过程中先将 A 料、AA 料和 B

料、BB 料分别放置于甲、乙两个不用的作业空间中独立搅拌均匀,此作业空间如图 2-27(b)和图 2-27(c)所示。待两作业空间搅拌均匀后,将乙作业空间的料快速干净地转移至甲空间中,同时不断搅拌直至均匀。然后将人工搅拌均匀的配料及时倒入模型中,为排除其中的空气,构筑时采用手持式震动棒进行震动夯实,如图 2-27(d)所示。

4. 实验方案

稳压系统加载方案采用 0.1MPa/级,120min/级。

整个实验过程中监测人造帮横向、轴向变形。采用 YHD100 型位移传感器监测人造帮横向,轴向变形靠固定的刻度条来监测,如图 2-28 所示。

(a) 位移传感器   (b) 位移测量

图 2-28 变形监测

位移传感器按半桥接线方式连接 TS3890A 型静态电阻应变仪,电阻应变仪间隔 6s 采集一次数据并保存在数据库中。测线位置布置方式如图 2-29 所示,人造帮横向布置 6 条测线,分别为 1#、2#、3#、4#、5#和 6#测线;轴向布置 6 条测线,分别为 7#、8#、9#、10#、11#和 12#测线。

其中,YHD100 型位移传感器主要技术指标见表 2-6。

5. 实验过程及结果分析

试件在密封环境下养护一周,待强度稳定后脱模。脱模后的效果如图 2-30 所示。

放好液压枕,再采用吊车吊起上承压板放在液压枕上,拧紧约束钢棒螺母,接通稳压加载系统。在大试件上布置 12 条测线,利用磁性表座固定位移传感器,位移传感器按半桥接线方式连接静态电阻应变仪,静态电阻应变仪通过 USB 连接计算机上安装的专用数据处理软件。上述工作准备就绪后,打开静态电阻应变仪的电源,开启计算机后使专用数据处理软件与静态电阻应变仪处于连接状态。

实验过程如图 2-31 所示。通过稳压加载系统按既定加载方案进行加载,从 0.0MPa 开始按 0.1MPa/级,120min/级进行加载,加载到 0.5MPa 时,此时 6 个横向测点变形分

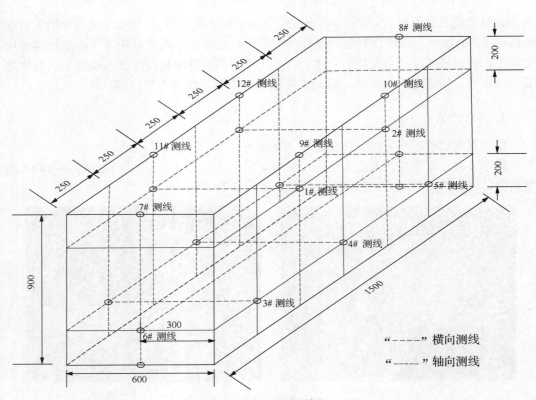

图 2-29　测线布置方式(单位: mm)

表 2-6　YHD100 型位移传感器主要技术指标

量程/mm	全程输出/με	校正系数/(mm/με)	桥路电阻/Ω	基本误差/με
±50	20000	0.005	75	<±5

图 2-30　试件脱模后成型

(a)试件轴向裂隙发育　　　　　　　　　　(b)试件轴向裂隙扩展

(c)试件轴向裂隙贯穿　　　　　　　　　　(d)试件发生贯穿破坏

(e)试件"X"型破坏(1)　　　　　　　　　　(f)试件"X"型破坏（2）

图 2-31　实验过程

别为 0.70mm、0.76mm、0.74mm、0.78mm、0.72mm、1.00mm，平均为 0.78mm；6 个轴向变形分别为 1.36mm、1.38mm、1.35mm、1.34mm、1.32mm、1.35mm，平均为 1.35 mm，此时沿轴向有裂隙逐渐发育，如图 2-31(a)所示；当载荷加到 0.8MPa 时，6 个横向测点变形分别为 2.40mm、2.42 mm、2.38mm、2.46mm、2.32mm、3.00mm，平均为 2.50mm；

6 个轴向变形分别为 4.65mm、4.63mm、4.67mm、4.60mm、4.68mm、4.85mm，平均为 4.68mm。裂隙进一步扩展，如图 2-31(b)所示；约 1400min 后，裂隙贯穿轴向，这时由于裂隙导通在试件表面有些许水分渗出，如图 2-31(c)和图 2-31(d)所示，很快就发生破坏，停止加载。

在裂隙发育过程中，试件表现出很强的支撑力；试件破坏后，其 6 个横向测点变形分别为 10.90mm、11.20mm、11.50mm、11.90mm、10.60mm、12.20mm，平均为 11.38mm；6 个轴向测点变形分别为 14.20mm、14.00mm、13.85mm、14.20mm、13.94mm、13.81mm，平均为 14.00mm。试件破坏时总体上呈现 "X" 型破坏，即双剪切破坏。侧面破坏深度分别为 17.9mm、18.3mm、19.2mm、18.8mm。破坏情况如图 2-31(e)和图 2-31(f)所示。

最终得到的加载载荷与变形的关系如图 2-32 所示，其中图 2-32(b)、图 2-32(c)和图 2-32(d)分别为 7#测线、9#测线和 12#测线的载荷与变形的关系。

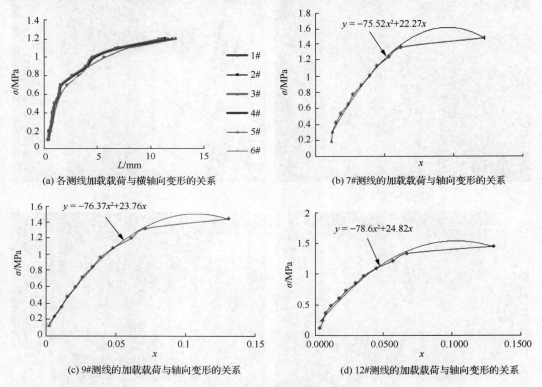

(a) 各测线加载载荷与横轴向变形的关系

(b) 7#测线的加载载荷与轴向变形的关系

(c) 9#测线的加载载荷与轴向变形的关系

(d) 12#测线的加载载荷与轴向变形的关系

图 2-32 加载载荷与变形作用关系

7#测线、9#测线、12#测线的蠕变特性如图 2-33 所示。

大试件蠕变破坏时分级载荷为 0.1MPa，轴向变形基本为 14mm，轴向应变为 0.154；当分级载荷小于 1.4MPa 时，各分级间平均应变差值较小，超过 1.4MPa 后，各分级间平均应变差值逐渐增大，为加速蠕变状态，阈值为 1.4MPa。

从图 2-34 两图趋势线可以看出，大小纯高水材料试件的应力与应变变化规律基本相同，但抗压强度与最大变形有所不同。其中，大试件纯高水材料的抗压强度大约为

1.41MPa，而小试件则为 1.48MPa 左右；大试件破坏前的最大应变大约在 0.15，小试件约为 0.16。

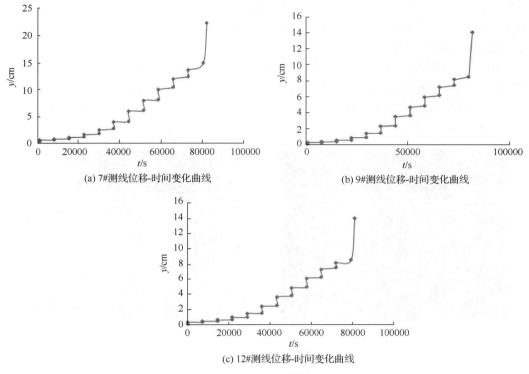

(a) 7#测线位移-时间变化曲线

(b) 9#测线位移-时间变化曲线

(c) 12#测线位移-时间变化曲线

图 2-33　超高水材料固结体蠕变特性

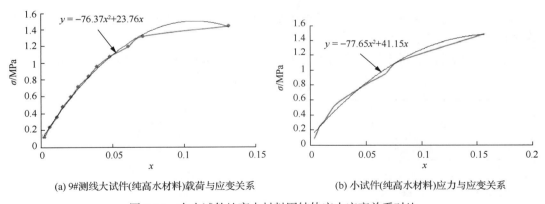

(a) 9#测线大试件(纯高水材料)载荷与应变关系

(b) 小试件(纯高水材料)应力与应变关系

图 2-34　大小试件纯高水材料固结体应力应变关系对比

2.3.3　固结体侧限受压承载特性

现场考察表明，超高水材料所处的采空区为潮湿温热环境，其所受的应力状态随充填工艺变化而变化。目前，在工作面采用"两采一充"工艺时，充填固结体受力状态基本以 24h 为界限，大致可分为两种情况：24h 内（充填前期），充填固结体上部基本不承压或承受较小压力，左右位移受限，后方为煤壁或已固结的超高水材料固结体，前方为工作面，具有自由移动空间，其受力状态近似于两向受压状态；24h 后（充填后期），随着新的充填体充填采空区并快速固结，初次充填的超高水材料固结体由于向前的位移也受到限制，顶部随着顶板的下沉开始缓慢承压，其受力状态变为三向受压状态。

针对上述两种不同应力状态分别采用两种试验方案对超高水材料固结体的工程特性进行测定：两向受力（充填前期，24h 之内）制作 3 组 24 个 100mm×100mm×100mm 的正方体试件，分别养护 2h、8h、24h；三向受力（充填后期）制作 20 组 160 个 $\Phi=50mm$, $h=100mm$ 的标准圆柱试件，分别养护 1d、2d、3d、…、19d、20d。测试系统如图 2-35 所示。

(a) 两向受力状态　　　　　　　　　　(b) 三向受力状态

图 2-35　测试系统

1. 试件制备与养护

试验所用超高水材料取自陶一矿充填站，水为实验室自来水，水温为 18℃。试件制备过程如下：

（1）根据配料表（表 2-7），利用电子天平分别称取水及材料 A、AA、B、BB。

表 2-7　试件配料

| 项目 | 95%水体积比 | | 94%水体积比 | | 总计 |
	正方体 ($L=100mm$)	圆柱体 ($\Phi=50mm$, $h=100mm$)	正方体 ($L=100mm$)	圆柱体 ($\Phi=50mm$, $h=100mm$)	
数量/个	12	80	12	80	184
体积/cm³	12000	15700	12000	15700	55400
水/g	11400	14915	11280	14758	52353
A 料/g	818.18	1070.45	981.82	1284.55	4155
AA 料/g	81.82	107.05	98.18	128.45	416
B 料/g	865.38	1132.21	1038.46	1358.65	4395
BB 料/g	34.62	45.29	41.54	54.35	176

(2)将称取好的水均分，倒入两搅拌机中，并将其启动。

(3)将 A 料、B 料分别加入两搅拌机中，充分搅拌(3min 以上)。

(4)将 AA 料、BB 料分别加入已搅拌好的 A 料、B 料中，继续搅拌(3min 以上)。

(5)将两搅拌机中搅拌好的混合料混入一个搅拌机中，继续搅拌 10min，制成超高水充填材料。

(6)将制备成功的充填材料倒入成型模具 A、B(图 2-36)中，静置 20min，待其凝固拆模，并送入养护箱中养护。

(7)养护室内温度保持在 20℃，相对湿度不低于 99%。

(a)立方体模具 A　　　　　(b)圆柱体模具 B　　　　　(c)养护箱

图 2-36　试件制作模具与养护

2. 试验过程

正方体试件共 3 组，每组 8 件，95%及 94%水体积比试件各一半，养护时间分别为 2h、8h、24h。圆柱体试件共 20 组，每组 8 件，95%及 94%水体积比试件各一半。试件养护温度为 20℃，湿度为 99%。

试验过程如下：

(1)取出已养护好的试件，检查其顶面的光滑程度及尺寸误差。确保顶面光滑，高度误差小于±2mm，直径误差小于 0.3mm，两端面最大不平行度<0.05mm。端面应垂直于试样轴线，最大偏差不超过 0.25 度。

(2)试件检测合格后放入加压模具 A 中，并将其置于试验台，根据岩石力学试验系统操作规程进行检查和调整加压模具的摆放。

(3)开启试验系统，设定加载速率为 70N/s，将位移及压力清零，准备开始试验。

(4)启动试验系统开始试验，直至试件完全破坏，试验系统自动停止。

(5)将试验数据导出并保存，关闭试验系统，清理试验台，完成试验。

充填前期试验过程如图 2-37 所示。

充填后期试验过程如图 2-38 所示。

(a)养护好的试件

(b)准备进行试验

(c)试件出现裂隙

(d)裂隙加剧

(e)裂隙严重

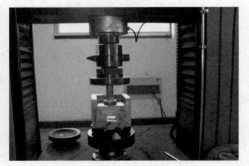

(f)试件破坏

图 2-37 两向受压试验过程(95%水体积比、养护 2h 试件)

(a)试件置入加压模具

(b)准备进行试验

(c)试件中游离水被压出　　　　　　　　　　　　(d)试件破坏部分随水被带出

(e)试验结束　　　　　　　　　　　　　　　　　(f)剩余试件结构完整

图 2-38　三向受压试验过程(95%水体积比、养护 10d 的试件)

3. 试验结果分析

1)充填体两向受力时的测试结果

充填体两向受力(充填 24h 之内)时的应力-应变曲线如图 2-39 所示。由图可知，随养护时间增加，超高水材料固结体的强度逐渐增大；相同养护时间，固结体的强度随水

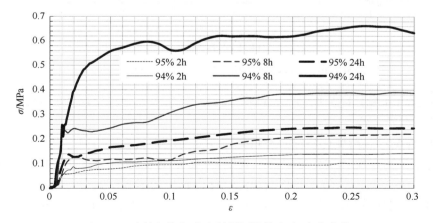

图 2-39　充填初期超高水材料固结体应力-应变曲线

体积增大而减小，在 24h 之内，充填固结体的最大强度分别为 0.4MPa、0.15MPa 左右（水体积 94%、95%）。

2）充填体三向受力时的测试结果

（1）不同载荷（埋深）条件下试件的变形特征。对试件施加不同的载荷以模拟埋深变化，研究不同龄期试件随埋深变化时的变形特征，如图 2-40 所示。

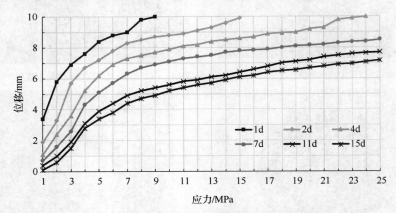

(a) 95%水体积比不同龄期试件的应力-位移曲线

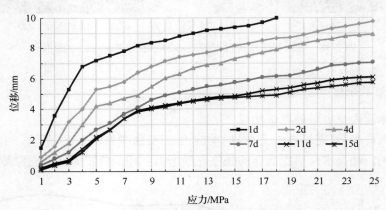

(b) 94%水体积比不同龄期试件的应力-位移曲线

图 2-40　不同龄期、不同载荷条件下试件的变形特征

由图 2-40 可知，随龄期增加，试件变形逐渐减小，且变形增幅也逐渐减小，7 天以后变形基本趋于一致。

（2）临界变形载荷变化特征。充填体三向受力时，随承受压力逐渐增大，试验过程中试件有水泌出，统计试件泌水前承载压力（临界变形载荷）随龄期变化的情况，如图 2-41 所示。由图可知，随水体积增加，试件的临界变形载荷减小；7 天之前，试件的临界变形载荷增幅较大，7 天之后，载荷增幅较小，基本稳定在 10MPa 左右（水体积95%）。

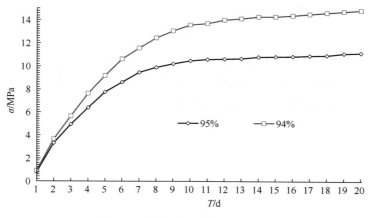

图 2-41　临界变形载荷变化特征

2.4　影响超高水材料性能的因素

对材料有直接影响的因素分别是材料组成、材料细度、水灰比和温度等。

1. 材料组成

材料组成是影响材料性能的重要因素。由于是超高水材料，所以对材料组成要求严格。配方中各矿物的水化均能受到材料组成的影响。若烧制的 A 料组成发生变化，则相应的 B 料及各辅料也要进行配比调整，如此才能保证材料性能的稳定。这在材料应用时要根据烧制材料组分差异，分批次对 B 料及各辅料配比进行调整。

2. 材料细度

材料细度为粒度分布概念，即不同尺寸大小颗粒的组成分布。细度的度量方法有平均粒径、比表面积、筛余量及颗粒分布等。不同的材料选择不同的细度度量方法，水泥业通常以通过某孔径(80μm)的筛余量来定义，以筛余量占总物料的百分数来表示。

对于水泥而言，通常要求细度不宜太细，过细颗粒易于结团，需水量上升，会造成和易性、强度等指标下降。在超高水材料研制过程中，对材料细度没有特殊要求，但若能更细，则有利于材料性能的发挥，但细度过细会造成粉磨过程中能耗增加，加工成本升高。反之，若细度太粗，则液固比只能停留在界面反应，水化较慢，因此又不宜过粗。对于超高水材料而言，实验室细度通常磨至 5.0%以下即可。

3. 水灰比

水灰比越大，材料强度越小；水灰比越小，材料强度越大。

4. 温度

与普通水泥一样，温度对超高水材料的凝固与强度有一定的影响，根据材料主要用于煤矿井下，而井下温度一般在 18~20℃，因此在进行实验室试验时，以 18℃作为实验室材料养护温度，以使试验结果更具有可比性。

第3章 超高水材料充填开采工艺

超高水材料充填开采工艺方法一般分为三种：一是通过管路将其导引至预先安设于采空区的封闭空间或袋包内，使其按要求成型固结的袋式充填工艺；二是将超高水材料浆体输送至采空区后，让其自然流淌与漫溢的开放式充填工艺；三是将上述两种充填方法相互结合形成的混合式充填开采工艺。超高水材料充填采煤工艺系统如图3-1所示。

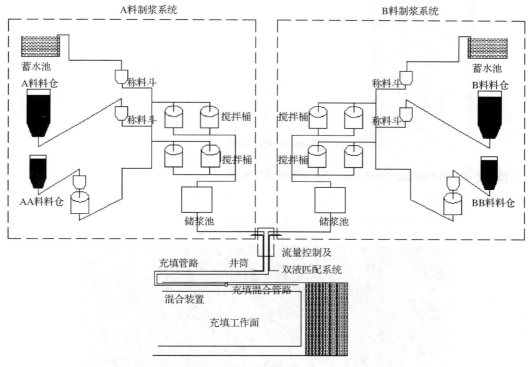

图 3-1　超高水材料充填采煤工艺系统示意图

3.1　采空区袋式充填开采工艺

3.1.1　工艺特点

采空区全袋式充填工艺是在采空区范围内全部布置充填袋，袋内充入超高水材料浆体，浆体凝固后对上覆岩层进行支撑，如图3-2和图3-3所示[115~117]。

该工艺的优点：

(1)全袋式充填能适用于现有大多数采煤方法与回采工艺条件下的采空区充填要求。与开放式充填相比，适用性更广，特别是对近水平条件下的煤层有较好的适应性。

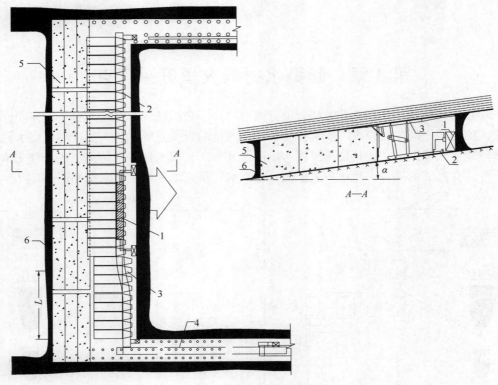

图 3-2　采空区袋式充填示意

1—采煤机；2—刮板输送机；3—液压支架；4—转载机；5—充填体；6—开切眼位置；α—煤层倾角

图 3-3　采空区袋式充填现场示意

（2）可直接控制直接顶，充填效果直观。

（3）不受工作面潮湿、涌水等条件的影响。

该工艺的缺点：

(1)充填袋架设工序与劳动组织较复杂，工作量较大，对作业环节安全要求高。

(2)充填与回采两工艺存在相互影响，配合管理技术要求高。

3.1.2　袋式充填开采工艺的应用

以亨健矿 2515 工作面为例介绍袋式充填开采工艺的应用。

1. 工作面概况

使用袋式充填的典型工作面为亨健煤矿 2515 工作面，具体参数如表 3-1 所示。

表 3-1　工作面参数

项目	参数
倾向长度/m	81
走向长度/m	430
煤层平均厚度/m	(4.2~4.5)/4.4
充填材料及方式	超高水材料袋式充填
地面对应保护物	村庄
工作面埋深/m	370~390

2515 工作面走向长度为 430m，倾向长度为 81m，工作面布置如图 3-4 所示，平均煤层厚度为 4.4m，局部厚度达 5.2m 左右，图 3-5 为工作面岩层柱状图，煤厚稳定性较好，平均倾角为 7°，可采储量为 27.6 万吨，工作面局部开采区域跨越了村庄保护煤柱线，属于建下开采。工作面运输巷、回风巷均沿煤层顶板掘进，采用锚网索支护，巷道断面为 4.2m×3.0m，回风巷局部顶板变形严重段采用 U 型钢加强支护。2515 工作面对应地面位置为张庄村西，地面为黄土台地梯田和村庄建筑，如图 3-6 所示，部分无基岩出露，地表无水体，有较浅的冲沟。

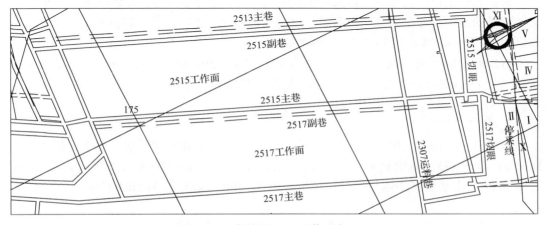

图 3-4　亨健矿 2515 工作面布置

图例	岩性	平均厚度/m	岩性描述
	粉砂岩	20.12	灰黑色，含植物化石，有煤线
	泥质粉砂岩	0~0.30	灰黑色，含泥质
	2号煤	2.80 （0.10） 1.62	无烟煤
	粉砂岩	4.35	灰黑色，含植物化石，有煤线
	石英质粉砂岩	8.40	灰色，以石英为主，含有黄铁矿

图 3-5 工作面岩层柱状图

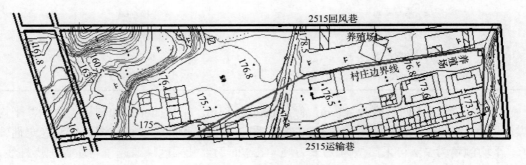

图 3-6 工作面井上下对照

2. 支架选型

根据邻近工作面矿压观测结果，按采煤工作面质量标准规定，2515 充填工作面支架需要承受的载荷为 4 倍采高的岩石重，顶板压力 Q=4×采高×岩石容重×支架宽度×支架最大控顶距=4×4.4×25×1.5×9=5940kN。

ZC6600/25/50 充填液压支架工作阻力 F=6600kN>5940kN，满足支护要求，故选用支架型号为 ZC6600/25/50 充填支架，隔板支架为 ZCG6600/25/50。

3. 采煤工艺

（1）2515 工作面采用一次采全高倾斜长壁后退式综合机械化采煤。落煤、装煤均由 MG500/1200-WD 型双滚筒采煤机完成，工作面采用 SGZ800/800 刮板输送机运输。运输巷布置有型号为 SZZ-764/160 型转载机、PLM1500 型破碎机和 DSJ-100/75×2 带式输送机。

（2）机组工作方式：采用斜切式进刀，单向割煤方式，即机组往返一次进一刀。截割工艺流程为机组在工作面左端头部(即刮板机机头附近)斜切入刀后,先右行向机尾截割,待机组截割至刮板机机尾位置时,再空刀左行,随之滞后机组 15~20m 追机移溜,待机组割掉工作面左端头(即刮板机头附近)三角煤之后,再向右行,沿刮板机弯曲段切入煤壁,完成进刀,随后顶过刮板机机头。

(3)工作面移架和移溜工作由三人完成,两人负责移架,一人负责移溜。移架时,采取追机进行的方式,即其中一人负责超前于机组前滚筒 1~2 架,收回支架的护帮板和伸缩梁,待机组前滚筒割过之后,再及时打出支架的伸缩梁,并撑开护帮板支护煤壁;另一人则尾随机组,执行追机移架,但移架落后机组后滚筒不应超过 4 个支架,否则必须停止割煤,等候移架。移溜工作要在机组截割至机尾,向机头方向返空刀时进行。当煤壁发生冒顶空顶距超过 340mm 或片帮深度超过 500mm 时,必须提前移架。工作面移架和移溜步距均为 500mm。

(4)移溜时,要按照从机尾向机头(或由机头向机尾)的顺序进行,严禁自两端向中间或由中间向两端移溜。机头和机尾移过后,必须及时支设好机头和机尾压柱。压柱采用 4.0m 的单体液压支柱,柱头必须戴木柱帽,并要直接打到煤层顶板上。

(5)工作面正规循环生产能力为 417t。

工作面机械配备见表 3-2,劳动组织见表 3-3,工作面循环作业见图 3-7。

表 3-2　2515 工作面机械设备配备

使用地点	设备名称	规格型号	数量	单位	备注
工作面	采煤机	MG500/1200-WD	1	台	
	刮板输送机	SGZ800/800	1	部	
	普通液压支架	ZC6600/25/50	52	架	
	隔板支架	ZCG6600/25/50	5	架	
运煤巷	转载机	SZZ-764/160	1	部	
	破碎机	PLM1500	1	台	
	皮带输送机	DSJ-100/75×2	1	部	
回风巷	绞车	JD-1.6	2	部	
乳化液泵站	乳化液泵	BRW315/31.5N	2	台	备用一台
	高低压反冲过滤站	GLZ1200/31.5(10)A	1	台	

表 3-3　2515 工作面劳动组织

工种	班次			小计
	早	中	晚	
班长	2	2	2	6
质量员	1	1	1	3
支架工	0	0	7	7
机组维修工		2		2

续表

工种	班次			小计
	早	中	晚	
支架维修工		4		4
机组司机			2	2
追机工			1	1
充填工	25			25
充填泵站操作工	7			7
泵站司机	1	1	1	3
运料工		6		6
电工	1	4	1	6
机电维修工	1	6		7
溜子司机			1	1
皮带司机			1	1
端头支护工		6	4	10
清煤工			4	4
跟班区长	1	1	1	3
总计	39	33	26	98

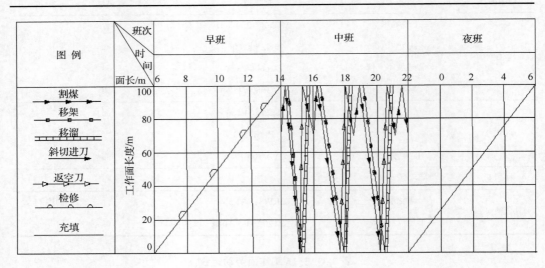

图 3-7　2515 工作面循环作业

4. 浆体制备及输送系统

充填浆体制作是在地面完成的，亨健矿地面建有 NJ160-4S3000 浆体制备系统(充填泵站)，如图 3-8 所示。

图 3-8　NJ160-4S3000 充填泵站

料浆输送管路由地面充填泵站经竖直钻孔进入井下，再通过井下巷道进入工作面，总长度为 3300m 左右(一条)，其中竖直钻孔中铺设为 203mm 管路(两趟)，井下巷道中铺设为 127mm 管路(两条)，中间通过异型连接管路连接，在距工作面煤壁 80m 处时，两条输浆管路经混合器连接混合管，混合管经工作面分流管路与工作面各充填袋进浆口连接，从而完成浆体的输送。

5. 充填工艺

1)充填作业

双滚筒采煤机割煤，割煤深度为 0.7m，采用 3 刀一充，即采煤机割煤 3 刀，采空区充填一次，循环进度 2.1m。

2)充填料的检测

第一，充填材料现场测试要求。

考虑到袋装充填时，对材料性能要求更高的基本情况，材料基本性能测试以含水 95% 为基本测试比。

测试时，在周围环境与井下环境基本一致的前提下，按照要求量取具有代表性的相应的超高水材料，并将 AA 料和 BB 料与相应的 A 料和 B 料与水混合 3min 以上，让其达到混匀要求；A 料浆与 B 料浆混合达到 45~60s 时，使其混合均匀，开始记录初始时间，静置后测其凝结时间。初凝时间以 30~90min 为正常，若超出 90min，但小于 120min，说明材料出现一定的缓凝特征，但不会影响浆体最终性能。若超过 120min 仍未初凝，说明本批次材料需要特殊调配才能使用。

第二，充填材料强度要求。

由于充填面采高较大，袋装充填、综采充填支架前移后，后面的挡板会离开充填袋，此时袋子里充填的超高水材料固结体应能够自稳。通过计算，浆体凝固后强度只要不低于 0.048MPa，则材料固结体即可自稳。根据实验室测试表明，超高水材料浆体在初凝后 2h 左右，其强度都显著大于该强度值。因此，工作面充填工艺可以根据该特征进行配合。

第三，试块制作要求。

在现场施工人员，每次充填必须现场做试块，试块模具使用标准的 70.7mm×70.7mm×70.7mm 模具，现场施工人员负责将其携带上井并保护试块的完好。所有试块必须注明所做的时间、初凝的时间及终凝的时间。

3) 工作面浆体分流装置

工作面浆体分流装置，如图 3-9 所示。工作面浆体分流装置主管路为 152mm 钢丝缠绕胶管，每节长 6m，通过法兰盘连接，布置在工作面刮板输送机上，随刮板输送机向前推进，分流主管路在每个隔板支架位置(充填袋预留进浆口处)设置有浆体分流口，其材质为 127mm 钢管，分流口处设置有 127mm 球阀、QJ51 球阀等，用于控制分流口浆体流量以便于管路分段冲洗，在分流主管路末端设有尾料输出口和污水排放口，其中，尾料输出口用于充填尾料输出利用，污水排放口在充填结束清洗管路阶段，直接与工作面运输巷排水管路连接，用于排放冲洗管路污水。

4) 充填工艺流程

充填准备→检查准备→搅拌制浆→正常充填→管道清洗→充填结束验收。

5) 充填工艺说明

第一，充填准备。

吊挂充填袋及工作面架间挡模板。2515 工作面安装有综采充填液压支架 57 架，其中 5 架隔板液压支架，从机头开始依次向机尾安装，其中 1#、15#、29#、43#、55#支架为充填隔板液压支架，其余 52 架为普通充填液压支架。

综采充填工作面进行充填前，支架移直移顺，及时伸出侧护板，保证工作面支架控顶区有良好的支护，之后用充填袋在待充填区内构筑完全"封闭"的充填空间。充填袋规格为长 23m×宽 2.5m×高 5.0m 和长 20m×宽 2.5m×高 5.0m 两种规格。充填袋用塑料绳吊挂。

吊挂充填袋的方法：充填袋上部空区侧固定在原充填袋的顶部(或吊挂在支架后顶梁上)，煤帮侧悬挂在支架的尾梁吊袋挂勾上。吊挂时，顶部设计要留出 100mm 左右的富余量，使其向内折，利用浆液充满上顶之力使充填袋与尾梁贴紧，保证充填浆液顺序接顶效果。底边也要拉直拉平，并与支架底座和原充填袋相连接，防止充填袋局部挤压造成充填袋不能完全鼓起影响接顶效果。

充填支架间的间隙封挡办法：上部采用打孔用螺丝固定皮带的方法进行封挡，皮带宽度至少大于架间隙 200mm，以防止充填袋鼓出撑坏影响充填，下部用木板进行封挡。封挡要全方位而且严密，防止有空间使充填袋鼓出撑坏。

充填管布置路线。地面充填泵站→主皮带斜井→一级回风下山→220 集中运料巷→充填集中轨道巷→2515 工作面回风巷→2515 充填工作面。

工作面充填管布置有分流管路，并在各充填袋进浆口前布设分流口，充填袋进浆口与分流口通过消防水袋连接，采用铁丝捆绑固定。

第二，检查准备。

(1) 工作面吊挂充填袋检查。

(2) 主充填管路检查。

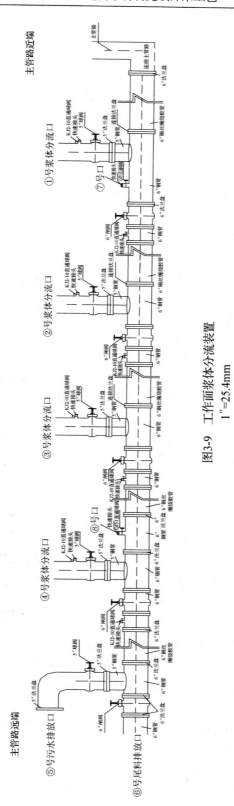

图3-9　工作面浆体分流装置
1″=25.4mm

（3）工作面充填管及控制阀门检查。

（4）测量待充填区域体积。

（5）布设充填袋，连接分流管路。

（6）向充填泵站发出制浆通知，并令其开始制浆。

第三，正常充填。

（1）充填泵站接到工作面通知之后开始制浆生产。

（2）浆体制好之后通知工作面。

（3）工作面接到泵站通知之后，确认准备工作完成之后通知泵站放浆。

（4）在充填过程中，各充填分流口放浆顺序及分流流量控制，由专人统一指挥，并根据现场情况，及时与地面泵站联系，确定放浆流量。

（5）浆体冲入充填袋过半以上时，及时测算充填区域剩余体积，并与地面泵站联系，核实及调整制浆量，防止制浆量与实际空间体积相差过大。

（6）充填完成后，发现已经充填的区域出现明显不接顶，必须进行必要的补充充填。

第四，风水联动方式清洗管路。

充填完毕之后采用风水联动方式冲洗充填管路，先向泵站搅拌池中注入清水，后送入输送管路，在工作面见清水后，即通知泵站停止输水，并向管路输送压风，通知输浆管路地势最低安设三通阀门处打开阀门泄水，直至管路中水排净后，通知泵站停止输送压风，完成管路清洗工作。

第五，充填结束验收。岗位工作结束、验收；交接班；报矿调度室。

第六，凝固及矿压观测。

（1）充填工作结束后，充填体凝固时间需要 0.5~1.5h。

（2）在袋装充填开采后，上覆岩层得到了直接的控制，矿压显现明显减弱。

由于在开采与充填的过程中，上覆围岩层是不断活动与变化的。在工作面获取数据时，其是动态变化的。

进行矿压观测的途径有两种：一是在工作面对应地表位置设观测点，对地表变化情况直接进行量测；二是在井下设置观测点。

（3）工作面矿压观测内容：①对上覆岩层弯曲下沉情况进行观测；②对巷道与工作面液压支架进行常规观测；③对采煤工作面与采空区固结体受力状况进行检测。

6. 袋式充填停采收尾工艺

如果按照传统的垮落法进行袋式充填开采回收支架，支架回收后顶板发生冒落，会造成大片的未充填区域，减少整体充填率。因此在袋式充填开采时，采用充填占据支架回收空间的方法，减少未充填空间，增大充填率。

1）工作面停采线扩帮

在工作面撤架之前，要先完成铺网上绳，扩出撤架通道和撤走工作面机组与刮板机的工作。工作面煤壁沿两巷推进到距工作面停采线 16m 时，开始铺设顶网，当工作面连续(铺网)推进 11.8m 时，工作面停止回采(移架)工作，然后用爆破法和锚网梁支护方式在架前扩出撤架通道，撤架通道的宽度即液压支架梁端至煤壁的宽度，为 4.5m。

　　对充填工作面及副巷进行清理，将底板整平，在顶板破碎、两帮片帮处进行背顶、裱帮并加固，以不影响撤运支架且支护牢固可靠为标准，并且巷道高度不得低于 2.5m。

　　由于充填支架控顶距过大，为了使支架拉拽、旋转较容易，根据其自身特点，决定工作面前方扩帮 3m。扩帮通道采用锚杆锚索联合支护，顶板采用锚杆长度为 2.3m，直径为 18mm，锚固长度为 500mm，排距为 800mm，间距为 800mm；锚索长度为 7m，锚固长度为 1200mm，沿巷道走向单排布置，间距为 2.7m。煤帮采用锚杆长度为 2250m，直径为 24mm，锚固长度为 500mm，排距为 800mm，间距为 800mm。顶板和两帮都铺设 1.2m×5.0m 的金属网，网间用钢丝进行固定连接，采用 Φ14mm×4500mm 的梯子梁，图 3-10。

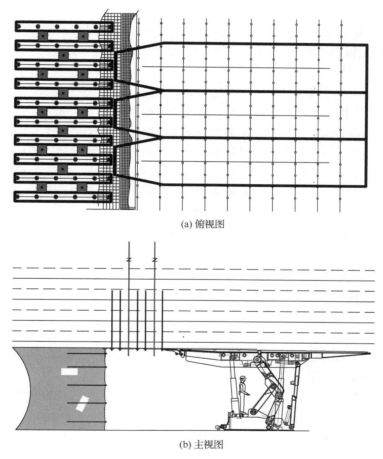

(a) 俯视图

(b) 主视图

图 3-10　工作面搬家扩帮示意

2) 绞车安设

　　(1) 充 II 工作面运巷，正冲着充 2 工作面撤架滑道的运巷巷帮内安装两部 JH-20 型回柱绞车，两车所盘钢丝绳直径为 28mm，绞车要安装在已准备好的绞车硐内，绞车硐深入煤壁的长度为 4.0m，硐宽为 5.6m，高为 2.0m。

　　(2) 在一联眼集中巷内，正冲充 II 工作面运巷的集中巷上帮安装两部 JH-30 型回柱绞车，两车所盘钢丝绳直径为 28mm，硐室规格如上所述。

（3）在充Ⅳ副巷正冲回风平巷支架滑道的回风平巷内安装两部 JH-20 型回柱绞车，用于将支架拉至充Ⅳ副巷和辅助支架调向，此车所盘钢丝绳直径为 28 mm，此两车安装地点选择在支护完好，顶板完整的地点。

（4）在一联眼集中巷正冲充Ⅳ副巷口的巷帮内安装一部 JH-30 型回柱车，用于下回支架，此车所盘钢丝绳直径为 28mm，绞车要安装在已准备好的绞车硐内，绞车硐深入煤壁的长度为 4.0m，硐宽为 2.8m，高为 2.0m。

（5）在充Ⅳ副巷下安装一部 JH-30 型回柱绞车，用于下拽支架及辅助支架调头，此车所盘钢丝绳直径为 28mm。

（6）在充Ⅳ运巷正冲充Ⅳ切眼滑道的运巷巷帮处安装两部 JH-30 型回柱绞车，用于将各部支架拉至工作面安装，硐室规格为深入煤壁 4.0m，硐宽为 7.8m，高为 2.8m。

（7）绞车硐顶板支护采用锚网梁支护形式，巷帮打点锚杆，挂菱形金属网。

3）工作面搬家方法

回收支架时，要按照从机尾向机头的方向逐架进行，即按照从 3#~1# 的排序进行回收。回收前，在工作面支架前方底板打一排底锚，使用直径为 28mm，长为 1500mm 的螺纹钢锚杆，两卷 z2360 锚固剂。回收第 35# 支架时，将支架推移千斤顶伸出和底锚用双股 SGW-40T 溜子链连接起来，锚链必须穿上螺丝，并上满丝扣。之后，将支架降到最低高度，收回支架的侧护板、伸缩梁、底调千斤顶，然后，收缩支架推移千斤顶，使支架自移拉出。此项工作也需进行远距离操作，间距不小于 10m。在对支架调向时，要使用承载能力不低于 10 t 的滑轮，并使用 2.5m、2.8m 和 3.5m 的单体柱配合进行，但在使用单体柱辅助调向时，现场要有一名跟班领导统一指挥，而且工作人员要站在支设点柱的一侧，严禁在另一侧站立。支设点柱调向时，必须事先通知绞车司机，没有调向人员许可，严禁司机擅自启动绞车，而且用点柱调向时，注液枪管的长度不得少于 10m，以便于作业人员躲避开支架，进行远距离操作。35# 支架回出运走后，依照此法再回收 34# 支架，直至回收完所有支架。

在撤出 34# 支架后，要及时在 35# 支架的正前位置，距离煤壁 2m 处架设一个木垛，此后随着回收工作的进行，相距 10m 内再架设一个木垛，以此类推。当回收第 5 个支架时，即可开始回收副巷超前支护。

在回收过程中，当支架被拉出后，要及时在支架原来的位置支设倾斜抬棚，抬棚棚梁为长 2.5m 的 11# 工字钢，棚腿采用 2.2m、2.5m、2.8m、3.2m 和 3.5m 的单体柱，抬棚按照一梁三柱支设，柱头拴 14# 铅丝。抬棚自煤壁向基本顶成排支设，排距为 0.7m，回收时执行见五回一的原则。

由于充填支架撤架后，两架的空间就达到了 24m²，形成空顶范围过大，对工作面的控顶提出了更高的要求。根据传统的撤架方案，打设木垛对工作面撤架空间进行支护，需要消耗大量的坑木，如果全断面进行木垛支护，坑木量达到将近 700m³，消耗量较大，并且会对井下运输造成困难。

充Ⅱ工作面有整套的充填系统，并且工人对充填工作十分熟悉，因此采用充填控顶的方法回收支架。由于充填材料初始阶段为泥浆状态，流动性很强，所以充填时的隔离防漏至关重要。打设隔离模板时，每隔 500mm 打设液压支柱一根，支柱上绑上木板或金属网模板。由于越往下压力越大，所以需对底部、中部进行打戗柱支护。

充填隔离模板安设如图 3-11 所示。

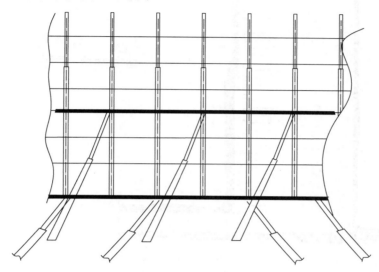

图 3-11　模板安设示意

3.2　采空区开放式充填开采工艺

3.2.1　工艺特点

采空区开放式充填开采工艺是在仰斜开采条件下，采空区完全处于开放与自由状态，利用煤层倾角使超高水材料浆体自行流入采空区并固结成形对覆岩进行支撑[118~120]。

具体做法如下：自开切眼始，工作面推进适当距离后，即对采空区实施充填。随着充填工作的不断推进，充填浆体液面不断上升，逐渐将低于工作面位置水平以下的采空区充填密实，并将部分垮落下来的矸石(若存在)胶结起来，形成整体支撑上覆岩层的充填胶结承载体。

采空区开放式充填开采示意及现场充填情况如图 3-12 和图 3-13 所示。

该工艺的优点：①充填与开采互不影响，工作面产量不受充填工艺制约；②充填工艺简单，人员需求少，易于组织与管理，工作面支架不需改造；③不控制直接顶，人员作业不在采空区，充填过程安全可靠。

不足之处：当采高较大或煤层倾角较小时，该方法对控制临近采空区上覆岩层有一定的局限性，但通过在工作面后方构筑挡浆体，使充填浆体液面水平升高，缩短顶板悬跨距，可较好地实现对采空区的充填。此外，当工作面涌水较大时，对充填效果有一定影响，需采取疏治水措施。

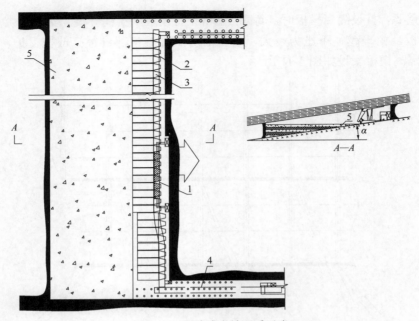

图 3-12　开放式充填开采示意

1—采煤机；2—刮板输送机；3—液压支架；4—转载机；5—充填体；α—煤层倾角

图 3-13　采空区开放式充填现场示意

3.2.2　开放式充填开采工艺的应用

以陶一矿充Ⅵ工作面为例介绍开放式充填工艺的应用。

1. 工作面概况

充Ⅵ工作面参数见表 3-4。

充Ⅵ工作面位于陶一矿七采区南翼，F10 断层以下，12701 工作面以上第 6 个工作面。南面、北面、东面都为采空区，地表有村民房屋建筑、冲沟和梯田，地面标高为

171.2~179.1m。工作面标高–140.2~ –210m。工作面沿 2#煤层倾向布置,为倾向条带开采工作面,该工作面倾斜度在 2°~12°。工作面走向长为 120m,倾向长为 330m。北为工作面回风巷,南为工作面运输巷,沿走向中间位置掘一中间巷,工作面布置情况如图 3-14

表 3-4　充Ⅵ工作面参数

项目	参数
倾向长度/m	330
走向长度/m	120
平均煤层厚度/m	2.5
充填材料及方式	超高水材料袋式充填
地面对应保护物	村庄
工作面埋深/m	310
工作面平均倾角/(°)	6

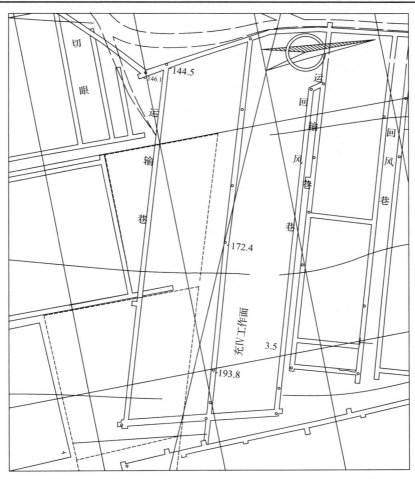

图 3-14　充Ⅳ工作面布置

所示。充Ⅵ工作面由于煤层受到火成岩侵入，采高在 2.5m 左右，但是由于煤层倾角变化较大，大部分地区倾角在 6°左右。

2. 采煤工艺

（1）工作面采用一次采全高倾斜长壁后退式综合机械化采煤。落煤、装煤均由 MWG160/375-W 型双滚筒采煤机完成，采用 SGZ630/220 刮板输送机运输。工作面输送机巷运输设备型号分别为 SGW-150C 型刮板机和 DSJ100/63/2×75 带式输送机。

（2）其他工艺与袋式充填开采采煤工艺相同。

（3）工作面正规循环生产能力为 267t。

充Ⅵ工作面机械设备配备见表 3-5。

表 3-5　充Ⅵ工作面机械设备配备

使用地点	设备名称	规格型号	数量	单位	备注
工作面	采煤机	MWG160/375-W 型	1	台	
	刮板输送机	SGZ630/220 型	1	部	
	液压支架	ZF2400/16/24BGA	80	架	
运煤巷	刮板输送机	SGB-150C	1	部	
	皮带输送机	DSJ100/63/2×75	1	部	
	组合开关	QJZ1-1200/1140-6	1	台	
	风煤钻	Z MS60	2	台	备用一台
回风巷	回柱车	JH-14	1	部	
	照明综保	BZ80Z-2.5	1	台	
一联眼	乳化液泵	WRB200/31.5	2	台	备用一台
	移动站	KBSGZY-1000/6	1	台	

劳动组织情况见表 3-6。

表 3-6　劳动组织

工种	班次			小计
	早	中	晚	
班长	4	2	2	8
支架工	3	3	3	9
机组维修	1			1
机组司机		2	2	4
追机工		5	5	10
充填工	15			15

续表

工种	班次			小计
	早	中	晚	
泵站司机	3	2	2	7
运料工	7			7
电工	2			2
机电维修工	7	1	1	9
溜子司机		2	2	4
端头支护工	9	6	6	21
清煤工		3	3	6
跟班区长	2	1	1	4
总计	53	27	27	107

3. 充填工艺

1) 充填作业

双滚筒采煤机割煤，割煤深度为 500mm，采用一班充填(检修)两班采煤，每班采煤机割煤两刀，两班后采空区充填一次，循环进度为 2m。

2) 充填工艺流程

充填准备→充前检查→搅拌制浆→泵送浆体→正常充填→管道清洗→充填结束验收。充填浆体通过管路输送至工作面，在工作面前方 150 m 左右进行混合，然后输灌至老空区，如图 3-15 所示。

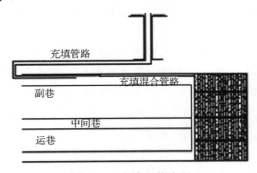

图 3-15　充填工艺流程

3) 采空区充填工艺及安全技术措施

充面Ⅵ充填管路布置如图 3-15 所示。超高水材料采空区开放式充填工艺包括充填泵站与充填点两部分。

第一，充填准备。

在正式进行充填工作之前，检修人员应对充填系统进行检查，包括自动化控制系统、制浆系统及下料系统等开关和指示灯是否正常，并确保充填设备与管路等畅通。一切就绪后，电话联络充填点开始进行充填。充填工作分以下三个阶段进行。

试生产阶段。A、B 生产系统各设置 4 盘（浆体搅拌桶）进行试生产，该过程中，注意各子系统的运行情况，重点观察各生产系统中四个搅拌桶下料顺序快慢的配合，正常之后，启动泥浆泵，开始充填，注意观察 A、B 缓冲池中液面高度是否大致保持一致（一般情况下，A 料浆液的动力黏度高于 B 料浆液的动力黏度，从而导致 A 浆液输送管道阻力较大，故 A 缓冲池中液面要比 B 缓冲池中略高）。

正式充填阶段。正常充填工作开始后，A、B 生产系统可设置一定量的盘数进行生产，避免停泵次数的增加，从而保持充填工作的连续性。一般情况下，A、B 生产系统一次设置 20 盘左右为宜。

收尾阶段。充填工作结束后，要对管路进行清洗。清洗管路用水量要适量，不宜过多，只要把管路中残存的浆液冲出即可。根据所铺设管路总长度为 2400m 进行计算，需水 $18.84m^3$，A、B 生产系统各需 $9.42m^3$ 的清水。实际过程中，A、B 生产系统可各设置 10 盘清水用于清洗管路。

第二，在充填过程中，有以下几点注意事项。

（1）充填过程中注意观测 A、B 两缓冲池内浆液液面的高度变化，若变化较大，则可通过调节溢流阀控制浆液回流来实现两池内液面高度大致一致。

（2）在使用设备的过程中避免同时启动所有设备，尤其是两台充填泵，防止瞬间功率的增加造成的跳闸现象。

（3）每班充填时，需在两种浆液搅拌桶的卸料口对浆液按 1∶1 进行取样，混合搅拌均匀后，观察其凝固效果。

（4）为了保证充填工作的连续进行和充填质量，应定期对设备进行系统检修和清理。包括对料秤进行校准，并检查表头的精确度；对充填泵吸浆口，进浆口等容易引起沉淀的地方进行清理；配备一名维修工对设备进行定期检查并排除可能存在的隐患。

第三，充填点准备。

由于充面Ⅵ采用开放式充填处理采空区，安排一名工人负责观察充填点的充填情况，并及时通过电话与泵站进行沟通。充填点需要观察的内容主要包括：①及时观察充填液面的位置，防止支架被淹；②观察充填体在采空区的凝固情况，并做详细记录；③与泵站电话联系，确认正常充填而不是清理管路时，在混合管出口处对浆液进行采样，每班一次，作为充填浆液混合效果的侧面检验。

第四，充填程度。

根据上述的理论分析，在充填的过程中，会出现以下两种情况。

（1）直接顶不垮落或局部冒落。在充填浆液接顶之前，直接顶不发生整体垮落，或只有局部冒落时，直接顶的裸露距在充填浆液接顶之后是一定的（除非有采高或煤层倾角的变化）。此时，直接顶在采空区接顶充填体的支撑和受前方煤壁及液压支架的支撑作用下，处于平衡状态，这时能够获得理想的充填效果。为了保证充填效果，主要采取如下措施：①提高液压支架的初撑力，防止因初撑力的不足导致的煤壁片帮和顶板冒落等；②保证充填体的充填质量。由于采空区对顶板起支撑作用的是接顶之后的纯浆体，故应适当地提高充填体的强度。可以通过调节 A、B 主料及其各自添加剂配比来提高充填体强度。

(2) 直接顶垮落。直接顶在充填体接顶之前发生初次垮落后，且随着工作面推进会随采随冒，这时充填所起的作用是控制直接顶之上的基本顶。最大限度地减小基本顶的下沉。这种情况下，要适当增加充填浆液的初凝时间，增加浆液的流动性，使其能够充满采空区。

4. 充填开采收尾

由于开放式充填是根据煤层倾角进行灌注浆(图 3-16)，因此在工作面收尾时，会造成收尾区域有三角地区不能进行有效的充填，工作面充填率偏低，造成工作面充填效果较差。

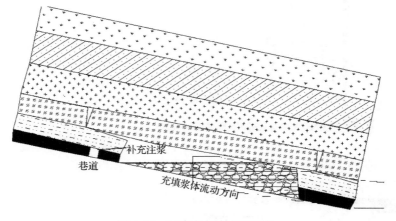

图 3-16　开放式充填收尾示意

当工作面收尾工作完成以后，封闭工作面两巷，在收尾工作面前方布置一条巷道进行补充注浆。注浆钻孔的长度及倾角，根据煤柱宽度、煤层倾角、直接顶与煤层厚度确定。通过注浆孔对收尾三角区域进行补充注浆，待注浆压力明显增大时停止注浆，开放式充填收尾示意，如图 3-16 所示。

3.3　采空区混合式充填开采工艺

采空区混合式充填是指采空区充填时，根据需要采用充填袋与开放式充填相结合的充填方式。根据充填袋布置方式与开放式充填区域位置关系的不同，混合式充填一般可分为间隔交错式充填和分段阻隔式充填两种[121, 122]。

3.3.1　间隔交错式充填

间隔交错式充填的充填工艺如下：将工作面分成若干区域，间隔布置充填袋，如图 3-17 和图 3-18 所示。充填袋长度与充填袋间隔距离分别为 L_1、L_2，其值与采场参数、顶板岩层稳定性、煤层倾角和采高等因素有关。该方法适合于两巷进行沿空留巷的充填工作面。

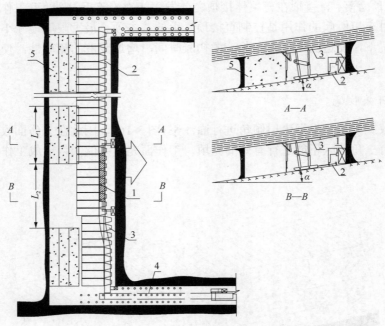

图 3-17　混合式充填示意(间隔未充填)

1—采煤机；2—刮板输送机；3—液压支架；4—转载机；5—袋式充填体；α—煤层倾角

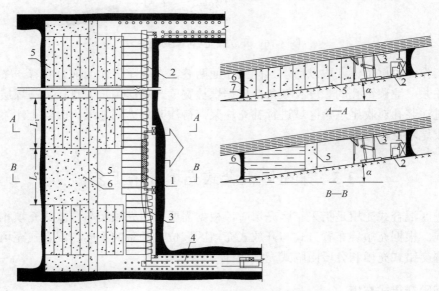

图 3-18　混合式充填示意(间隔充填)

1—采煤机；2—刮板输送机；3—液压支架；4—转载机；5—袋式充填体；6—充填体；α—煤层倾角

充填实施步骤：①当工作面推进至适当距离后，在工作面后方架设充填袋，并在其中充入超高水充填材料；②视情况对两充填袋之间的剩余空间进行开放式或将外端开口封闭后进行充填。

该方法优点及适应性：①与全袋式充填相比，减少了部分吊挂充填袋的工作量，提高了充填效率，降低了充填成本；②与开放式充填相比，混合式充填可应用于水平及近水平煤层，适应性增强；③充填间隔 L_1 与 L_2 的大小及间隔顺序与工作面围岩条件有关，可按需要进行调整。

3.3.2 分段阻隔式充填

分段阻隔式充填的充填工艺如下：当工作面推进一定距离 X_1 后，在支架后方架设充填袋构筑隔离墙，将超高水充填材料充入封闭空间，如此循环作业完成采空区充填，如图 3-19 所示。该方法适用于采空区顶板稳定，采高不大的情况。

该方法优缺点：与全袋式、混合式相比，充填袋架设工程量减少，对生产的影响变小。存在的主要问题是，当构筑隔离墙时，存在安全隐患，需要专门的充填支架与之配合。

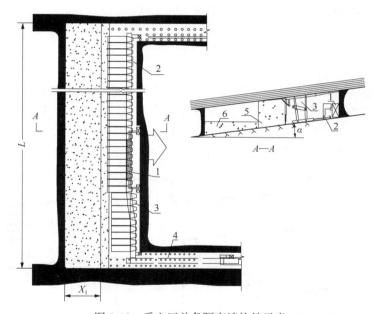

图 3-19 采空区首条隔离墙构筑示意

1—采煤机；2—刮板输送机；3—液压支架；4—转载机；5—袋装充填体；6—充填体

第 4 章　超高水材料浆体制备系统

超高水材料在应用过程中，从配制成液态至混合，以及到使用地点，都通过管道输送来完成。期间，A、B 两种浆体在混合前、后的流体行为有很大的不同。混合前流体物性基本不随时间改变，而混合后则产生水化作用，并在一定时间内失去流动性，属时变性流体，浆体会经历物理流动及化学反应固结的过程。这些变化特性对充填设备的选型、管道形式的确定、输送管路转换关键点处置以及采空区充填方式与技术方案的确定都有直接影响。

为适应更大规模长壁充填开采的需要，在井下充填工艺系统的基础上，构建了与长壁充填开采相配套的地面充填工艺系统，主要包括浆料制备系统、浆料输送系统及浆料混合系统、流量控制及双液匹配和压风清洗管路系统等。

4.1　井下浆体制备系统

井下浆体制备系统的浆体制备设备可以布置在井下巷道或专用硐室内[123, 124]。2008年在冀中能源邯郸矿业集团陶一煤矿首次进行超高水材料充填开采工业试验，浆体制备系统选择在井下，采用半连续制浆系统，生产能力为 $120\text{m}^3/\text{h}$，如图 4-1 和图 4-2 所示，受井下空间限制，充填系统规模不宜过大，满足生产要求即可。

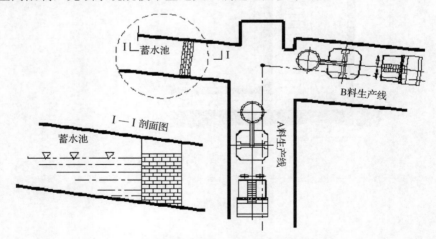

图 4-1　邯矿集团陶一矿井下制浆泵站布置

井下制备浆体的特点如下。

（1）浆体制备系统建在井下时，超高水充填材料需要运送至井下充填泵站。井下储存空间需防潮，同时材料堆放应分类，避免不同材料混放。井下每日所用充填材料量需专人统计与保管，以保证材料储量、品质均满足要求。

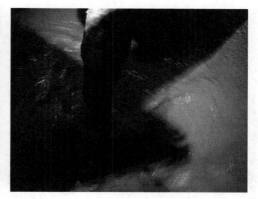

　　(a)井下制浆泵站　　　　　　　　　　　　　(b)井下制浆

图 4-2　井下浆体制备示意图

　　(2)根据超高水充填材料用水量多的特点，水源可直接使用井下水，水源温度稳定，符合使用要求。一般情况下，超高水充填材料所用水，既可取自井底水仓，也可利用充填泵站上位排放的污水，水源充足，供水系统稳定可靠。

4.2　地面浆体制备系统

4.2.1　地面浆体制备设备

　　地面浆体制备系统构建(以 NJ160-4S3000 浆体制备系统为例)借鉴了井下浆体制备系统建设的成功经验，在充填能力、制浆系统的自动化等方面进行了加强(地面浆体制备工艺系统参照图 4-3)。地面充填泵站及制浆系统如图 4-4 所示。

充填制浆输送流程

生产前的准备	制浆及输送	清洗及清理	维护和检修
人员到位	准备确认	清理作业场所	日常维护
料、水充足	启动生产	清理搅拌池底残渣	月修
按序开启系统	流量控制及输送	冲洗设备和管路	年修
产前确认	密切观察	按顺序断电关机	
	停止生产	外加剂回原储存罐	
		冲洗外加剂储箱和外加剂秤	

图 4-3　地面浆体制备与输送工艺流程图

　　地面浆体制备系统由两套设备完全相同的 A、B 系统组成。其中，每条生产线配置有粉料仓、配料称量装置、搅拌装置、卸料装置、储浆装置及电控系统等，单浆制备设计能力最大可达 160m³/h。系统总体布置及系统工艺流程如图 4-5 和图 4-6 所示。

(a) 搅拌泵站　　　　　　　　　　　　(b) 混合泵站

图 4-4　地面充填泵站

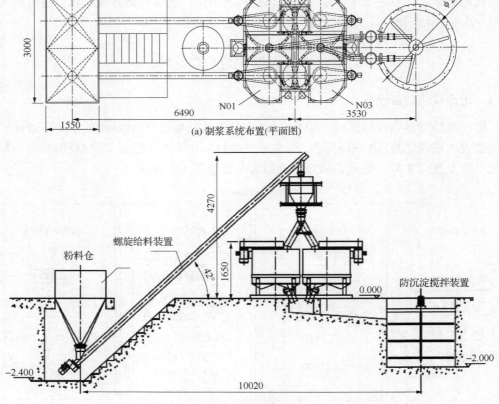

(a) 制浆系统布置(平面图)

(b) 制浆系统布置(立面图)

图 4-5　NJ160-4S3000 浆体制备布置示意图(单位：mm)

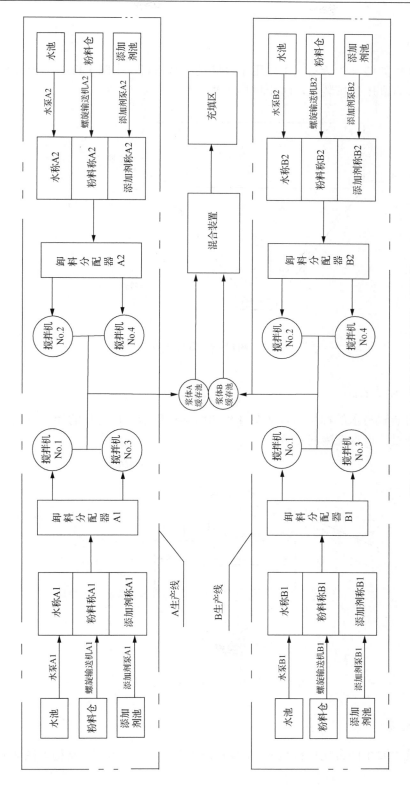

图4-6　NJ160-4S3000浆体制备系统制浆工艺流程

1. 粉料仓

粉料仓结构如图 4-7 所示。主要用来存储超高水材料,上圆下锥的结构有利于物料通过,锥底设有高压破拱装置,防止材料堵塞。

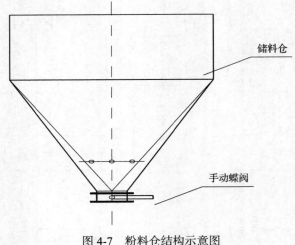

图 4-7 粉料仓结构示意图

2. 配料、称量装置

粉料配料装置与水的称量装置如图 4-8 和图 4-9 所示。每台秤的计量方式均为电子传感重量式计量,以保证配料精确。

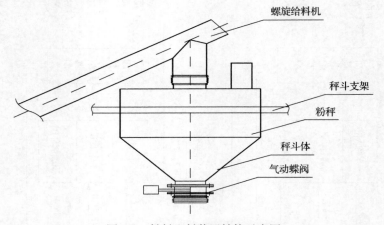

图 4-8 粉料配料装置结构示意图

3. 搅拌系统

搅拌系统主要由四台搅拌机组成,主要作用为使物料充分混合,结构如图 4-10 所示。

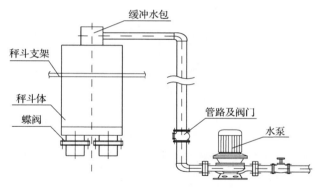

图 4-9　水称量装置结构示意图

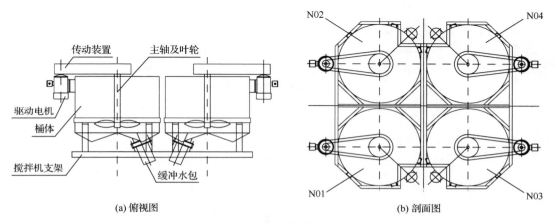

(a) 俯视图　　　　　　　　　　　　　(b) 剖面图

图 4-10　搅拌装置结构示意图

4. 卸料系统

卸料装置结构如图 4-11 所示，主要由翻板机构和粉料溜管构成，翻板机构可以实现一台粉料秤向两台搅拌机供料的功能。

5. 储浆系统

储浆系统结构如图 4-12 所示，内部搅拌装置起到防止浆液沉淀的作用。该系统容量为 24m³，上部液面反馈装置在特殊条件下起到信息反馈的作用，具有使搅拌器延迟放料的功能。

4.2.2　地面浆体制备自动控制系统

NJ160-4S3000 浆体制备系统控制平台实现了浆体制备过程中生产监控、材料配比、参数设置等环节的自动化，提高了浆体生产的效率。该系统界面如图 4-13 所示。

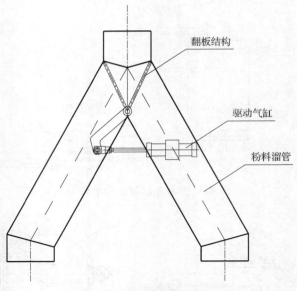

图 4-11 卸料装置结构示意图

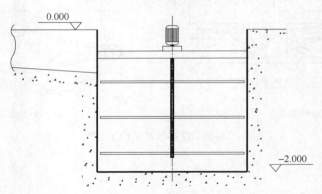

图 4-12 储浆系统结构示意图

图 4-13 浆体生产线控制系统

该系统具体功能与操作过程如下。

1）生产监控

点击生产监控，显示如图 4-14 所示的画面。

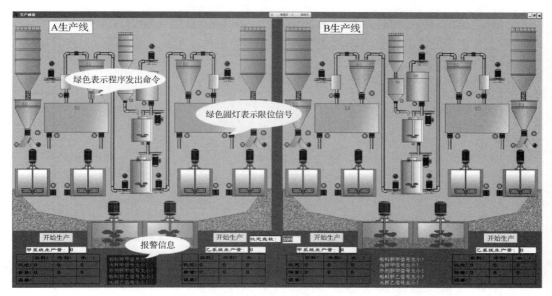

图 4-14　生产监控系统

（1）生产监控是生产的主界面，所有的生产工作都在此页面完成。鼠标在此界面上滑动，当鼠标变为手指形状时单击右键可以使所在控件对应元件工作，如图 4-14 所示。

（2）搅拌站处于正常工作状态，只有自动方式，搅拌站才全部处于控制系统的自动实时监控之下。

自动生产前，搅拌站满足的初始条件：①各物料秤门必须关闭（绿色圆灯显示为绿色）；②搅拌机卸料门必须关闭；③搅拌时间，开门时间必须设置好，且不能为零。

上述各秤门、主机卸料门都以行程开关的工作状态为依据，要求在自动工作方式下，行程开关工作正常且位置准确。

满足初始条件后输入"设定盘数"，按开始生产按钮可开始自动工作，开始生产后开始生产按钮将变为暂停生产按钮。

（1）自动工作时，若出现异常情况按暂停生产按钮，暂停生产。

（2）如果计量系统出故障，可通过方式转换达到暂停计量的目的。

（3）液剂计量完、水计量完。液剂卸入水称。

（4）各种物料配完，搅拌机内无物料且卸料门关闭，开始投料。

（5）搅拌计时是从集料斗投完料后开始的，搅拌时间到且各物料已共同搅拌 10s 以上，主机门自动打开。

自动工作流程为接通电源→合上空开→工作方式（自动）→启动空压机（0.7 MPa）→打开工控机进入监控→设定或选择配比、参数→满足搅拌站的初始条件→按自动启动→各物料配料（外加剂配完卸入水秤）→各物料卸料→搅拌计时时间到→主机门开卸料→主机门关→一次配料结束。

2) 生产配比设定

点击主界面生产配比按钮进入配比设定界面，如图 4-15 所示。

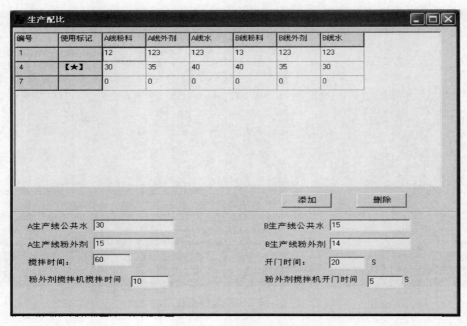

图 4-15　生产配比系统

点击添加按钮可添加新配比，双击生产所需配比（使用标记列将出现五角星形状），此界面还包括了公共外加剂的配比和搅拌时间。

3) 数据查询

点击主界面数据查询按钮进入数据查询界面，如图 4-16 所示。

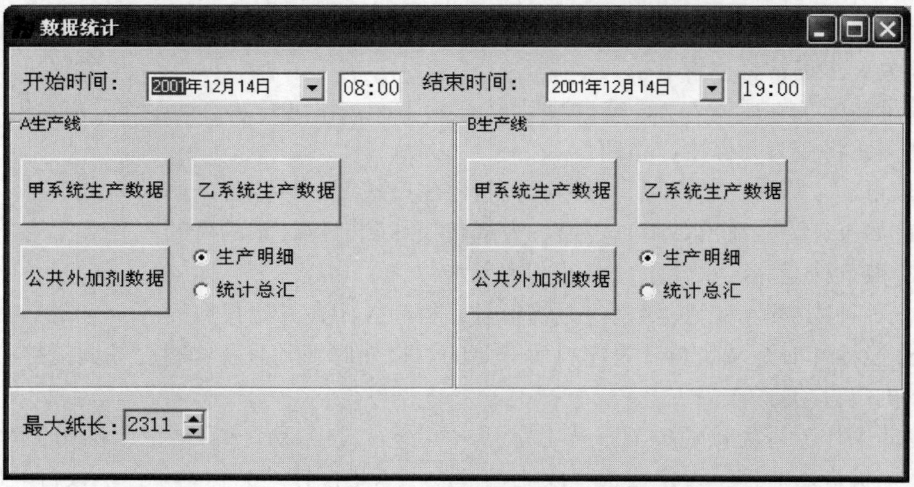

图 4-16　数据查询系统

数据查询需先选择查询生产记录的开始时间和结束时间，然后选择需要查询的数据类型，选择完成后点击按钮即可查询，并可打印生产数据。

4）系统校称

系统校称界面如图 4-17 所示。

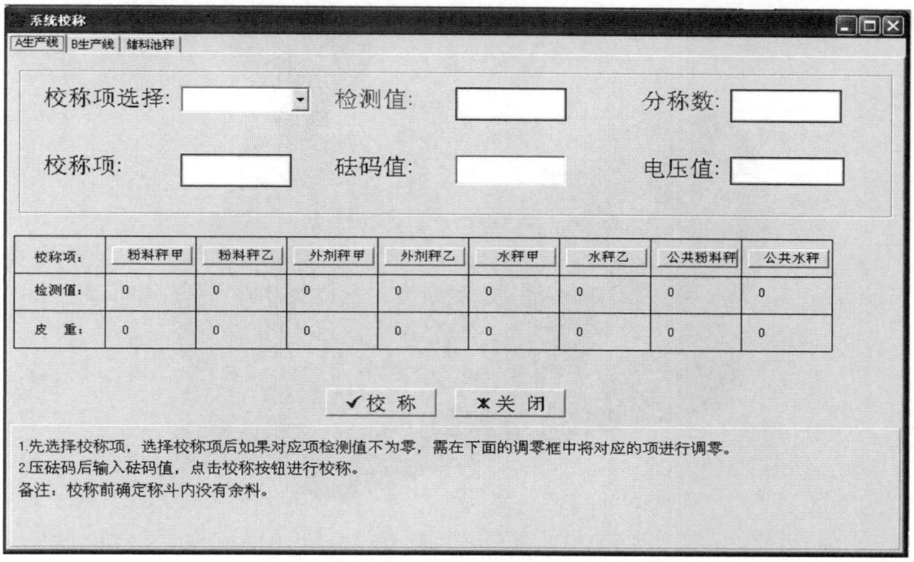

图 4-17　系统校称界面

校称前需确定秤斗中没有物料，再选择校称项，然后调零。调零后开始放砝码，砝码放好后在砝码值项中输入砝码值，点击校称，继续放砝码观测检测值与砝码值是否相同，相同校称结束（校称所用砝码值最好能达到秤面值的 2/3）。

4.3　浆体输送系统

按照浆体输送形式的不同，浆体输送系统可分为输送泵输送系统和自流输送系统。

4.3.1　输送泵浆体输送系统

料浆输送系统由输送泵、输送管路两部分组成。对浆体输送的基本要求是运行平稳、系统简单，输送系统能力应不低于充填系统的最大产浆能力，且与充填系统产浆能力相匹配，满足充填开采要求。

1. 输送泵

配制的超高水材料以浆体形式由管路输送至采空区。可供选择的输送设备有离心泵与柱塞泵两种。离心泵特点是可输送浆体粒径大，能力高，流量选择范围宽，价格低，但存在输送压力较小，输送流量不够准确等问题；柱塞泵具有吸浆负压高，输送压力大，输送流量准确等特点，问题是输送能力选择范围不宽，设备价格较高。针对超高水材料浆体输送时流量要稳定可靠的特点，柱塞式输送泵是浆体输送的首选，图 4-18 为 TBW-1200/7B 型柱塞式输送泵，其主要技术参数见表 4-1。

图 4-18　TBW-1200/7B 柱塞式输送泵

表 4-1　TBW-1200/7B 主要技术参数指标

型号	公称流量 /(L/min)	公称压力 /MPa	吸浆管 /mm	排浆管 /mm	活塞直径 /mm	外形尺寸 ($L \times W \times H$)
TBW-1200/7B	1200	7	203	75	160	3045mm×1440mm×2420mm 不含动力

2. 输送管路

配制好的超高水材料浆体通过两路管输送至采空区，一路输送 A 料，另一路输送 B 料。管路长度根据实际充填对象确定。管路系统应顺畅，具有一定的耐压能力。所需耐压高低根据管路输送位置与要求进行确定。管材一般选用无缝钢管，管径依据管内输送物料特性、输送能力管内无淤临界流速来确定，其他具有输送阻力低、结实耐用等特点的管材也可选用。管路安装时，应尽量减少变径、弯头、阀门等的使用数量，避免人为造成的管路死角，消除浆体堵塞的可能因素，降低管道输送阻力。

4.3.2　浆体自流输送系统

根据超高水材料的流变性可知，单浆流体流变性基本为无黏性料浆，属于牛顿流体，同时结合现场条件，利用制浆泵站与待充填区域高产所产生的重力势能，使充填料浆输送能够选用自流的方式，将料浆势能转换为流动的动能，从而取消了输送泵的使用，但该种浆体输送方式必须保证 A、B 两种浆体的输送流量必须符合配比要求，因此，必须在输送管路上增加流量平衡控制装置，如图 4-19 所示。

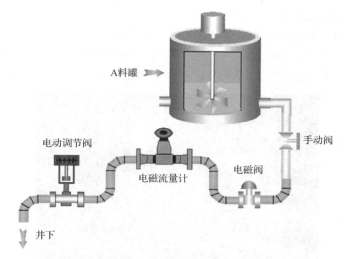

图 4-19　浆体流量的工艺控制设置示意图

该系统主要由输送管路与流量平衡控制系统组成。

1. 流量平衡控制系统

为便于对输送浆料流量的控制，可采用充填浆料流量平衡控制系统，如图 4-20 所示。该系统通过电子阀门控制，操作方便，稳定可靠，流量控制精确，并可实时对管路浆料流量进行监控。

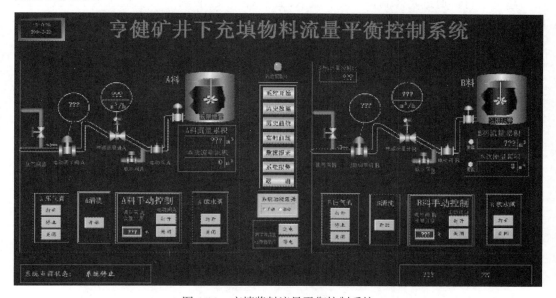

图 4-20　充填浆料流量平衡控制系统

2. 输送管路

采用自流方式输送浆体的制浆系统一般建在地面，浆体输送管路由地面制浆（充填）泵站经井筒或竖直钻孔进入井下巷道，通过井下巷道进入待充填工作面，如图 4-21 所示，输送管路在平巷段安设压力检测仪表，用于监测充填过程中管路的内部压力；并在管路标高最低或排水便利处安设三通及阀门，用于充填结束后清洗管路用水的排放。

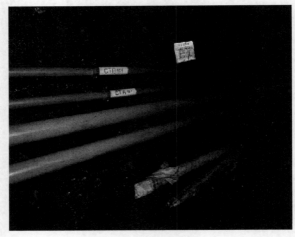

图 4-21　输浆管路

4.3.3　浆料混合装置

超高水材料通过浆体制备系统制成 A、B 两种料浆，两种料浆在输送到采空区之前，必须实现充分混合。由于单位时间内混浆量多，需要建立中间装置进行过渡，使两种浆体顺利转送到混合装置。中间装置可由三通、混拌容器或两种形式相结合的方式，如图 4-22 所示。中间装置既要与 A、B 两种浆体输送管相连，又要与混合装置相接。

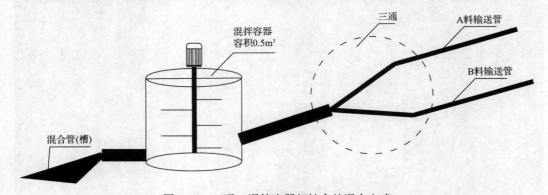

图 4-22　三通、混拌容器相结合的混合方式

若 A、B 两种浆体流量较大，要使其充分混合，需要大流量混合系统来完成。根据回采巷道断面规格特点，设计的混合系统需要与现有巷道空间相匹配。根据巷道沿轴向

空间不受限的特点，混合装置大小可在轴向发展。因此，大截面混合管可成为混合装置的理想选择。

1. 混合管截面的确定

在 A、B 两种浆液单管输送流量为 160m³/h，混合管的混合能力应大于 400m³/h。考虑在巷道布设时有坡度起伏，会引起浆体外溢，故截面通过量要有足够的富余量。通过计算，混合管截面富余量应不低于 2~4 倍。根据这一要求，确定的混浆管内径应不低于 150mm。

2. 混合管长度的确定

在坡度为 9°的情况下，通过计算可知，混浆管平均流速在 6.3m/s 左右。为使两种浆体充分混合，在混合管的混合时间应在 15s 以上。由此确定混浆管长度在 95m 以上。考虑到中间混合装置，混浆管可适当缩短。

3. 混合管材质要求

混浆管起混合与引导作用，且随工作面推进需要向前移动，因此其材质以结实轻便为好。根据这些特点与要求，设计的混合管如图 4-23 所示。在混合管中设有可动组合式紊流板网，这些板网可悬吊于可动式顶盖板上，也可固定于混合管外壁。

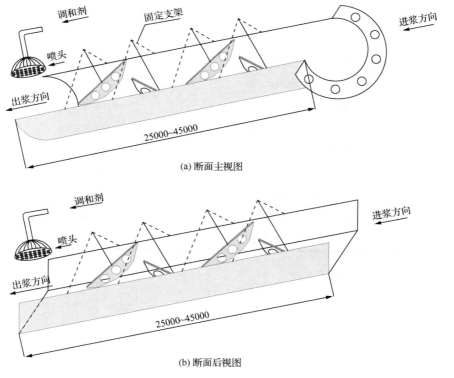

(a) 断面主视图

(b) 断面后视图

图 4-23　混合管断面示意图

4.3.4　风水联动管路清洗系统

充填开采时会产生大量的尾浆及冲洗搅拌系统、管路的废水，这些废浆、废水严重地影响了充填开采，有时井下需要专门的系统进行处理。以亨健煤矿超高水材料充填工作面为例，管路总储浆量达到 100m³ 左右，如采用压水进行冲洗，将会使工作面排水压力增加，不利于充填工作面的管理。因此，经过改进后采用高压风水联动方式进行管路的清洗，根据初步试验，效果较好，产生废浆、废水较少。

生产结束后，先对管路用 20m³ 清水进行管路清洗，清洗完毕后，开启压风机对管路进行吹洗。根据陶一煤矿、亨健煤矿的经验，压风时间以 2h 为宜。

4.4　制浆系统的推广应用

随着超高水材料应用的不断推广，目前制浆设备正在使用的有数十套之多，表 4-2 为部分设备使用地点及型号。

表 4-2　制浆系统应用情况

序号	应用单位	型号	年份
1	冀中能源邯矿集团陶一煤矿	NJ60 型 2 套	2008
2	临沂矿业集团田庄煤矿	NJ80 型 2 套	2008
3	山西大庄煤矿	NJ60 型 2 套	2009
4	冀中能源邢矿集团邢东煤矿	NJ110 型 2 套	2010
5	河南煤化永煤集团城郊煤矿	NJ160 型 2 套	2010
6	新光集团煤矿	NJ110 型 2 套	2010
7	冀中能源邯矿集团陶一煤矿	NJ160 型 2 套	2011
8	冀中能源井陉矿业集团	NJ80 型 2 套	2011
9	冀中能源邯矿集团亨健煤矿	NJ160 型 2 套	2012
10	冀中能源临城矿业集团	NJ80 型 2 套	2012
11	冀中能源聚隆矿业	NJ18 型 2 套	2012
12	河南煤化永锦能源吕沟煤矿	NJ140 型 2 套	2012
13	山东东风集团	NJ60 型 2 套	2012

第5章 充填工作面液压支架

超高水材料充填液压支架集采煤支护与充填支护为一体，是煤矿综合机械化充填采煤的关键设备。充填液压支架的广泛应用提高了充填采煤的效率，可以有效地缓解煤炭资源枯竭矿井的开采现状，解决采煤带来的地表塌陷和环境破坏等问题，从而带来巨大的经济效益和社会效益。

5.1 充填液压支架研究现状

我国充填液压支架的发展时间不长，在近一二十年才得到了研发和应用，现在正处于探索和发展阶段。但是我国煤矿众多，自从应用充填开采技术以来，从最初的干式充填，到后来不断发展的水力充填、全尾砂充填和目前的胶结充填技术，发生了巨大的变化，产生了质的飞跃。随着科技的快速发展和充填采矿理论的不断成熟，将会对充填开采技术和充填支架发展、应用方面进行更深层次的研究和探索。目前，技术较为成熟且应用较广泛的固体充填、膏体充填及超高水材料袋式充填开采技术，都是在开采后控制采空区顶板不垮落的条件下进行的。因此，综合机械化充填液压支架均采用了前后顶梁结构形式。

超高水材料充填、液压支架是根据自身工艺特点和要求进行研究设计的。前后顶梁通过中间通轴铰接的结构形式，适应超高水材料充填开采时的上下挡板结构设置，为支架的支护充填工作提供了重要保障，使超高水材料充填能够达到较高的充填率、接顶率和密实度。

超高水材料充填液压支架，根据使用条件的不同，目前有三种类型，即整体式支架、分体式支架和悬移式支架。本章简要叙述三类支架的结构形式及使用方法。

5.2 整体式充填液压支架

5.2.1 基本原理

充填液压支架设计的基本原则：在充填采煤方式下，充填液压支架设计依据充填工艺的基本要求；充填液压支架支护强度的确定依据煤层的基本条件和工作面的矿山压力；充填液压支架的设计满足支护工作面通风条件，保证工作面通风良好；充填支架要与采煤机、刮板输送机等设备的工作要求相适应；充填液压支架充填主体机构的设计能够满足超高水材料充填的工作要求。

超高水材料充填液压支架采用袋式充填，即将超高水材料浆体注入置于采空区的充填袋中，通过充填液压支架顶梁和挡板结构的支撑和阻挡作用，使超高水材料浆体凝固成型，形成具有一定强度的充填体，支撑顶板。由于在后部增加挡板等挡袋的结构，会使充填支架的顶梁加长，控顶距变大，因此要求充填支架的后部顶梁要有足够的支撑力，在超高水材料浆体未凝固成型时支护顶板。

后部挡袋结构在充填袋前面、左右面形成阻挡，结构紧凑，使充填过程中不会由于挡板间隙过大导致超高水材料充填浆体泄到支架的其他部位，所以各方向的上下挡板主要起到保护充填袋的作用。后部挡袋结构上要有挂环，方便挂袋，同时挡袋结构能够稳固充填袋，防止充填袋的移动和损坏而影响充填工作。为了适应支架在不同位置时不会影响挡袋结构的功能，支架的挡袋结构必须能够适应支架不同高度，可方便操作、灵活调节。为了达到较好的充填效果，充填支架的顶梁尾端、前部、左右挡板厚度要满足支撑、阻挡强度，同时，其有效长度应该满足充填步距。整体式液压支架如图 5-1 所示。

图 5-1　整体式液压支架

5.2.2　结构形式

超高水材料充填液压支架在后部形成封闭的立方体空间，需要使用两种支架，即中间支架和隔板支架，在充填体的前方和左右两个侧面形成支撑，必须满足封闭充填空间的要求[125]。由于充填袋过大不便使用，一般将 9 个支架设为一组，中间设置一个充填袋，有相同的 7 个中间支架排列在充填袋前面，左边和右边分别由一个隔板支架组成。

中间支架的主要结构由前后顶梁、底座、前后立柱、四连杆、二级护帮机构组成，这些结构主要起支护作用。液压装置由立柱、护帮千斤顶、铰接千斤顶、上挡板千斤顶、侧推千斤顶组成，这些装置是为相应机构提供动力，实现指定机构的运动。液压辅助元件由液控单向阀、安全阀、截止阀、操纵阀组、中间接头、三通、弯头和高压胶管等组成，通过这些辅助元件把乳化液输送到液压元件。起挡包作用的后挡板由上下挡板组成，下挡板固定在底座上，上挡板靠千斤顶来实现前后运动，铰接在支架后顶梁上，上挡板里面有插板，靠千斤顶来实现上下运动，弥补上挡板结构长度的不足，与上挡板组合在一起，一起对充填袋在侧面阻挡、支撑，如图 5-2 所示。

隔板支架与中间支架前部相同，不同之处在于隔板支架的上下挡板及插板的位置与中间支架不同，是在支架的侧面，并且尺寸不同。隔板支架底座后部另加有铰接底座，侧面的下挡板固定在铰接底座上。上挡板（包括插板）挂在后顶梁的侧面，靠千斤顶来实现垂直于前后的方向运动和上下运动，整体结构如图 5-3 所示。

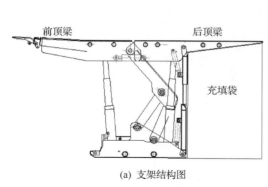

（a）支架结构图

（b）现场支护图

图 5-2　超高水材料袋式充填支架中间架

5.3　分体式充填液压支架

5.3.1　基本原理

　　分体式液压充填支架分为前后两部分，前部支架实现顶板与煤壁支护，后部支架实现充填与顶板支护，前部支架满足正常的综合机械化开采，后部支架实现采空区超高水充填，同时满足充填和采煤协调和实现平行作业[126]。前、后分体式支架的中间采用液压缸连接，实现前支架走三个步距进行一次充填或者采煤与充填同时进行作业，提高工作效率。

5.3.2　结构形式

　　以冀中能源邢东煤矿 ZC12400/30/50 型三柱支撑掩护式充填支架为例。支架采用四连杆结构，结构分为三部分：前部支架，满足正常的三机配套开采条件；后部支架，满足采空区的充填要求，支架后部要提供超高水充填、行人、吊挂袋子等设备正常工作时需要的空间；隔板支架，满足与后部充填支架的正常配套，隔离空间。

　　前部支架顶梁结构维护前部作业空间，能实现连续开采作业，前后支架顶梁及底座连接实现推移功能。后部支架不仅起到支护顶板的作用，还要满足充填的要求，前后支架实现协调统一，这也正是充填支架设计研究的重点和难点。

　　1. 前部支架的特殊结构形式

　　前部支架为三柱式支撑掩护式液压支架，前梁前部带伸缩梁与后部顶梁同时支撑中间顶板，保证前支架采煤，后支架充填。前架推移结构与后架推移结构有联系，能够实现联动，如图 5-4 所示。

　　2. 后部支架的特殊结构形式

　　后部支架为后置式两柱掩护式支架，支架四连杆反置。后部支架伸缩梁与前部伸缩

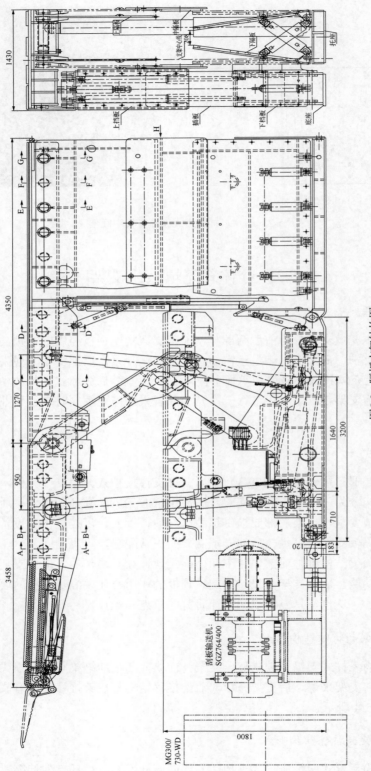

图5-3 隔板支架结构图

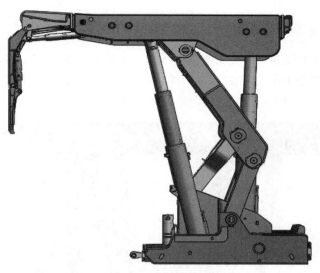

图 5-4　ZC12400/30/50 型充填支架前部构成示意图

梁配合使用支护顶板，能够实现三个步距的伸缩。后部挡板设计上下伸缩梁结构形式，最高到顶板；带两侧护板，保证架间无间隙，密封性能得到保证。其中，后部支架后部顶梁主要目的为支撑顶板，顶板厚度在保证支撑效果的前提下尽量薄；装有挂充填袋的连接环，如图 5-5 所示。

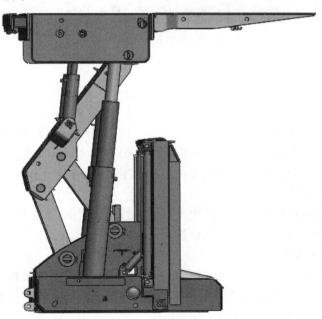

图 5-5　ZC12400/30/50 型充填支架后部构成示意图

3. 分体式支架的整体结构

前、后分体式支架的中间采用液压缸连接，实现前支架走三个步距进行一次充填或者采煤与充填同时进行作业，提高工作效率。分体式充填液压支架整体结构如图 5-6 所示。

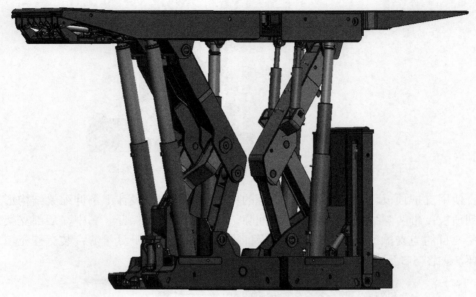

图 5-6　ZC12400/30/50 型充填液压支架整体结构示意

5.4　悬移式充填液压支架

冀中能源井矿集团瑞丰煤业分公司是由原井陉三矿于 2005 年破产改制而来。由于前期开采工艺落后，矿井在近百年的开采历史中，仍遗留大量煤炭资源，瑞丰煤业有限公司于 2008~2010 年在充分调研的基础上，决定采用超高水材料充填开采技术进行剩余煤炭资源进一步复采回收。

由于复采区域顶板破碎，需支护顶板以维护待充填空间，同时矿井煤炭资源有限，初期投资不宜太高，因此决定对一般悬移式充填液压支架进行改造。改造成的新型充填液压支架型号为 ZH2000/19/29ZL，悬移支架支护工作面如图 5-7 所示。

支架由前伸缩梁、顶梁、尾梁、托梁、液压支柱、上下挡浆板构成，上挡浆板通过螺栓固定于顶梁，上挡浆板下端设有伸缩插板，伸缩插板与上挡浆板通过插板千斤顶连接；顶梁的内部设置有滑道，滑道上布置托梁，托梁与顶梁通过托梁千斤顶连接。该支架不仅可实现对采煤工作面的支护，而且可实现对采空区的高效充填，其结构简单，重量轻，操作方便，作业安全，支架稳定，移架方便、速度快，充填效果好，具有广泛的实用性。具体参数如下：

（1）支撑高度为 1900~2900mm。

（2）初撑力为 1545kN。

（3）工作阻力为 2000kN。

（4）支护强度为 0.56MPa。

（5）移架步距为 1000mm。

（6）伸缩梁行程为 1000mm。

(a) 结构示意

(b) 现场支护示意

图 5-7　悬移支架充填支架

第6章　超高水材料充填开采覆岩活动及矿压规律

超高水材料充填采煤法可以有效控制岩层运动和减小矿山压力显现,本章通过对充填区域进行实地监测验证其充填效果,从而为推广该采矿方法提供坚实的基础。

超高水材料充填开采不同工艺方法(开放式、袋式、混合式)及成套装备在陶一煤矿充 I 至充 V 工作面分别试验成功后,随即开展了覆岩活动及矿压规律的研究,先后在陶一煤矿充 VI 开放式充填工作面、陶一煤矿 12706 袋式充填开采工作面、亨健煤矿 2515 袋式充填开采工作面开展了微地震监测、围岩应力在线监测和支架工作阻力在线监测等技术手段的研究。

其中,采用高精度微地震监测技术监测充填工作面周围三维岩层运动范围,从而证明充填后控制岩层运动范围的效果,尤其是正在开采工作面周围的、已经充填多年的采空区上方岩层运动范围,从而证明充填体的长期稳定性;采用工作面周围应力监测评估充填后应力集中范围和程度;采用支架监测系统证明充填工作面是否减小了顶板压力,从另一方面证明充填控制地层的效果;采用充填体应力在线监测仪监测充填体固结、压实和承载过程。

6.1　覆岩活动规律及矿压观测基本方法

6.1.1　微地震监测

目前为止,在研究充填工作面开采围岩活动规律的过程中,尚无应用微地震技术进行监测研究的先例,充填开采不同于垮落法开采,其矿压显现及围岩活动的剧烈程度较垮落法弱,应用微地震监测方法开展采场围岩活动规律研究,能够用量化指标反映围岩活动规律,精度较高,从而使充填效果评估技术发展到更高的水平。

1. 基本原理

微地震监测技术(microseismic,MS)是近年来从地震勘查行业演化和发展起来的一项跨学科、跨行业的新技术。微地震监测技术的基本原理是岩石在应力作用下发生破坏,并产生微地震和声波[127~129]。在破裂区周围的空间内布置多组检波器实时采集微地震数据,经过数据处理后,应用震动定位原理,可确定破裂发生的位置,并在三维空间上显示出来,如图 6-1 所示。

图 6-1 中,采场上方岩层受采动影响断裂,能量以震动和声波的形式向周围传播,到达预先埋设的多组检波器。由于震源(岩层断裂位置)与检波器间的距离不同,震动波传播到检波器的时间也不相同,因此,检波器上的到时是不相同的。根据各检波器不同的到时差,进行震源定位和能量计算,得到此次岩层断裂的位置和能量,如图 6-2

所示。

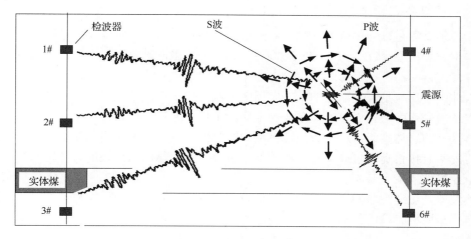

图 6-1 微地震监测岩体破裂示意图

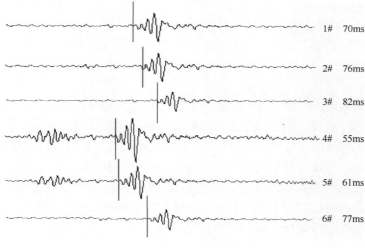

图 6-2 震源到达检波器的时间

2. 震源定位技术

震源的定位技术最初是沿用地震行业里的各种定位方法，如 P 波法、双差定位法等。由于采矿行业内的微地震监测与大地地震监测相比有其自身的特点，如测区面积小、震动频繁等，因此要求矿山微地震监测系统的定位精度高、处理数据及时、能量计算准确。姜福兴教授根据矿山微地震监测的特殊性，研究了各种定位方法的差异性，评价了这些方法的误差，提出了用于矿山高精度定位的"复合四-四定位方法"，使定位精度大幅提高，在合理布置测区后，空间三分量平均误差达到 10m 左右。

3. 技术特点

微地震监测是以岩体破裂的被动监测作为监测目标，通过定位和能量计算得到岩体破裂的位置和破裂尺度，为各种应用提供基础数据。微地震监测技术的特点如下。

1) 实时性

岩体破裂后能量以震动波的形式向周围扩散，埋设在破裂点周围的检波器实时接收这种震动信号，并通过电缆或光缆传输至监测主机，通过定位软件定位后，可以实时了解监测区域的岩体破裂情况。微地震监测的实时性可以有很多应用，如对深部采场的冲击地压的实时预报提供可靠信息，石油领域可以实时监测水压致裂的裂纹走向等。

2) 区域性

检波器是微地震监测系统的最前端，负责将震动信号转换为电信号并通过传输线路传输至采集主机。检波器的布置又称为测区布置，是根据某一特定需求有选择的安装在需要监测的区域内，实现震动信号采集。监测目的不同，测区范围也不同。例如，以冲击地压灾害为监测目的的微地震监测系统，其检波器的布置范围较大，通常包含整个矿井范围；以采动破裂范围为监测目的的微地震监测系统，检波器通常布置在一个工作面的某一段，只有几百米的监测范围；以矿井突水灾害、煤与瓦斯灾害、隧道的围岩破裂、石油行业里水压致裂裂纹走向等为目的的微地震监测系统，检波器布置范围更小，也更密集。

3) 被动性

利用微地震监测系统解决各种工程问题的前提是有震动信号产生，微地震监测系统捕捉这种震动信号，进而定位、分析。类似天然地震监测原理，微地震监测系统都是在震动发生后，才能捕捉到信号。即先有震动，后有监测结果，没有震动就没有监测结果。微地震系统的这种被动性是监测原理本身决定的，是固有的性质。

微地震监测系统的被动性决定了其应用领域和应用范围，目前微地震监测系统适用于采矿领域围岩破裂监测、岩土工程领域的隧道围岩破裂监测、石油工程中的水压致裂裂纹走向监测及核废料处理的围岩稳定性监测等。

4. KJ551 微地震监测系统

KJ551 微地震监测系统适用于煤矿、金属矿的矿震、冲击地压(岩爆)、煤与瓦斯突出、底板突水、顶板溃水、煤(矿)柱破裂等矿山灾害的监测和预警。KJ551 微地震监测系统可以采用集中式和分布式两种布置方案，分别用于单个采场和整个矿井区域的监测。KJ551 微地震监测系统的检波器选用高灵敏度、宽频带、三分量的震动传感器，可以监测包含低频、中频、高频的各种岩层震动信号，进行由小至大的各种岩石信号的采集。在信号传输方面，KJ551 微地震监测系统采用了先进的光纤传输技术，最大可以传输60km 的距离，满足大型矿井的信号传输要求，监测范围也大大增加。此外，井下震动信号实时传输到地面监控主机后，经过自动(手动)定位，平面、剖面展示，可以清楚地了解井下微地震事件的位置、能量等信息，再由具有多功能的微地震事件后处理软件展示和解释，为工程技术人员提供可靠有用的信息。

1) 系统组成

KJ551 微地震监测系统的硬件由井下设备和地面设备组成。

井下设备由工作面高精度(三分量)微地震检波器、SAT 微地震监测分站等组成，如图 6-3 所示。

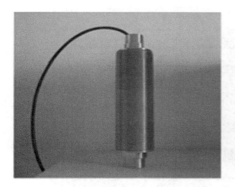

(a) 工作面高精度(三分量)微地震检波器　　　　　(b) SAT 微地震监测分站

图 6-3　KJ551 微地震监测系统井下硬件组成

地面设备包括 KJ551 微地震监测主机、数据存储与处理主机，如图 6-4 所示。

(a) 微地震监测主机　　　　　　　　　　　(b) 数据存储与处理主机

图 6-4　KJ551 微地震监测系统地面硬件组成

KJ551 微地震监测系统的软件主要有四个，即 HOSMON、TEROTREAT、DINAS、震源能量及震级计算软件，如图 6-5 所示。

HOSMON 软件安装在微地震监测主机上，其主要功能为实时监测和记录井下微地震事件；TEROTREAT 软件安装在数据存储与处理主机上，其主要功能是显示微地震事件波形、到时提取、定位计算和能量计算，备份和生成微地震事件数据库；DINAS 软件安装在数据存储与处理主机上，也可以安装在任一台微机上，其主要功能是将得到的微地震事件按照时间、空间、能量等要素进行多方位展示，分析微地震事件的分布规律、统计规律，从而为解决如底板突水、冲击地压等矿山灾害提供依据。

2) 系统结构及工作原理

KJ551 微地震监测系统结构和工作原理如图 6-6 所示。安装在测区内的微地震检波器接收震动信号，传输至井下微地震监测分站 SAT，SAT 分站将电信号转换为光信号，经光纤传输至井下监控主机，经由交换机再将光信号传输至地面数据采集主机，再传输至数据存储及处理主机进行微地震事件的定位分析与多方位展示。

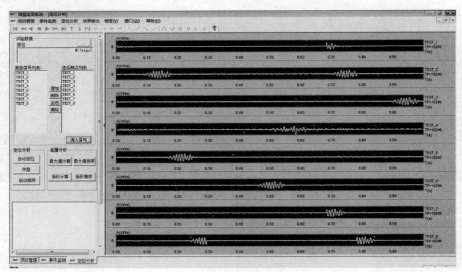

(a) HOSMON软件

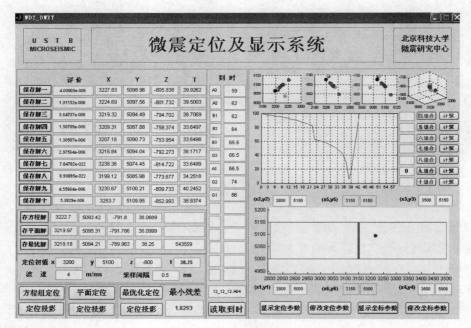

(b) TEROTREAT软件

(c) DINAS软件

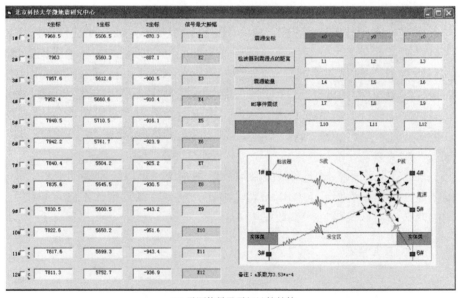

(d) 震源能量及震级计算软件

图 6-5　KJ551 微地震监测系统软件界面

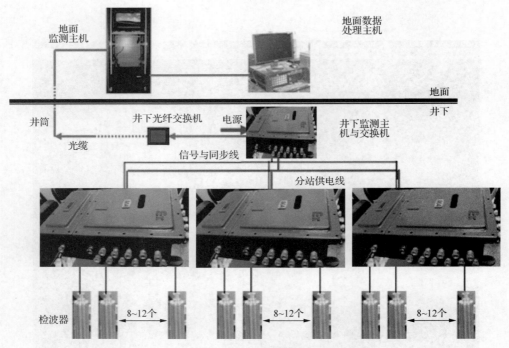

图 6-6　KJ551 微地震监测系统结构示意图

3）系统功能

KJ551 微地震监测系统配备 HOSMON 和 TEROTREAT 软件，能够监测井下微地震事件并提供以下功能：①实时、连续、自动采集微地震信号，记录并进行各种滤波处理；②微地震事件的自动备份；③提供微地震事件的自动定位功能；④显示微地震事件的平面位置和剖面位置；⑤手动拾取通道信息进行震源定位并可显示震源在图上的位置；⑥微地震事件波形图保存；⑦KJ551 微地震监测系统参数设置和修改；⑧地面操作 SAT 分站，重启，停止等；⑨结合 DINAS 软件，实现微地震事件多方位展示、统计分析和危险性评价。

4）系统性能参数

KJ551 微地震监测系统属于高精度微地震监测系统，可以监测震动能量大于 100J、频率范围在 1~1500Hz 及低于 110dB 的震动事件。根据监测范围的不同，系统可选用不同频率范围的传感器。具体性能参数见表 6-1。

6.1.2　围岩应力在线监测

1. 基本原理

应力动态实时在线监测预警系统的理论基础是"当量钻屑量预报冲击地压的机理"。该机理指出：在有冲击危险的区域，在发生冲击地压之前，采动应力存在逐步增加的过程，且应力必须达到煤体破坏极限时，才有可能发生冲击地压，而此时钻屑量将超过额

表 6-1　KJ551 微地震监测系统性能参数

最大传输通道个数	每个 SAT 分站 8 通道(标准) 最多可连接 8 台 SAT 分站，最大共 64 通道
传感器	传感器型号：KZ-1 标准 4.5Hz　垂直方向 频率范围：1~1500Hz 灵敏度：110V·s/m±10% 垂直倾斜度：±100 传感器型号：CJ-1　60Hz　三分量 频率范围：60~1500Hz 灵敏度：28V·s/m±10%，90V·s/m±10% 垂直倾斜度：任意角度
地下传输方式	检波器到 SAT(电缆)；SAT 到地面(单模光纤)
信号传输形式	数字式、二进制
记录和处理的动态范围	≤110dB
井下传输站形式	从地面以下为本质安全型
信号最大传输距离	检波器到 SAT，最大为 1000m；SAT 到地面，最大为 60km
信号系统传输速率	10Mb/s
定位精确度	合理布置传感器后±10m(X,Y),±10m(Z)
采样频率	可选，0.5K，1K，2K，最大 5K
震源定位的最小震动能量	102J
系统井下部分安全等级	IP 66
系统井下部分防爆等级	EExia I(可用于任何瓦斯条件下)

定的安全指标，因此，应力增量的变化规律与钻屑量存在相关性，通过监测应力增量的变化规律，相当于间接地得到了钻屑量，故将应力增量称为当量钻屑量。

　　在充填开采工作面，考虑到需要监测岩层运动过程中工作面围岩中应力分布范围、动态和集中程度，同时兼顾监控应力集中和煤与瓦斯突出的可能性，故选用 KJ550 应力实时监测系统。

　　由于应力增量可以实现实时在线监测，因此，可以通过监测应力增量，实现冲击地压的监测预警。监测系统可具备以下功能：①能够实时监测工作面超前应力变化动态，并能够实时显示危险区的位置、危险性和发展趋势；②能够监测和检验已有卸压工程的有效性和效果；③能够对冲击地压的危险程度进行实时预警。

2. 工作面前方煤体应力测点布置

　　工作面前方煤体应力测点在两侧顺槽各布置 5 组，每组两个测点，测点布置于巷道内帮(工作面煤体侧)，测点深度分别为 7m、15m，距离地面 1m，采用 Φ42mm 风煤钻。组间距 30m，安装在靠工作面一帮，自切眼外 60m 开始布置。采用多芯电缆配合冷补胶的接线方案，屏蔽层接地。随开采依次回撤、安装，如图 6-7 所示。

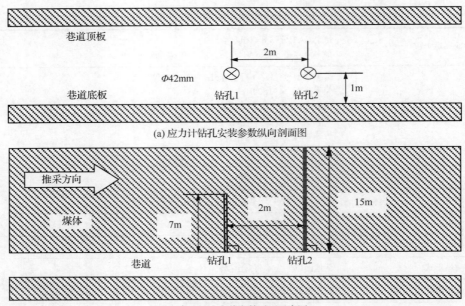

(a) 应力计钻孔安装参数纵向剖面图

(b) 应力计钻孔安装参数平面示意图

图 6-7　煤体应力计钻孔安装参数示意图

3. KJ550 应力动态实时监测系统

KJ550 应力动态实时监测系统如图 6-8 所示。

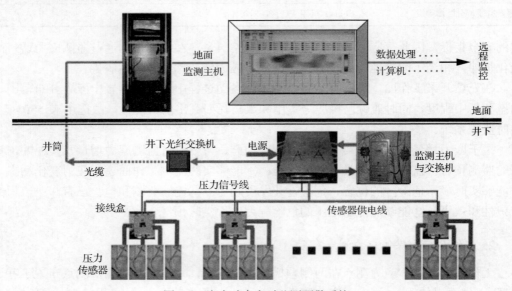

图 6-8　应力动态实时监测预警系统

KJ550 应力动态实时监测系统采用的是"单点预警+过程判断"的方法进行冲击地压危险性的预测预警,其中,"单点预警"是指监测区域内应力监测点的应力值到达设定的预警值而发出预警报告的预警方法;"过程判断"是指在"单点预警"的基础上利用矿山压力的相关理论,分析预警发生的原因和顶板运动规律以进一步确定危险区和危险程度以采取对应的措施。

该系统通过实时在线监测工作面前方采动应力场的变化规律,得到工作面前方和后方应力变化范围和变化程度,可以实现来压的预报;能够实时得到高应力区及其变化趋势,实现冲击地压危险区和危险程度的"红、黄、蓝"三级实时监测预警和预报;可以实时监测工作面前方、后方、煤体及充填体的应力变化范围和变化程度,如图 6-9 所示。

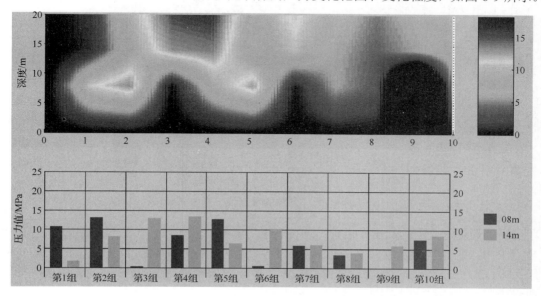

图 6-9　实时监测应力场动态云图与高应力区

6.1.3　支架工作阻力在线监测

1. KJ216A/B 顶板动态监测系统

KJ216A/B 顶板动态监测系统是用于全矿井矿压综合在线实时监测的系统,该系统集成专业化矿压监测理论和方法,实现了矿压监测的数字化和网络化。

KJ216A/B 系统结构如图 6-10 所示。

KJ216A/B 系统通信接口可自动接收通信线路传送的数据,通信接口内置 RDS 收发器接收单元自动侦测上位计算机的运行状态,当上位计算机退出工作时能自动备份数据,监测服务器恢复后自动上传存储数据,从而实现故障后备监测功能。

KJ216A/B 系统的监测分析软件采用了 SQL sever 数据库和 C/S+B/S 结构,本系统监测分析软件 CMPSES 运行 Windows 2003 server 平台,支持 Web 模式访问。

2. 综采工作面支架工作阻力监测

综采液压支架工作阻力监测分站是最基本的测量单元,每台监测分站包含三个工作

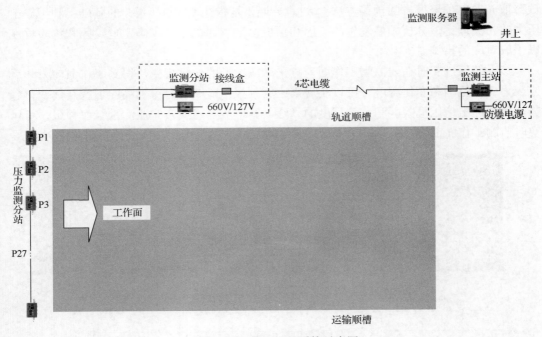

图 6-10　KJ216 A/B 系统示意图

阻力监测通道，支架的高压腔由管路连接到压力通道。工作阻力监测分站在供电状态下独立工作，每 1s 监测一次三个通道的工作阻力数据，由程序自动判断初撑力、最大工作阻力，LCD 显示器显示三个通道的数据，通过面板控制键可启动背光显示，如图 6-11 所示。

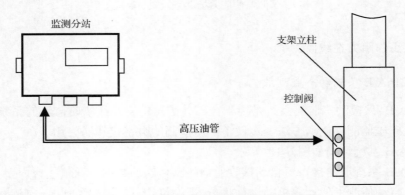

图 6-11　工作阻力监测分站安装示意图

综采监测子系统使用专用的数据通信分站控制，每台通信分站最大可巡测 128 台工作阻力监测分站，每台监测分站有独立的地址编码，通信分站与工作阻力监测分站通过 RS-485 总线构成上下位关系，通信分站按编码顺序巡测工作阻力监测分站数据，存储并循环显示数据。通信分站可诊断并显示下位工作阻力监测的工作状态(正常/故障)。

综采工作面每 10 架安装一台矿用本安型工作阻力监测分站，均匀布置，矿用本安型工作阻力监测分站固定安装在支架的顶梁下面，工作面通信电缆采用吊挂式安装，分机的第 1、第 2 工作阻力传输通道采用 KJ1-10 高压油管与综采支架的左右立柱连接，第 3 通道与支架平衡千斤顶或前探梁油缸连接。矿用本安型分站安装在开关列车上，矿用本安型分站通过一条防护式电缆与工作面监测分机连接，工作面推进时矿用本安型分站及电源、电缆随开关列车一起移动。

6.1.4　充填体承载应力监测技术

1. 工作面后方充填体应力测点布置

采用如图 6-12 所示的充填体应力在线监测仪对充填体承载应力进行实时监测。

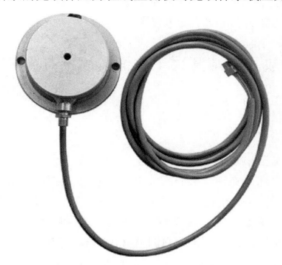

图 6-12　充填体应力在线监测仪

为便于应力在线监测仪后期留设于充填区内，充填体承载应力测点采用单独 4 芯信号专线，防止由于线缆损坏而影响其他煤体测点。工作面后方充填体内的测点采用特制的充填体压力盒，将压力盒与铁丝网捆绑，防止充填过程中外力导致压力盒侧翻影响监测结果，埋入充填体内的信号线采用四通接线盒加冷补胶的方式防水。

充填体承载应力测点在每条顺槽的采空区充填体内安装两组，每组有两个专门定制的液压枕式的传感器，深度分别为 7m 和 15m。采用铁丝网固定充填体压力盒，水平放置到待充填区域，保证其离地面约 150mm，固定铁丝网四周，防止充填时发生倾覆。充填体测点使用独立信号线，注意油管和线缆的保护。组间距为 30m，根据现场地质条件和充填条件确定实际安装位置。充填体内压力枕布设结构如图 6-13 所示。

2. 施工注意事项

由于监测方案复杂，线路敷设及保护工作量较大，因此测点安装和保护过程有许多值得注意的问题：①所有需要埋设于采空区的应力计需要进行防水保护，包括压力枕和油管。②埋设于煤帮的应力计要尽可能靠近底板，便于线路的保护。③埋设于充填体内

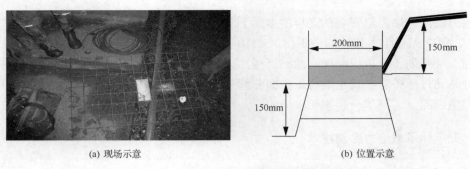

(a) 现场示意　　　　　　　　　　(b) 位置示意

图 6-13　充填体内压力枕布设结构示意

的应力计初撑力不大于 2MPa，加压时必须缓慢操作。④线缆保护，接线方式为冷补胶+接线盒；采空区线缆保护为塑料管+皮带包裹

6.2　开放式充填开采工作面覆岩活动及矿压显现

6.2.1　陶一煤矿充 I 工作面

1. 工作面概况

1）工作面基本概况及地表、井下四邻关系

陶一煤矿充 I 工作面为充填试验首采工作面，位于七采区南翼、停驷头村保护煤柱范围内，该区域面积约为 90 万 m²，可采储量为 35.8 万 t。根据实际情况设计采用 5 个充填面，工作面长度不小于 50m。试验面对应地面为停驷头村东部、型煤场西部。地表有民房建筑、冲沟和梯田，地面标高为 171.2~179.1m。工作面标高–143.0~–187.0m，埋深为 315.1~365.9m。井下位于 F10 断层以下，12701 工作面以上，七采回风下山保护煤柱线以南。该面沿 2#煤层走向布置，仰斜推进。北以七采回风下山煤柱线为界，西距 F10 断层 20m，东距已回采 12701 工作面副巷 21m。充 I 工作面长 50m，倾斜长 220m。陶一煤矿超高水材料充填试验布置如图 6-14 所示。

2）工作面煤层及围岩地质状况

试验面开采煤层为 2#煤层，属二迭系下统山西组，为高变质无烟煤，结构复杂，中下部有一层夹矸。根据补 20 钻孔资料，2#煤顶板距 1#煤底板约 21.8m，1#煤厚 0.8m 左右；根据工作面掘进，煤层厚度在 3.5~4.3m，平均为 3.97m 左右；煤层为单一倾斜构造，倾向 N110°E 左右，倾角 10°~13°；煤层直接顶为粗粉砂岩，灰黑色，以石英为主，含黄铁矿结核，层厚 5.63m 左右；底板为闪长岩，灰白色，厚 4.1m 左右。煤层顶底板岩性柱状图如图 6-15 所示。

工作面上部 20m 为 F10 正断层，倾向为 N110°E，倾角为 60°，落差为 8.5m。工作面两巷掘进时共揭露 5 条断层，其中回风道 3 条（F1 断层：286°∠50°，H=1.5m；F2 断层：104°∠60°，H=0.6m；F3 断层：310°∠60°，H=1.0m）；运巷 2 条（F4 断层：310°∠60°，H=2.1m；F5 断层：104°∠60°，H=1.5m）。工作面沿倾斜方向煤层及顶底板岩层剖面情况如图 6-16 所示。

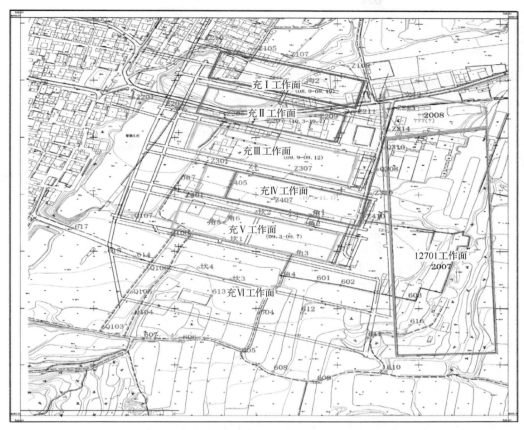

图 6-14　陶一煤矿充填试验工作面平面图

厚度	岩 性柱 状	岩 层名 称	岩性描述
7.45		粗粉砂岩	黑色具水平层理，层面间含有机质及白云母
0.75		细砂岩	灰色细粒石英砂岩，质地坚硬，呈薄层状
5.63		粗粉砂岩	灰黑色具波状斜层理含大量植物化石
2.75(0.12)1.10		2号煤层	厚层状，质地坚硬。断口呈贝壳状，局部地区火成岩呈透镜体侵入到煤层中
4.12		火成岩	灰白色，呈岩床侵入，裂隙发育。为含水层
4.50		粗粉砂岩	灰黑色具波状斜层理，含大量植物化石

图 6-15　煤层顶底板岩性柱状图

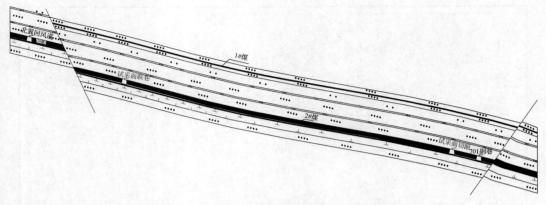

图 6-16　煤层及顶底板岩层沿倾斜方向剖面

根据邻近试验面下部已开采 12701 工作面开采情况，直接顶初次垮落步距在 25m 左右，老顶初次垮落步距在 40m 左右，表明直接顶与老顶具有较好的稳定性，其老顶可担当起采空区开放式充填条件下的关键层作用。因此，充填试验面邻近覆岩中存在关键层，且稳定性较好。

七采区水文地质情况比较简单，主要含水层为 2#煤底板火成岩及顶板砂岩，工作面推进过程中，最大涌水量为 $10m^3/h$ 左右。

2. 充填试验方案

为了充分研究开放式充填开采的实际效果，将充填开采分为四个阶段，分别采用不同的采充方式，如图 6-17 和表 6-2 所示。主要开展了观测巷沉降变形、支架工作阻力变化和采空区充填效果验证等方面的研究工作。

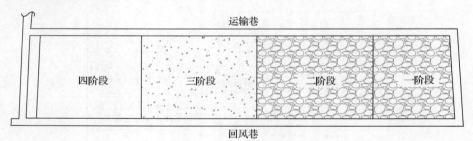

图 6-17　充填试验阶段分布

表 6-2　充填试验阶段情况

阶段	长度/m	充填率/%	充填方式
一阶段	45	42	推进 40m 之后集中充填
二阶段	65	68	每推进 9m 充填一次
三阶段	70	89	每推进 6m 充填一次
四阶段	70	93	每推进 3m 充填一次

3. 观测巷道及探孔布置

为了检验充填效果, 并对充填开采时的覆岩破断情况进行监测, 在推采之前, 在工作中间位置上部距离开采煤层 20m 的 1#煤层内开掘一条观测巷道, 并在观测巷道内开掘两条探巷, 如图 6-18 所示。

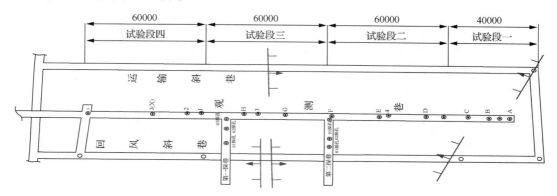

图 6-18　充填观测巷道及探孔的分布

第一探巷: 1-1 探孔, 孔深 24.60m, 孔口位置距煤层顶板 19.88m; 1-2 探孔, 孔深 25.35m, 孔口位置距煤层顶板 20.05m; 1-3 探孔, 该孔孔深 19.0m, 孔口位置距煤层顶板 20.37m。第二探巷: 2-1 探孔, 孔深 27.0m, 孔口位置距煤层顶板 19.061m; 2-2 探孔, 孔深 19.4m, 孔口位置距煤层顶板 22.11m; 2-3 探孔, 孔深 24.1m, 孔口位置距煤层顶板 20.66m

在观测巷道内设置 10 个顶板下沉量的观测点, 并测量其顶板下沉量。在探巷内向老空区方向进行钻探, 以探明老空区内的充填体充满情况。

4. 工作面充填效果及矿压观测

1) 观测巷道顶板下沉观测

随着充填工作面的不断推进, 观测巷顶板导线点的最大下沉量逐渐减小。其中, 导线点 1 至导线点 10 的最大下沉量分别为 2.903m、2.627m、2.107m、1.843m、1.761m、1.577m、1.631m、1.566m、1.498m、1.456m。说明随着充填率的提高, 观测巷道的导线下沉量逐渐减小, 因此提高充填率可以减小上覆顶板的下沉。

观测巷道顶板下沉量曲线如图 6-19 所示。由图可知, 第一阶段导线点在工作面后方 4m 左右开始显著下沉, 第二阶段导线点在工作面后方 6m 左右开始显著下沉, 第三阶段和第四阶段导线点在工作面后方 8m 左右开始显著下沉。各点在工作面后 10~20m 处, 处于变化活跃期; 距工作面煤帮 40m 时, 基本处于稳定状态。

充填工作面于 2009 年 1 月 3 日回采结束, 通过 2009 年 1 月和 2 月观测巷测点的观测, 整理观测数据资料, 充填试验面回采结束一个月后, 各测点没有出现明显的变化。

2) 浆体扩散范围观测

在探巷内向老空区打设垂直钻孔, 并采用钻孔摄像机对老空区内浆体灌注情况进行观测。

探孔 1-1 揭露的超高水材料充填钻孔探测效果如图 6-20 所示。

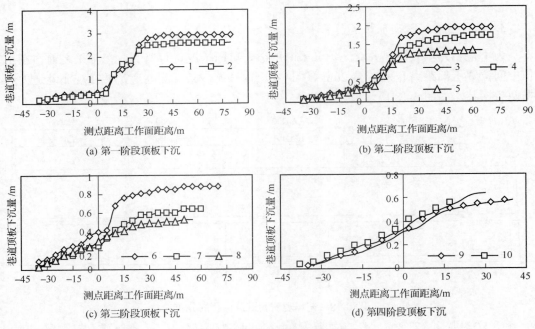

(a) 第一阶段顶板下沉

(b) 第二阶段顶板下沉

(c) 第三阶段顶板下沉

(d) 第四阶段顶板下沉

图 6-19　观测巷道顶板下沉量曲线

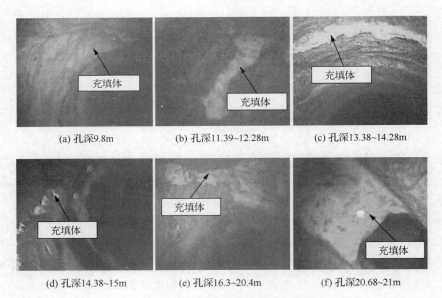

(a) 孔深9.8m

(b) 孔深11.39~12.28m

(c) 孔深13.38~14.28m

(d) 孔深14.38~15m

(e) 孔深16.3~20.4m

(f) 孔深20.68~21m

图 6-20　超高水材料充填钻孔探测效果

当探孔钻至 9.8m 时，有超高水材料固结体，充填于上下两岩层之间，如图 6-20(a) 所示；至孔深 11.39~12.28m，有一纵向裂隙，可看到超高水材料固结体充填于纵向裂缝中，充填非常密实，如图 6-20(b) 所示；孔深至 13.38~15m，有很多的固结体存在于纵向裂隙与破碎的岩石之间，如图 6-20(c) 和图 6-20(d) 所示；孔深至 16.3~20.4m，可以很明显地看到有大量的固结体充填于岩层离层裂隙之间，同时还有小块的石头被浆体包围，如图 6-20(e)所示；孔深至 20.68~21m 处，有大量固结体充填于矸石及其与岩层的裂缝之间，如图 6-20(f)所示。由此可知，靠近采空区中央钻孔中充填固结体出现高度最高，反之则低。

其他探孔与第一探孔的揭露情况基本一致。但由于钻孔在工作面方向上的分布，探孔首次揭露充填体的位置如图 6-21 所示。

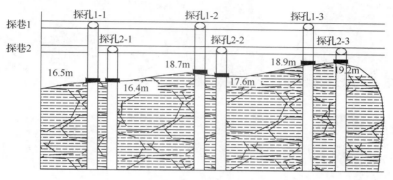

图 6-21　探孔首次揭露充填体的位置

3)相邻工作面掘探巷观察充填效果

充Ⅱ工作面掘进时，对充Ⅰ工作面充填空区开掘探巷观察充填效果，如图 6-22 和图 6-23 所示。充填体固结效果明显，对垮落空区充填饱满，对垮落岩石包裹严密，达到了试验效果和目的。

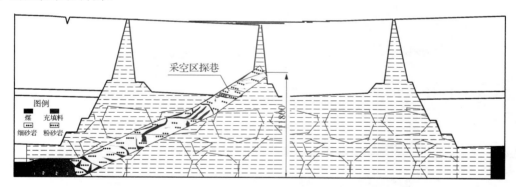

图 6-22　倾斜探巷实际素描情况与采空区相对位置关系示意图

4)工作面支架工作阻力观测结果

用工作面液压支架安设压力采集仪 24 小时连续监测工作面压力的变化情况，以分析充填开采后工作面上覆岩层活动情况。

将所获数据进行归类与加权处理，再通过数值分析手段进行数值拟合，得出如图 6-24 所示的工作阻力变化曲线。

从曲线可以看出：除在工作面开始回采未充填阶段及 3 天 1 充阶段，即在工作面推进至 40~60m 时压力明显升高外，其他充填阶段工作面液压支架压力都比较平缓，说明上覆岩层活动比较平稳，没有出现周期来压现象；另外，从工作面液压支柱限压阀没有开启现象说明上覆岩层活动平稳。图中的平滑曲线为拟合后添加的趋势线，该线表明液压支架工作阻力随采空区及时得到充填，工作阻力也逐渐降低，即上覆岩层活动趋于平缓，上覆岩层活动因采空区得到及时充填而减缓。

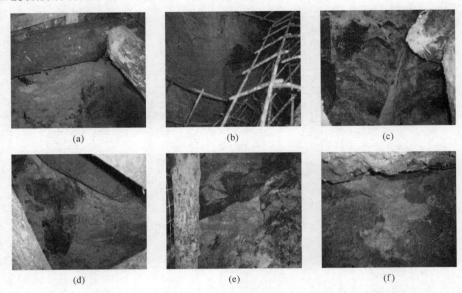

图 6-23　采空区探巷揭露超高水材料胶结矸石与裂隙填充效果实照

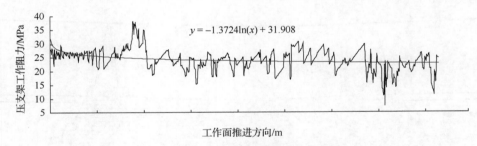

图 6-24　工作面液压支架工作阻力曲线

6.2.2　陶一煤矿充Ⅵ工作面

1. 微地震监测结果

微地震监测系统的测点检波器采用刚性传导震动的安装方式，将检波器万向头拧到巷道顶锚杆上，调整万向头方向，保证检波器垂直向下。调整好方向后对万向头进行紧固，以徒手不能扳动为标准。系统使用一台分站，不设主站。

每条顺槽内布置 6 个检波器，间距为 20~30m，安装在靠巷道肩部的锚杆上，垂直安装，采用 14 芯电缆配合大四通接线盒的接线方案，正常使用 6 芯信号，6 芯负极，2 芯备用。屏蔽层接地。随开采依次回撤、安装。检波器间距为 20m，全部布置在顶板锚杆上。检波器安装示意图如图 6-25 所示。

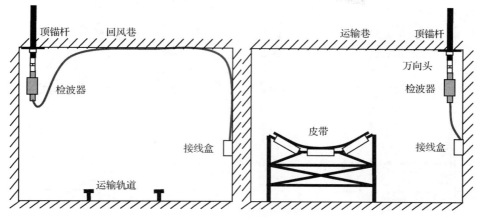

图 6-25　检波器安装示意图

为保证定位精度，在安装检波器时，根据现场情况对安装位置进行调整，避开断层，实际安装位置坐标如表 6-3 所示。

表 6-3　检波器坐标及其切眼距离

编号	X	Y	Z	测点位置	距离切眼/m
1#	55438.82	28389.30	−191.49	运输巷 1	42.1
2#	55446.95	28360.04	−184.32	运输巷 2	72.5
3#	55454.68	28333.56	−178.67	运输巷 3	100.1
4#	55463.56	28303.22	−174.11	运输巷 4	131.7
5#	55471.99	28275.47	−166.20	运输巷 5	160.7
6#	55481.08	28247.3	−162.08	运输巷 6	190.3
7#	55572.29	28387.38	−186.38	回风巷 1	60.0
8#	55580.57	28358.57	−183.43	回风巷 2	90.0
9#	55590.08	28329.94	−175.49	回风巷 3	120.2
10#	55598.85	28301.87	−172.13	回风巷 4	149.6
11#	55607.09	28272.79	−166.43	回风巷 5	179.8
12#	55616.86	28244.66	−160.45	回风巷 6	209.6

图 6-26 为 2012 年 1~5 月监测到的岩层破裂事件在水平面、走向剖面和倾向剖面的投影图。图中椭圆区域为微地震破裂集中区。

由图 6-26 可知，运巷外帮与九采老空区隔离的三角煤柱在推采过程中由于应力集中，出现了大量破裂。粗虚线划出了推采过程中，受采动影响逐步推进的面内顶板破裂事件。随着工作面的推进，其呈现均匀稳步向前发展的趋势。随着工作面推进，椭圆区域范围进一步扩大，说明三角煤柱区域的应力集中现象较为严重；在 3、4 月，由于侵入的火成岩较多，工作面推进缓慢，粗线范围扩展较慢。

从以上各月的微地震事件水平投影图看出，随着工作面的推采，面内顶板破裂事件

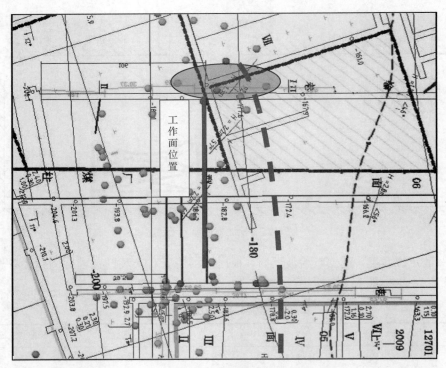

(a) 1月定位结果

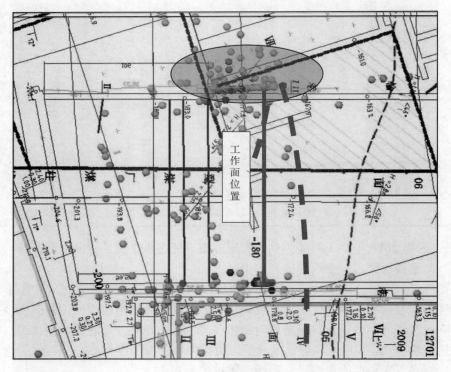

(b) 2月定位结果

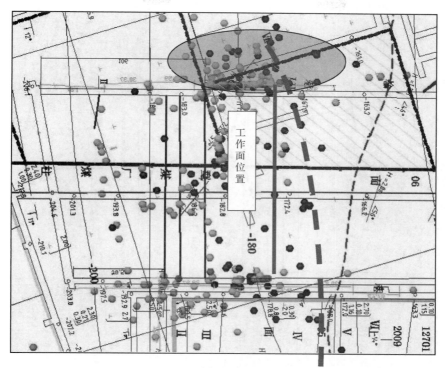

(c) 3月定位结果

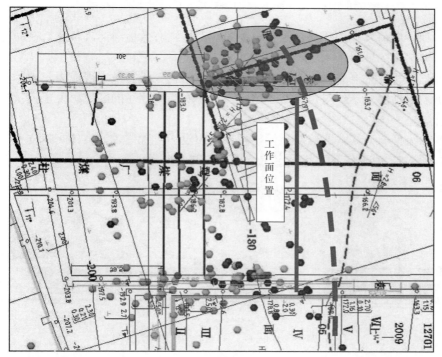

(d) 4月定位结果

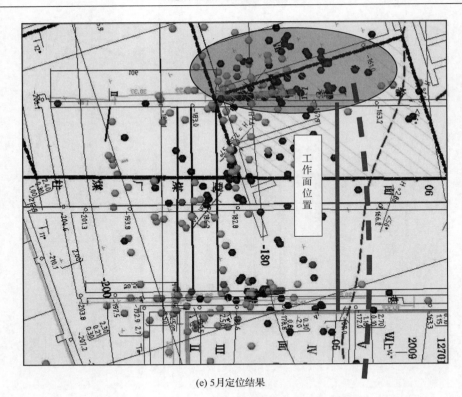

(e) 5月定位结果

图 6-26　工作面 1~5 月微地震定位结果水平面投影

呈现均匀稳步向前发展的趋势,来自顶板的应力持续有效地向前方传递,在面内没有出现大的应力集中区域。

　　运巷外帮与九采老空区隔离的三角煤柱,在结构上极容易出现应力集中的情况,而微地震破裂事件的展示结果也证明了这一点,左右椭圆标注的区域出现了大量集中的微地震事件。

　　工作面为仰斜开采,在监测后期,由于剖面投影位置关系,煤体实际位置比剖面图上要高。图 6-27 为工作面 1~5 月定位结果走向剖面投影。

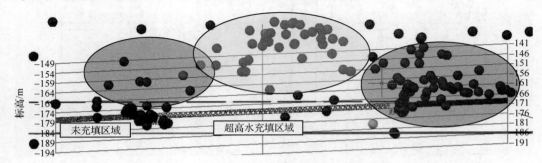

图 6-27　工作面 1~5 月定位结果走向剖面投影

　　从图 6-27 可以看出,破裂区域大致可以分为三个。图中,左右椭圆区域为破裂集中区域,主要在运输巷和回风巷两侧,中间区域为工作面推采的采动应力造成的正常顶板破裂发展。运输巷一侧的破裂范围比回风巷要大，而且随着工作面推采逐步扩大，回风巷一侧破裂范围较小且没有扩大趋势，说明充Ⅴ工作面进行的超高水材料充填有效地阻止了充Ⅵ工作面采动影响带来的顶板破裂范围进一步扩大，作为对比，运输巷一侧未充填的九采老空区受到充Ⅵ工作面开采的影响，顶板破裂范围不断增大。图中中间椭圆区域破裂相对较少，说明充Ⅵ工作面的超高水充填材料对于顶板的破裂下沉起到了良好的控制作用。

图 6-28 为工作面定位结果中间巷剖面投影图，图中虚线代表覆岩破裂范围，蓝色箭头代表推采方向。

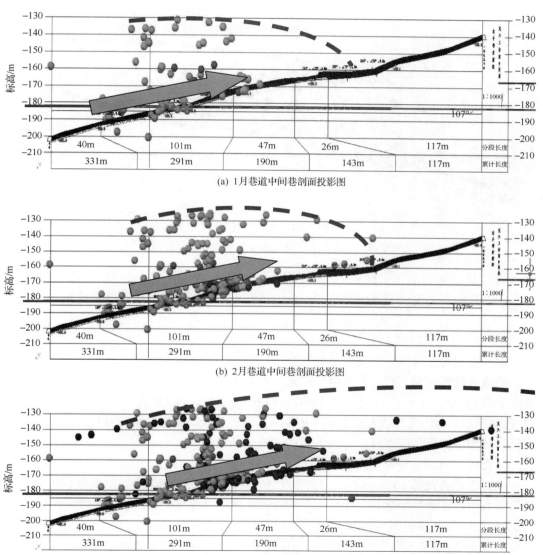

(a) 1月巷道中间巷剖面投影图

(b) 2月巷道中间巷剖面投影图

(c) 3月巷道中间巷剖面投影图

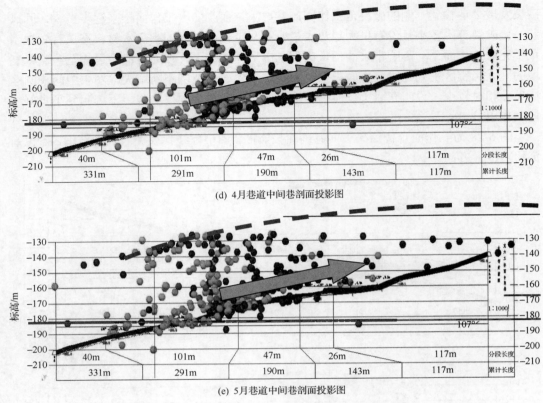

(d) 4月巷道中间巷剖面投影图

(e) 5月巷道中间巷剖面投影图

图 6-28　工作面 1~5 月定位结果中间巷剖面投影图

从图 6-28 可以看出，随着工作面的推采，破裂高度达到 48 m；破裂范围逐步向前推进，但是破裂高度没有进一步增加，体现了充填材料对顶板破裂高度的控制作用。

2. 围岩应力在线监测

1）工作面前方煤体应力测点布置

两侧巷道各布置三组，每组两个测点，测点布置于巷道内帮（工作面煤体侧），测点深度分别为 7m、15m。组间距为 30m，自切眼外 60m 开始布置。实际安装平面图如图 6-29 所示，黑色实线代表已经安装的深、浅孔应力计，黑色三角符号代表同时安装有顶板岩层测点，黑色线加框代表已安装的充Ⅵ充填体测点。

2）在线监测系统初值设定

根据正常监测后 10 天内的压力曲线变化，选择压力变化趋于平缓后的值作为测点的初始压力值，在软件中进行设定。两条巷道各个测点从 2011 年 10 月 6 日到 2011 年 10 月 15 日的压力曲线如图 6-30 所示。

由 6-30 曲线图可以看出，2011 年 10 月 14 日以后压力值基本趋于平缓，达到了稳定状态，将各测点 10 日内的平均值作为系统标定的初始值，如表 6-4 所示。

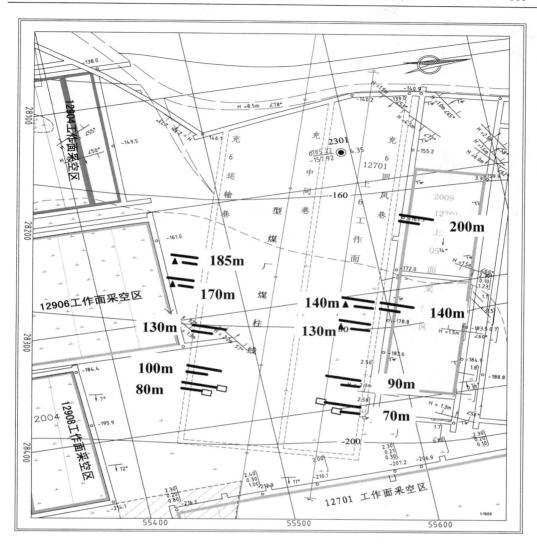

图 6-29 应力动态实时监测系统安装平面图

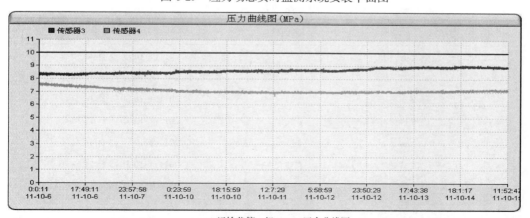

(a) 运输巷第一组(100m)压力曲线图

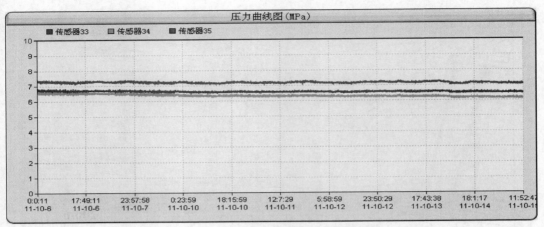

(b) 回风巷第二组(130m)压力曲线图

图 6-30　运输巷、回风巷 10 日内各测点压力曲线

表 6-4　运输巷、回风巷各测点 2011 年 10 月 15 日平均压力值

传感器	平均值/MPa	最大值/MPa	最大值时间
运输巷			
3	8.97	9.15	2011 年 10 月 15 日 22:40
4	7.23	7.43	2011 年 10 月 16 日 9:33
5	8.72	8.93	2011 年 10 月 15 日 21:07
6	7.84	8.16	2011 年 10 月 16 日 5:58
7	6.49	6.74	2011 年 10 月 15 日 21:13
8	7.91	8.17	2011 年 10 月 15 日 21:26
9	6.24	6.56	2011 年 10 月 15 日 20:17
10	6.07	6.23	2011 年 10 月 15 日 17:28
11	7.05	7.26	2011 年 10 月 15 日 20:49
12	7.32	7.56	2011 年 10 月 15 日 21:21
回风巷			
31	9.01	9.21	2011 年 10 月 15 日 21:46
32	7.37	7.59	2011 年 10 月 15 日 18:30
33	6.5	6.63	2011 年 10 月 15 日 18:09
34	6.11	6.26	2011 年 10 月 15 日 18:38
35	7.09	7.28	2011 年 10 月 15 日 18:44
36	9.31	9.52	2011 年 10 月 15 日 21:13
37	8	8.56	2011 年 10 月 16 日 10:46
38	7.14	7.38	2011 年 10 月 15 日 21:33

3）系统监测结果与分析结论

根据收集到的应力动态实时监测数据，运输巷与回风巷内各测点在第二阶段（2011年 10 月 15 日~2012 年 2 月 9 日）的监测期内应力的典型变化曲线如图 6-31 和图 6-32 所示。

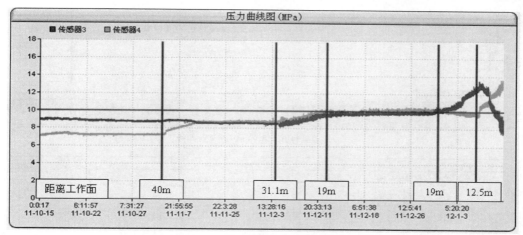

(a) 运输巷第一组(100m)压力变化曲线

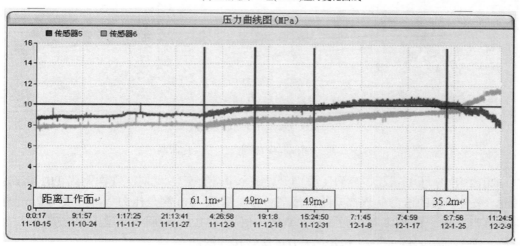

(b) 运输巷第二组(130m)压力变化曲线

图 6-31　运输巷煤体测点压力变化曲线

由图 6-31 可知，2011 年 11 月 3 日到 2011 年 11 月 8 日的推采过程中，运巷第一组（P01 组）深孔测点（15 m 孔）压力缓慢上升，但浅孔压力无显著变化，说明工作面的超前支承压力开始影响 P01 组的深部位置，浅部尚未进入影响范围。此时工作面距离 P01 组约为 40m。2011 年 11 月 8 日后充Ⅵ工作面暂停生产，压力曲线呈现平稳趋势。

2011 年 12 月 6 日开始，P01 组测点压力值开始显著增加。测点浅孔、深孔的平均压力水平从 6 日的 8.5MPa、8.8MPa 增加到 15 日的 9.7MPa、10MPa，增幅较大（14.1%、13.6%），说明第一组测点已经完全进入工作面的超前支承压力影响范围。根据矿上回采工作面推进记录，此时工作面距离运巷第一组 31.1m。

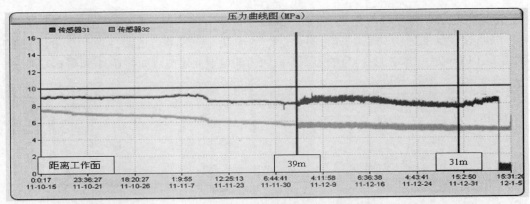

(a) 回风巷第一组(90m)压力变化曲线

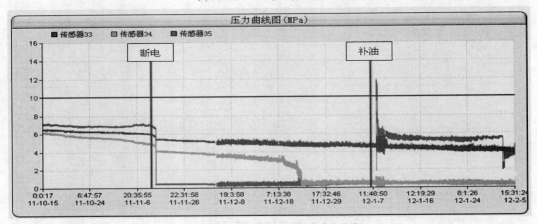

(b) 回风巷第二组(130m)压力变化曲线

图 6-32　回风巷煤体测点压力变化曲线

　　2012 年 1 月 1 日起，充Ⅵ工作面开始进入正常生产，此时工作面距离 P01 组约为 19m。来自顶板的压力从深部开始向浅部转移，深部 15m 测点压力下降，浅部 7m 测点压力急剧升高，于 2012 年 1 月 5 日达到最大值 12.4MPa。随后浅部顶板岩层破裂，应力释放，深部顶板岩层进一步下沉，压力再次转移到深部。

　　2011 年 12 月 6 日~2012 年 1 月 1 日正常生产前，运巷第二组(P02 组)测点压力平缓增长，2012 年 1 月 22 日开始，P02 组深孔测点压力开始明显增加，浅孔压力明显降低，浅部压力向深部转移，由此判断 P02 组进入超前支承压力影响范围，此时工作面距第二组距离为 35.2m。

　　由图 6-32 可知，2011 年 12 月 6 日开始，回风巷第一组(G01 组)浅孔测点压力出现小幅上升，但上升幅度极小，此时工作面距离副巷第一组测点约为 39m。12 月 15 日停止开采后，压力缓慢释放，2012 年 1 月 1 日恢复生产，压力继续上升且幅度较大，此时工作面距离 G01 组约为 31m。深孔测点压力值基本平稳，缓慢下降。

　　根据应力动态实时监测系统的监测数据，对比两个巷道各组测点的压力变化曲线，可以得到以下结果：①运巷第一组受到超前支承压力影响，应力开始增加时，距离工作面约为 31.1m，回风巷第一组受到超前支承压力，应力明显增加时距离工作面约为 39m。②对比运巷前两组的压力变化曲线发现，运巷第一组压力刚出现增加时，距离工作面约为 31m，而在距离工作面约为 19m 时压力出现大幅的增加；运巷第二组压力初始增加时距离工作面约为 61m，而压力大幅增加时距离工作面距离约为 35.2m。

相比传统垮落采煤工艺，超前支承压力影响范围明显减小（影响范围仅为 35~40m）。其中，运巷第一组超前支承压力的集中系数仅为 1.45，这说明超前支承压力的峰值有了较大的减小。

3. 支架工作阻力在线监测

采用 KBJ-60Ш-1 综采支架工作阻力连续记录仪（简称"尤洛卡"）监测数据及时、充分，并可调节观测数据的间隔时间，观测的数据可储存到工矿仪里，并由红外采集器采集数据，采集数据方便、完整。

支架阻力变化典型曲线如图 6-33 所示，由图可知，在工作面推进过程中（统计区间：2012 年 1 月 5 日~2012 年 2 月 10 日），液压支架最大支护阻力一般在 30MPa 以下，没有出现周期性的突然变化，说明在对采空区实施充填开采以后，采空区上覆岩层活动较为平稳，上覆岩层没有发生剧烈的回转下沉，没有出现明显的周期来压现象。

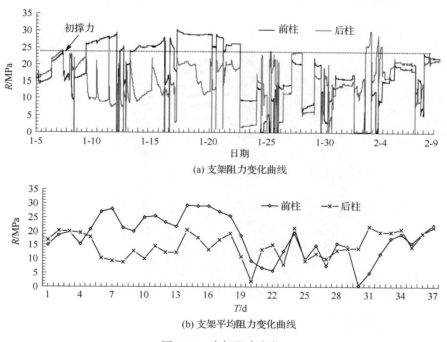

(a) 支架阻力变化曲线

(b) 支架平均阻力变化曲线

图 6-33　支架阻力变化

4. 底板破坏深度探测

1）探测方法原理

瞬变电磁法属时间域电磁感应方法。其探测原理如下：在发送回线上供一个电流脉冲方波，在方波后沿下降的瞬间，产生一个向回线法线方向传播的一次磁场，在一次磁场的激励下，地质体将产生涡流，其大小取决于地质体的导电程度，在一次场消失后，该涡流不会立即消失，它将有一个过渡（衰减）过程，如图 6-34 和图 6-35 所示。

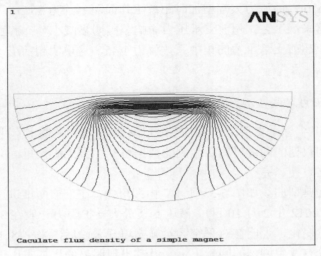

图 6-34　回线中阶跃电流的磁力线

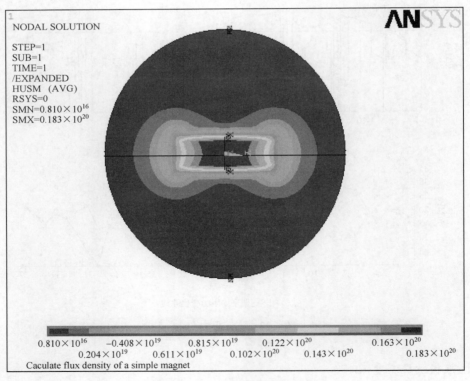

图 6-35　全空间中的等效电流云图

　　该过渡过程又产生一个衰减的二次磁场向掌子面传播，由接收回线接收二次磁场，该二次磁场的变化将反映地质体的电性分布情况。例如，按不同的延迟时间测量二次感生电动势 $V(t)$，就得到了二次磁场随时间衰减的特性曲线。如果没有良导体存在，将观测到快速衰减的过渡过程；当存在良导体时，由于电源切断的一瞬间，在导体内部将产生涡流以维持一次场的切断，所观测到的过渡过程衰变速度将变慢，从而发现导体的存在，如图 6-36 所示。

　　瞬变电磁场在大地中主要以"烟圈"扩散形式传播(图 6-37)，在这一过程中，电磁能量直接在导电介质中传播而消耗，由于趋肤效应，高频部分主要集中在地表附近，且其分布范围是源下面的局部，较低频部分传播到深处，且分布范围逐渐扩大。

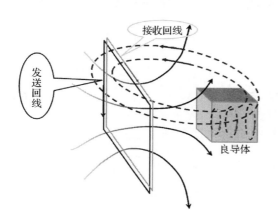

图 6-36　良导体瞬变电磁感应原理图　　　　　图 6-37　全空间电磁场"烟圈"扩散示意图

传播深度：

$$d = \frac{4}{\sqrt{\pi}}\sqrt{t / \sigma\mu_0} \tag{6-1}$$

传播速度：

$$v_z = \frac{\partial d}{\partial t} = \frac{2}{\sqrt{\pi\sigma\mu_0 t}} \tag{6-2}$$

式中，t 为传播时间；σ 为介质电导率；μ_0 为真空中的磁导率；π 为圆周率。

　　瞬变电磁的探测度与发送磁矩覆盖层电阻率及最小可分辨电压有关。

　　由式(6-2)得

$$t = 2\pi \times 10^{-7} h^2 / \rho \tag{6-3}$$

　　时间与表层电阻率，发送磁矩之间的关系为

$$t = \mu_0 \left[\frac{(M/\eta)^2}{400(\pi\rho_1)^3} \right]^{\frac{1}{5}} \tag{6-4}$$

式中，M 为发送磁矩；ρ_1 为表层电阻率；η 为最小可分辨电压，它的大小与目标层几何参数和物理参数及观测时间段有关。联立式(6-3)和式(6-4)，可得

$$H = 0.55 \left(\frac{M\rho_1}{\eta} \right)^{\frac{1}{5}} \tag{6-5}$$

式(6-5)为野外工程中常用来计算最大探测深度的公式。瞬变电磁的探测度与发送磁矩，覆盖层电阻率及最小可分辨电压有关。

采用晚期公式计算视电阻率：

$$\rho_\tau(t) = \frac{\mu_0}{4\pi t} \left(\frac{2\mu_0 M}{5t \dfrac{\mathrm{d}B_z(t)}{\mathrm{d}t}} \right) \tag{6-6}$$

$$\frac{\mathrm{d}B_z(t)}{\mathrm{d}t} = \frac{V(t)}{S} \tag{6-7}$$

2)探测结果分析

工作面回采直接底板为火成岩。火成岩硬度大，岩石形变类型主要表现为塑性形变，易发生断裂；火成岩下方为粉砂岩，粉砂岩的弹性系数较火成岩大；在工作面回采过程中岩层的原始应力状态发生改变，火成岩上覆岩层的拉张应力消失，火成岩将向上膨胀而产生裂隙；火成岩与粉砂岩的分界面为应力弱面，在分界面上因拉张作用形成裂隙带，视电阻率将上升。在煤层开采后，随即进行充填，火成岩所受的拉张应力不足以使火成岩弯曲受到破坏，裂隙发育不完全，当充填体凝固后，拉张应力逐渐减小直至消失，底板裂隙慢慢闭合，视电阻率值逐渐恢复到原始状态，视电阻率下降。

工作面底板探测结果如图 6-38 所示。

由图 6-38 可知，超高水材料充填开采下的底板破坏深度约为 5m，超前破坏距离约为 2m，重新压实区滞后回采线约为 15m；通过断层面附近，使用爆炸破岩方式回采时破坏范围较大，底板破坏深度约为 7m，超前破坏范围为 10~20m。

5. 巷道围岩变形

采用十字布点法观测巷道围岩变形，观测周期视工作面与测点距离而定，在 50m 以外时 2~3 天测量一次，进入 50~20m 范围，1 天测量一次，进入 20m 直至工作面推过测点，应一天测量两次。测点采用单十字布点法进行观测，如图 6-39(a)所示，在安设测点时必须保证直线 CD 垂直顶底板，保证直线 AB 垂直两帮。测量 AB 及 CD 的长度(即

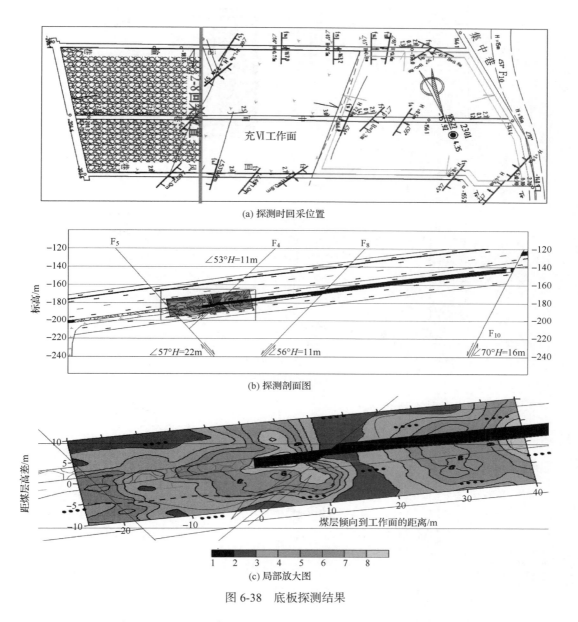

(a) 探测时回采位置

(b) 探测剖面图

(c) 局部放大图

图 6-38 底板探测结果

两帮及顶底的距离）。观测仪器采用 Leica disto A5 红外测距仪与钢卷尺，如图 6-39（b）所示。

图 6-40 是工作面推进时巷道围岩变形曲线，由图可知，充填开采条件下，巷道围岩变形量总体较小。巷道围岩变形主要是巷道两帮变形，两帮最大移近量为 222mm，顶底板相对移近量最大为 20 mm，工作面距测站 4~6m 时围岩变形相对较为明显。

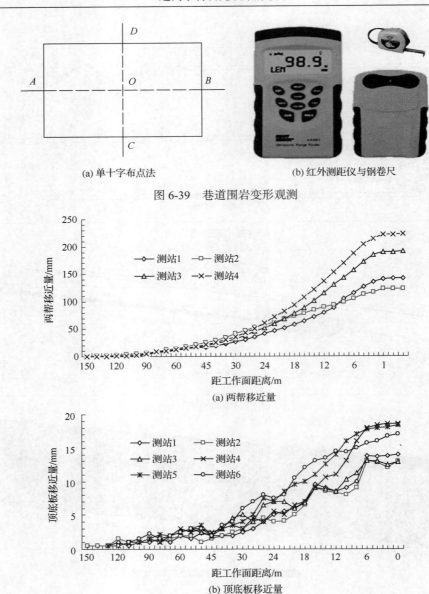

(a) 单十字布点法   (b) 红外测距仪与钢卷尺

图 6-39　巷道围岩变形观测

(a) 两帮移近量

(b) 顶底板移近量

图 6-40　巷道围岩变形

6.3　袋式充填开采工作面覆岩活动及矿压规律

6.3.1　陶一煤矿 12706 工作面

1. 工作面概况

1) 工作面概况及地表、井下四邻关系

12706 工作面位于陶一煤矿七采区北翼，邯长铁路保护煤柱范围内，并且沿 2 号煤层倾斜布置，为仰采倾斜长壁工作面，工作面走向长为 100m，倾向长为 512m。工作面对应地面位置在南牛叫村西北部。地表主要建筑为邯长铁路，另外有冲沟。地面标高为+147.3m~+173.5m，工作面标高−284.4~−237.9m，工作面埋深为 411.4~431.7m。

工作面西距 F7 断层约为 60m，东距 F1 断层约为 24m，南面为−310 探巷下山，北邻陶一、陶二井田边界。12706 工作面布置如图 6-41 所示。

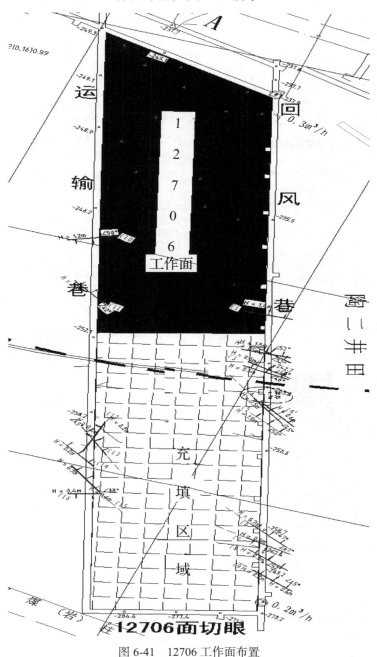

图 6-41 12706 工作面布置

2) 煤层赋存情况及结构

2#煤层成煤于二迭系下统山西组，为高变质无烟煤，厚层状、结构复杂，中下部有一层夹矸。12706 工作面根据 2#煤层受岩浆岩侵蚀程度不同，沿倾向划分为上下两段。工作面下段不受岩浆岩侵蚀影响，平均煤厚为 4.0m，煤层结构上部煤厚 2.4m，夹矸厚 0.1m，下部煤层厚 1.0m；上段因受岩浆岩挤压，煤层变薄，在运巷 100m 处出现闪长岩岩脉，平均煤厚为 3.5m，上部煤厚 2.4m，夹矸厚 0.1m，下部煤层厚 1.0m。煤层顶底板岩层柱状如图 6-42 所示。

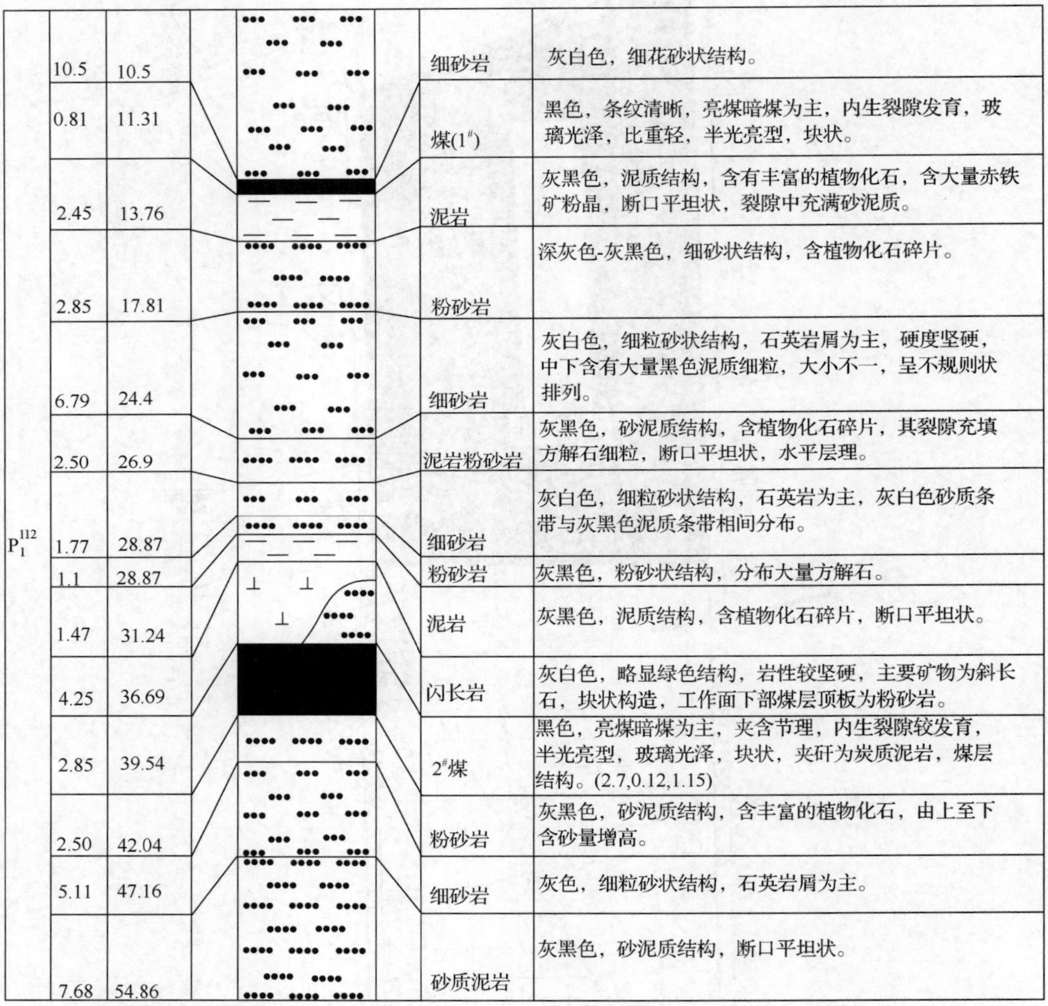

	10.5	10.5		细砂岩	灰白色，细花砂状结构。
	0.81	11.31		煤(1#)	黑色，条纹清晰，亮煤暗煤为主，内生裂隙发育，玻璃光泽，比重轻，半光亮型，块状。
	2.45	13.76		泥岩	灰黑色，泥质结构，含有丰富的植物化石，含大量赤铁矿粉晶，断口平坦状，裂隙中充满砂泥质。
	2.85	17.81		粉砂岩	深灰色-灰黑色，细砂状结构，含植物化石碎片。
	6.79	24.4		细砂岩	灰白色，细粒砂状结构，石英岩屑为主，硬度坚硬，中下含有大量黑色泥质细粒，大小不一，呈不规则状排列。
	2.50	26.9		泥岩粉砂岩	灰黑色，砂泥质结构，含植物化石碎片，其裂隙充填方解石细粒，断口平坦状，水平层理。
P_1^{112}	1.77	28.87		细砂岩	灰白色，细粒砂状结构，石英岩为主，灰白色砂质条带与灰黑色泥质条带相间分布。
	1.1	28.87		粉砂岩	灰黑色，粉砂状结构，分布大量方解石。
	1.47	31.24		泥岩	灰黑色，泥质结构，含植物化石碎片，断口平坦状。
	4.25	36.69		闪长岩	灰白色，略显绿色结构，岩性较坚硬，主要矿物为斜长石，块状构造，工作面下部煤层顶板为粉砂岩。
	2.85	39.54		2#煤	黑色，亮煤暗煤为主，夹含节理，内生裂隙较发育，半光亮型，玻璃光泽，块状，夹矸为炭质泥岩，煤层结构。(2.7,0.12,1.15)
	2.50	42.04		粉砂岩	灰黑色，砂泥质结构，含丰富的植物化石，由上至下含砂量增高。
	5.11	47.16		细砂岩	灰色，细粒砂状结构，石英岩屑为主。
	7.68	54.86		砂质泥岩	灰黑色，砂泥质结构，断口平坦状。

图 6-42　12706 工作面煤层顶底板岩层柱状

3) 地质构造

本地区为单一倾斜煤层，地质构造较复杂。

受燕山运动影响，在本区 h_4 岩浆岩侵入山西组地层中、下部，厚度为 0.80~13.55m，变化无规律。构造破坏了 1、2 煤层的连续性，局部煤层被吞噬。在七采区北翼岩浆岩将煤层分成 2~3 层。每层岩浆岩厚度为 2.8～5.8m。

通过对–310m 下山探巷、北翼回风巷、706 运巷、706 副巷揭露的资料进行分析，12706 工作面岩浆岩侵蚀的层位主要在 2#煤层上部，呈岩床状侵入，成为直接顶板，厚度为 3.8~4.8m。局部呈岩脉状侵蚀到煤层中。

工作面两巷掘进过程中，揭露岩浆岩具体位置：运巷开口至 130m 范围内 2#煤顶板为闪长岩；副巷开口至 30m 范围内 2#煤顶板为闪长岩，另外在 130m 位置煤层顶板为闪长岩，沿巷道方向延展 1.5 m。闪长岩岩性及成分：灰白色，主要矿物为石英、长石、角闪石，质地坚密，完整性好，平均厚度为 3.2~4.8m。在副巷位置岩浆岩呈高岭石化易风化，强度较低。

另外，12706 面切眼靠近运巷段，煤层顶板沿切眼方向伪倾角 18°左右，会对充填造成一定影响。

2. 监测系统布置

1) 微地震监测系统布置

12706 工作面测区共布置 12 个钻孔。钻孔编号分别为 1#~12#，钻孔布置如图 6-43 所示。

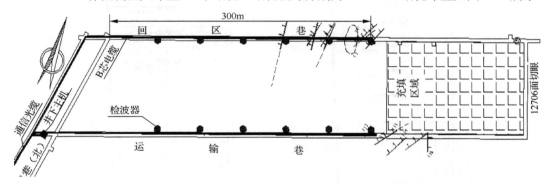

图 6-43　微地震监测系统检波器平面布置示意

各钻孔安装一个三分量检波器，各检波器布置参数见表 6-5。

表 6-5　检波器布置参数

检波器编号	X	Y	Z	距切眼距离/m	备注
1#	56910	29521	–263.32	10	Y1(12706)
2#	56895	29487	–260.36	60	Y2(12706)
3#	56877	29430	–257.30	110	Y3(12706)
4#	56861	29384	–254.78	160	Y4(12706)
5#	56844	29336	–252.90	210	Y5(12706)
6#	56828	29289	–251.73	260	Y6(12706)
7#	57019	29513	–247.00	10	F1(12706)
8#	57005	29466	–242.00	60	F2(12706)
9#	56986	29418	–238.00	110	F3(12706)
10#	56968	29370	–236.00	160	F4(12706)
11#	56953	29323	–234.24	210	F5(12706)
12#	56936	29276	–233.20	260	F6(12706)

2) 应力动态实时监测系统测点布置

为了监测工作面前后方应力的实时变化和检验充填体效果，此次安装两种应力计，即煤体应力计和充填体应力计。工作面前方煤体测点及后方充填体测点布置如图 6-44 所示。

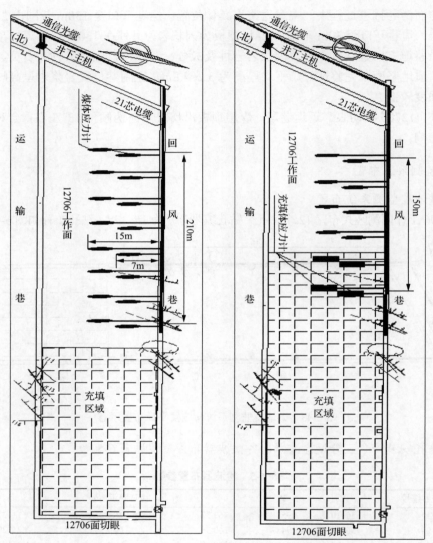

图 6-44　工作面前方煤体测点及后方充填体测点布置

3. 现场监测结果

1) 应力在线监测结果

通过现场监测，得到以下几组支承压力曲线，横轴表示工作面距离钻孔应力计的距离，纵轴表示支承压力，如图 6-45 所示。

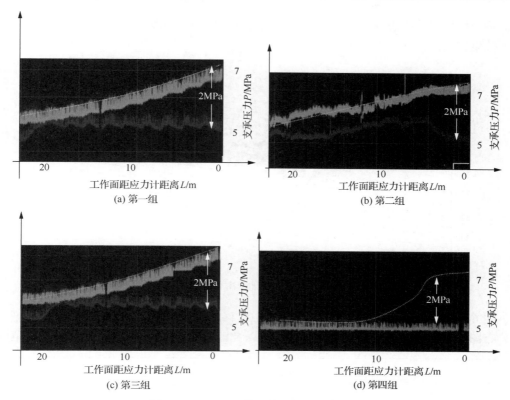

图 6-45　12706 工作面支承压力动态曲线

根据现场监测结果和以上工作面支承压力曲线分析，工作面正常回采期间，当工作面距离钻孔应力计距离(超前影响距离 L) $L > 25$m 时，煤体应力计大小基本保持不变，此时定义为初始支承压力 P_0(根据现场监测的结果的平均值 $P_0 \approx 5$MPa)。工作面距离钻孔应力计距离 $L < 20$m，支承压力由 5MPa 逐步上升到 7MPa，增幅大小为 ΔP，主要力源是工作面推进产生的走向支承压力，$\Delta P \approx 2$MPa，增幅率 $\Delta P/P_0 = 40\%$。工作面超前支承影响范围距离工作面前方 0~20m。

工作面正常回采期间，超前支承压力影响距离在工作面前方 0~20m 范围内(图6-45)；工作面前方支承压力最大增量为 2MPa。

2) 微地震监测结果

图 6-46 为 12706 工作面微地震事件倾向剖面投影图。从图中可以看出，工作面附近覆岩微地震事件在高度上的分布呈现分区性发展的规律，顶板破裂高度主要在距离煤层40m 以内，底板破坏深度在距离煤层 15m 以内。低位岩层的微地震事件密集分布，集中在运输巷和回风巷周围的煤岩体中，主要表现为工作面回采扰动导致顶板及巷道周围岩体破碎；高位岩层的微地震事件集中在 20~40m 高度范围内，且分布较均匀，多表现为低能量微地震事件，由岩体破裂及弯曲离层引起。

微地震事件分布集中，说明采动影响范围小，微地震事件分布在 12706 工作面前后范围约为 90m，且上覆岩层超前破裂区范围约为 50m，工作面后方充填区内距离为 40m。

运输巷一侧煤岩体破裂深度大、侧向支承压力峰值距离巷道较远，反映巷道周围充填体接顶效果较差。

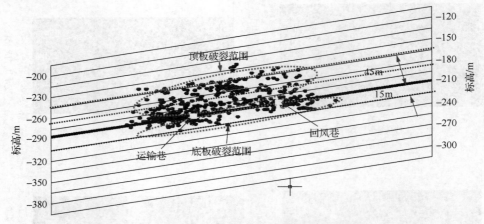

图 6-46　12706 工作面微地震事件倾向剖面投影图

图 6-47 是 12706 工作面 2012 年 10 月 10 日~2012 年 10 月 20 日所有微地震事件平面分布图，圆点表示岩体破裂点。从图中可以看出，12706 工作面微地震事件前后范围

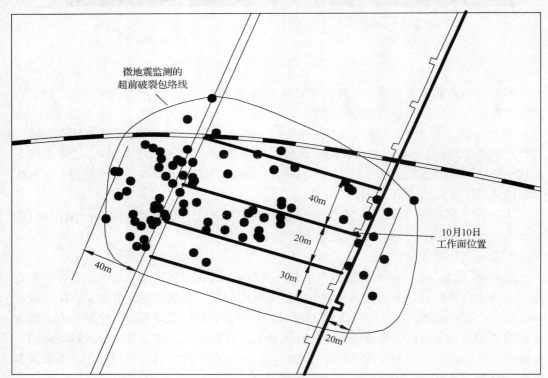

图 6-47　12706 工作面微地震事件平面分布规律

约为 90m，上覆岩层超前破裂区范围约为 50m，工作面后方充填区最远破裂位置距当前工作面 40m。

　　工作面前方微地震事件集中区距离工作面约 20m，距工作面前 20~50m 区域破裂事件较少，可知工作面前方 20m 附近为走向支承压力峰值位置。运输巷侧向微地震事件分布范围约为 40m，回风巷侧向微地震事件分布范围约为 20m，可知运输巷与回风巷侧向支承压力峰值距两条巷道分别为 40m、20m。运输巷一侧煤岩体破裂深度大、侧向支承压力峰值距离巷道较远。

　　图 6-48 为 12706 工作面微地震事件超前侧向压力分布规律图，圆点代表微地震事件，红色曲线代表侧向支承压力曲线，虚线代表工作面破裂高度。工作面岩层最大高位破裂高度为 45m，高位岩层的微地震事件集中在 20~40m 区域，低位破裂高度为 20m。

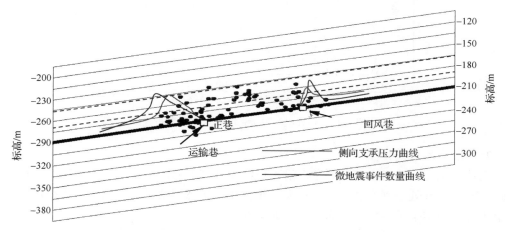

图 6-48　12706 工作面微地震事件超前侧向压力分布规律

　　通过微地震监测，得出如下结论。

　　(1)工作面附近覆岩微地震事件在煤层顶板中的破裂高度为 45m 左右，煤层底板中的破裂深度为 15m。

　　(2)工作面上覆岩层微地震事件集中分布，上覆岩层受到工作面回采影响，岩层破碎、垮落，低位的岩层微地震事件在距离煤层 20m 范围内。同时，巷道周围岩体微地震事件集中分布，主要集中在巷道周围半径 20m 的范围内。

　　(3)工作面开采扰动结束后，后方充填体内部基本没有微地震事件，说明充填体及充填后的上覆岩层不再运动，高位岩层离层结束，低位破裂岩层被压实，充填达到预期效果。

　　(4)12706 工作面的顶底板岩层运动归纳如下：上覆顶板高位岩层离层破裂、弯曲形成离层；低位岩层处于垮落带范围；两条巷道周围区域的微地震事件能量小，巷道周围发生塑性变形破坏。

　　(5)工作面未充填开采条件下，理论裂隙带高度 H_1 和破裂高度 H_2 分别为 32m 和 50m。工作面正常充填开采的真实最大破裂高度为 45m，高位岩层的微地震事件集中在 20~40m 区域。充填开采对上覆岩层控制起到积极作用。

4. 充填体压力变化特征

1）充填体压力测点布置

充填体受力分析观测布置两条测线，第一条测线当工作面从开切眼起推进 50m 时布置，第二条测线距离第一条测线 45m 处布置。传感器布置分别距离巷道 25m、45m，其中 12706 工作面长度为 100m。12706 工作面充填体压力测点布置见图 6-49。

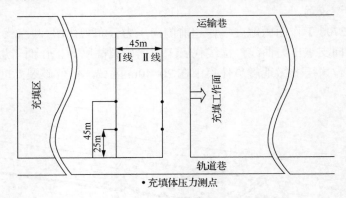

图 6-49　12706 工作面充填体压力测点布置

2）充填体的承载特性

充填体压力传感器的安装要考虑沿工作面和推进方向两个方向的压力影响。在推过切眼 50m、95m 处分别安装一组。根据充填体压力传感器记录的数据，可以得出充填体的承压与工作面推进距离之间的关系，如图 6-50 所示。

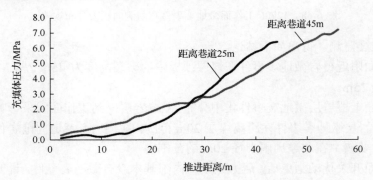

图 6-50　沿工作面推进方向充填体压力变化曲线

由图 6-50 可知，充填体的承压与工作面推进距离之间的关系，随着工作面向前推移，充填体的压力不断增大，增压经历了"平缓—增加—稳定"的过程，最终充填体达到恒定的支撑压力。说明随着充填时间和受力状况的变化，充填体较好地达到了支撑顶板的作用。

6.3.2　亨健煤矿 2515 工作面

为实现超高水材料充填高效开采,在亨健矿 2515 工作面进行了长壁袋式充填开采工艺及围岩活动与矿压规律研究。

1. 工作面概况

1)工作面概况及地表、井下四邻关系

亨建煤矿隶属邯郸矿业集团有限公司,位于邯郸市西南部约 20km 处的邯郸县境内,建有专门的铁路专用线,交通较为便利。矿井于 1969 年投产,设计年产为 100 万吨。

2515 工作面是亨健矿首个充填回采工作面,工作面长度为 81m,推进长度为 430m;煤厚稳定性较好,平均倾角为 7°,可采储量为 27.6 万吨,工作面局部开采区域跨越了村庄保护煤柱线,属于建下开采。工作面运输巷、回风巷均沿煤层顶板掘进,采用锚网索支护,巷道断面为 4.2m×3.0m,回风巷局部顶板变形严重段采用 U 型钢加强支护。2515 工作面对应地面位置为张庄村西,地面为黄土台地梯田和村庄建筑,部分无基岩出露,地表无水体,有较浅的冲沟。

2)煤层赋存情况及结构

2#煤层厚度为 3.6~5.11m,平均厚度为 4.42m,煤层结构复杂。普遍含一层夹矸,夹矸厚度为 0.05~0.1m,夹矸位于煤层的中下部,岩性多为粉砂岩和泥岩,少数为炭质泥岩。煤层顶底板岩层柱状如图 6-52 所示。

2#煤层直接顶板为深灰色粉砂岩,平均厚度为 2.62m,性脆,裂隙较发育,易冒落,局部相变为中粒砂岩;老顶为中粒砂岩,厚度为 5.7m 左右,灰色,含黑色矿物,具炭质层理。直接底板为中粒砂岩,厚度约为 9.65m,含黑色矿物;老底为粉砂岩,厚度约为 12.75m,灰色,局部为硅质及黄铁矿。煤层倾角为 3°~14°,平均倾角为 8.5°。

2. 监测系统布置

KJ551 微地震监测系统自 2013 年 1 月 11 日开始安装,至 2013 年 1 月 20 日完成了微地震监测系统的安装工作,并开始调试运行,期间由于供电原因系统出现故障停止监测 2 月,主要微地震数据集中在 2013 年 4 月到 6 月。

1)微地震监测系统布置

根据微地震监测系统的工作原理,断层会影响破裂震动在岩体内的传播特性,从而对定位精度产生影响,因此在安装检波器时,同样需要根据现场情况对安装位置进行调整,避开断层。微地震检波器安装位置平面示意图如图 6-51 所示。

两条巷道安装的检波器具体坐标见表 6-6。

2)应力动态实时监测系统测点布置

(1)煤体应力测点布置。为了保证应力动态实时监测系统监测结果的准确性,在安装应力计时需要避开断层应力影响区域,并且安装到指定的深度。根据现场地质情况,具体安装情况见表 6-7 和表 6-8。

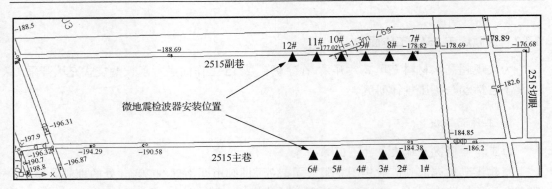

图 6-51　微地震检波器安装位置平面示意图

表 6-6　各检波器坐标及切眼距离

测点编号	X	Y	Z	测点位置	巷口距离/m
1#	28294.838	53848.664	−184.818	主巷 1	320
2#	28288.099	53833.359	−185.375	主巷 2	300
3#	28283.697	53821.309	−185.790	主巷 3	290
4#	28276.012	53803.876	−185.790	主巷 4	270
5#	28267.614	53784.039	−185.843	主巷 5	250
6#	28260.822	53765.848	−186.659	主巷 6	230
7#	28213.204	53875.111	−179.330	副巷 1	340
8#	28205.199	53856.090	−179.139	副巷 2	320
9#	28198.026	53839.289	−179.157	副巷 3	300
10#	28190.497	53818.500	−178.373	副巷 4	280
11#	28182.966	53801.146	−178.659	副巷 5	260
12#	28173.756	53779.523	−179.077	副巷 6	240

表 6-7　主巷测点安装情况

组号	设计安装位置(距离巷口)/m	实际安装位置(距离巷口)/m	说明
1#	350	320	根据工作面推进进度后移一组距离
2#	320	290	根据工作面推进进度后移一组距离
3#	290	260	根据工作面推进进度后移一组距离
4#	260	230	根据工作面推进进度后移一组距离
5#	230	200	由于安装条件不符，一期未安装

表 6-8　副巷测点安装情况

组号	设计安装位置(距离巷口)/m	实际安装位置(距离巷口)/m	说明
6#	370	340	
7#	340	310	
8#	310	280	根据工作面推进进度后移一组距离
9#	280	250	
10#	250	220	

煤体测点安装位置如图 6-52 所示。

（2）充填体应力测点布置。在线监测系统一期安装（2013 年 1 月 11 日~2013 年 1 月 20 日）包括 10 组共 20 个应力测点；所有的充填体测点在二期安装中布设（2013 年 3 月 23 日及 4 月 23 日分别安装）。为便于后期留设于充填区内，充填体测点采用单独 4 芯信号专线，防止由于线缆损坏而影响其他煤体测点。由于第一组充填体测点在充填区内有效时间较短，故安装第二组充填体测点时采用了第一组的信号线。

充填体测点安装位置如图 6-53 所示。

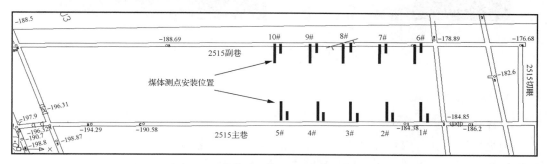

图 6-52　煤体测点安装位置平面示意图

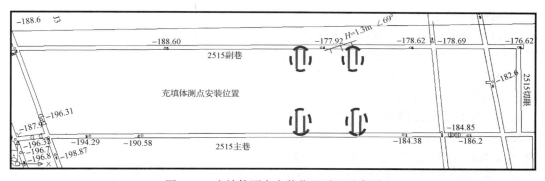

图 6-53　充填体测点安装位置平面示意图

安装完毕后，应力测点布置、微地震检波器及井下主机安放情况，如图 6-54 所示。

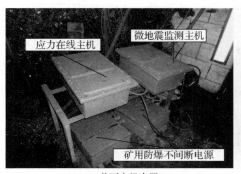

(a) 井下主机布置　　　　　　　　　　(b) 应力测点、微地震信号线布置

(c) 微地震监测系统检波器布置　　　　　　　　(d) 应力监测系统布置

图 6-54　应力监测系统和微地震监测系统

3. 现场监测结果

1) 煤体测点应力监测

根据安装设计，煤体应力计随着工作面推采逐一后撤新装，由于前期系统运行过程中供电来源不稳定导致井下主机长期断电，煤体应力测点的稳定监测时间较零碎。根据收集到的应力动态实时监测数据，各测点当前位置及在整个项目监测时间段内的应力情况，根据推采时间顺序从工作面前方第一组开始分析。

(1) 主巷第三组。主巷第三组在恢复供电正常运行时，工作面位置及应力曲线如图 6-55 和图 6-56 所示，此时主巷与副巷的第三组煤体应力测点均为距离工作面最近的一组测点。3 月 23 日工作面距离主巷第三组测点约 37m，根据工作面作业规程中预计的超前影响范围，此时第三组尚未进入超前影响范围之内；随着工作面的推进，浅孔应力曲线在工作面推进过程中表现较为平稳，其应力值基本维持在 6.2MPa 左右，有约 0.2MPa 的波动。自 3 月 31 日起，主巷第三组浅孔煤体应力测点应力急剧下降，此时工作面距离测点约 9m。由于煤壁一侧为开放面，第三组测点的煤体应力随着煤壁的接近，应力被解放，上覆岩层施加的应力以超前应力的形式转移到后方，因此第三组测点应力曲线呈现下降趋势，直到 4 月 2 日撤组，工作面距离测点 5m。

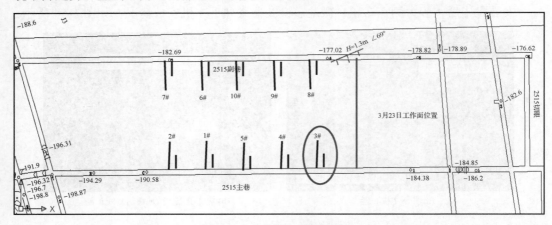

图 6-55　主巷第三组测点分布

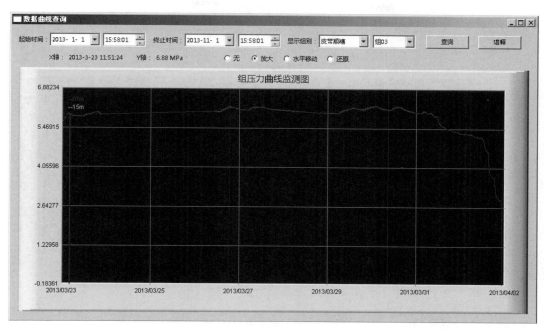

图 6-56　主巷第三组压力变化曲线

　　虽然主巷第三组煤体应力测点经历了进入超前影响范围的过程，但从其应力曲线中并没有观测到明显的超前来压现象，一方面可能由于第三组测点煤体较为松软破碎，其煤体应力增加不如单体支柱应力增加明显，另一方面也说明了超高水包体充填对于控制顶板，减小超前影响效果较为显著。

　　(2)主巷第四组。主巷第四组在 3 月 23 日~4 月 2 日撤组时的应力曲线如图 6-57 和图 6-58 所示。3 月 23 日工作面距离主巷第四组测点约 60m，尚未进入超前影响范围之内；随着工作面的推进，深、浅孔应力曲线在工作面推进过程中均表现较为平稳，深孔应力值基本维持在 5.2MPa 左右，浅孔应力值维持在 5.5MPa 左右，有极小的波动，直到 4 月 2 日撤组，工作面距离测点约 35m。

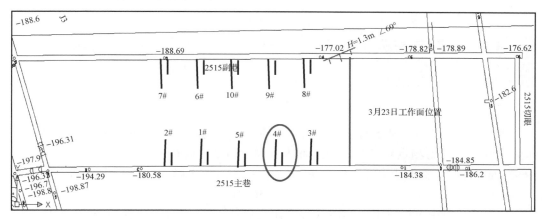

图 6-57　主巷第四组测点分布

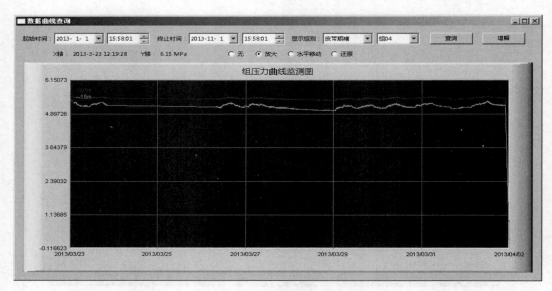

图 6-58　主巷第四组压力变化曲线

从主巷第四组的应力曲线中并没有观测到明显的超前来压现象，充分说明 2515 充填工作面的超前影响范围小于 35m。

（3）主巷第一组。工作面推采至 4 月 23 日时，工作面第一组测点位于第五组测点之后，为工作面前方第二组测点，其深、浅孔应力变化曲线及工作面位置如图 6-59 和图 6-60 所示，此时工作面距离主巷第一组测点约为 53m。

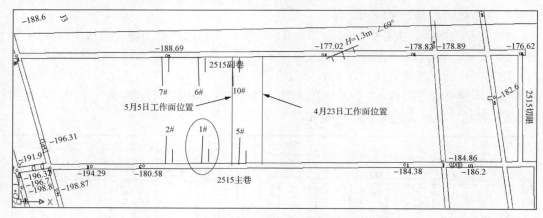

图 6-59　主巷第一组测点分布

随着工作面推进，从 5 月 5 日开始，主巷第一组浅孔应力值开始缓慢增加，此时工作面位置距离应力测点约 25m；应力值从平均 5.4 MPa 增加到 5 月 17 日的最大值 6.69MPa，此时工作面距离测点约 6m；之后，应力开始下降，到 5 月 18 日撤组时，工作面距离主巷第一组测点约 4m，应力值为 6.3MPa。

从上述分析中可以看出，2515 工作面距离煤帮较浅处的超前影响范围约为 25m。

（4）主巷第二组。如图 6-61 和图 6-62 所示，2013 年 5 月 16 日左右开始，主巷第二组深孔测点的压力值出现缓慢上升，此时工作面距离第二组测点大约 33m。深孔应力值从平均 5.8MPa 增加到 5 月 29 日最大值 6.88MPa，此时工作面距离测点约 6m；之后，应力开始下降，到 6 月 1 日撤组时，工作面距离主巷第二组测点约 5m，应力值为 2.68MPa。从上述分析中可以看出，2515 工作面距离煤帮较深处的超前影响范围约为 25m。

从主巷第二组深孔测点在工作面推进过程中的表现，可以看出 2515 工作面超前影响范围在浅部和深部有一定的区别，深部区域受超前影响时间稍早于浅部区域。

(5)副巷第三组。3 月 23 日时，副巷第三组测点为距离工作面最近的一组副巷应力测点，即 8#测点。此时工作面位置及应力变化曲线如图 6-63 和图 6-64 所示，距离副巷第三组测点距离约为 43m。

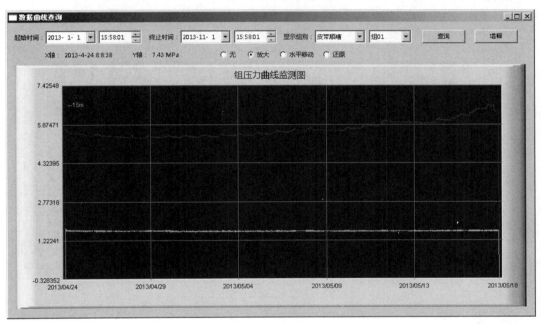

图 6-60　主巷第一组压力变化曲线

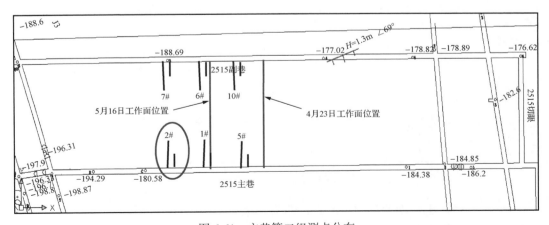

图 6-61　主巷第二组测点分布

随着工作面推进，从 3 月 29 日开始，副巷第三组浅孔应力值开始缓慢降低，此时工作面位置距离应力测点约 30m；应力值从平均 5.7MPa 降低到 4 月 2 日的最小值 5MPa，此时工作面距离测点约 13m；副巷第三组深孔应力值从 3 月 24 日开始缓慢降低，距离工作面约为 40m，之后的表现与浅孔应力测点一致。

受到超前应力的影响，工作面前方煤体内部发生应力的转移，部分区域应力升高，相应的另一些区域应力出现降低，都是超前影响的表现。从副巷第三组深、浅孔应力曲线的表现来看，副巷一侧受超前影响的范围稍大于主巷侧，且深部受超前影响要早于浅部。

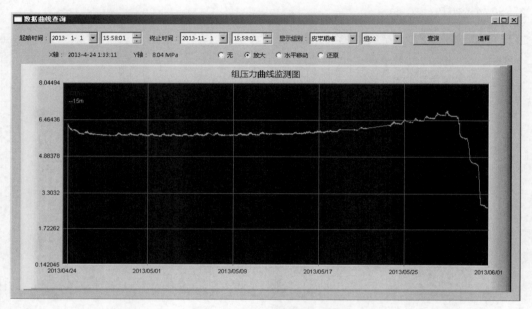

图 6-62　主巷第二组压力变化曲线

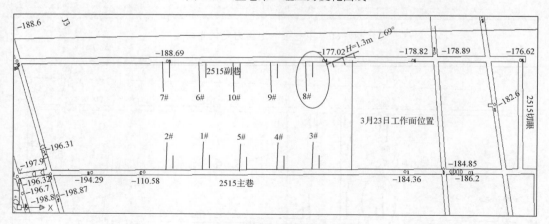

图 6-63　副巷第三组测点分布

（6）副巷第四组。副巷第四组测点，即为 9#测点，如图 6-65 所示。在 3 月 23 日~4 月 2 日撤组时的应力曲线如图 6-66 所示。3 月 23 日工作面距离主巷第四组测点约 73m，工作面位置如图所示；随着工作面的推进，深、浅孔应力曲线在工作面推进过程中均表现较为平稳，深孔应力值基本维持在 6.5MPa 左右，浅孔应力值维持在 0.5MPa 左右，直至 4 月 2 日撤组，工作面距离测点约 43m。

从主巷第四组的应力曲线中并没有观测到明显的超前来压现象，说明 2515 充填工作面的副巷一侧的超前影响范围小于 43m。

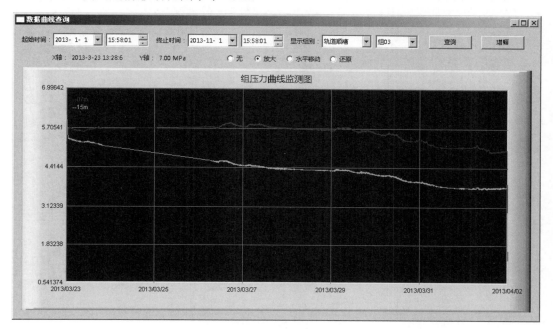

图 6-64　副巷第三组压力变化曲线

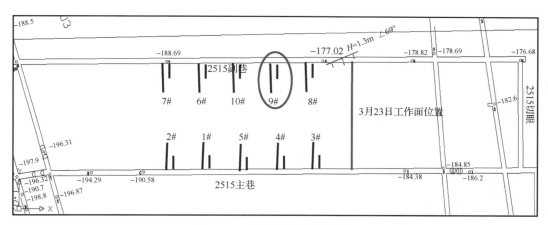

图 6-65　副巷第四组测点分布

(7)副巷第五组。副巷第五组测点即为 10#测点，如图 6-67 所示；在 3 月 23 日，距离工作面 103m，到 4 月 2 日系统断电时，由于其位于工作面超前应力影响范围之外，深、浅应力曲线均呈现平稳趋势，深孔测点应力值维持在 5.9MPa，浅孔应力维持在

5.6MPa，如图 6-68 所示。

　　4 月 23 日恢复供电后，工作面距离副巷第五组煤体测点距离约为 30m，此时可以看到，浅孔应力曲线逐渐下降，深孔应力曲线逐渐上升，说明副巷 30m 范围已经处于工作面超前应力影响范围。由于顶板运动，导致煤体浅部应力向深处转移，浅孔测点应力持续下降到 3.9MPa，深孔测点应力上升到最高 7.1MPa。

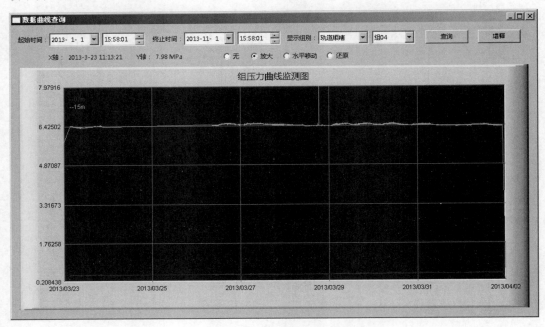

图 6-66　副巷第四组压力变化曲线

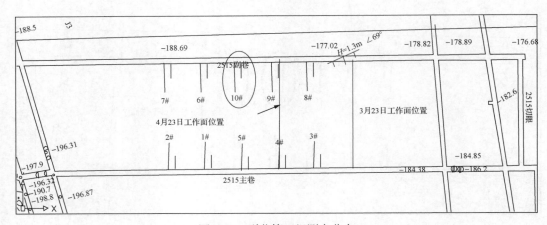

图 6-67　副巷第五组测点分布

　　(8)副巷第一组。4 月 23 日，系统正常监测时，工作面距离副巷第一组测点约 60m，如图 6-69 所示。深浅孔压力曲线基本平缓，深孔压力值约为 3.5MPa，浅孔压力值约为 5.1MPa。从 5 月 5 日起，副巷第一组应力测点深、浅孔应力值开始缓慢增加，此时工作

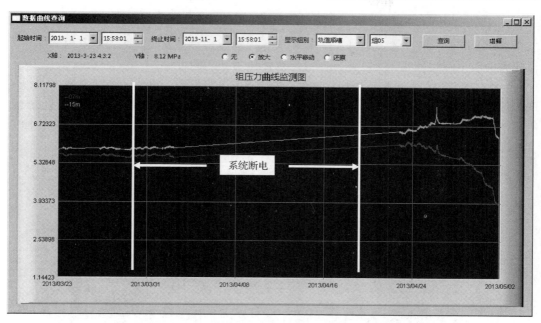

图 6-68　副巷第五组压力变化曲线

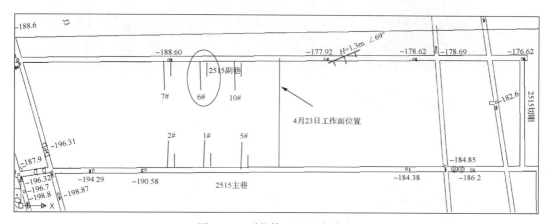

图 6-69　副巷第一组测点分布

面距离副巷第一组测点约 35m，其中深孔应力增加较为缓慢，最大值为 3.7MPa，浅孔应力增加较为迅速，最大值为 6.6MPa。该特点与现场测点附近煤体性质有关，如果深部煤体较为破碎，在受到超前压力影响时，破碎的煤体内部压力上升不明显，而浅部较为完整的煤体有明显的压力上升过程，如图 6-70 所示。

　　5 月 17 日，副巷第一组浅孔测点应力上升到最大值之后，经历了短暂的微小下降后，在晚 22 点到次日凌晨 1 点的时间内，迅速降低，最大值减小了约 1MPa，该现象说明工作面浅部煤体在超前应力影响下，发生突然破坏，应力骤降，之后受超前应力影响，被破坏的煤体内部重新积聚能量，压力再次升高。5 月 19 日，副巷第一组应力测点撤组，此时工作面距离该测点约 6m。

(9)副巷第二组。副巷第二组测点是在 2013 年 4 月 23 日左右完成的安装。从 4 月 24 日~5 月 17 日，应力值均在下降，说明煤体内部应力小于安装时应力测点内部油压，该应力曲线下降过程是压力枕内部压力与煤体压力平衡的过程。

5 月 23 日开始，深孔应力小幅增加，浅孔应力下降后逐渐升高，与深孔应力曲线呈现相反趋势，此时工作面距离副巷第二组距离约为 32m，如图 6-71 所示。受到超前应力影响，副巷第二组位置煤体浅部应力向深部转移，导致浅孔应力减小，深孔应力增加。

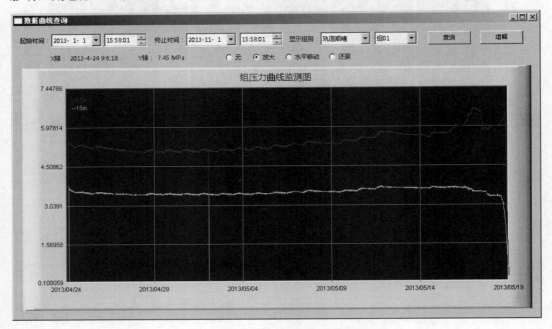

图 6-70　副巷第一组压力变化曲线

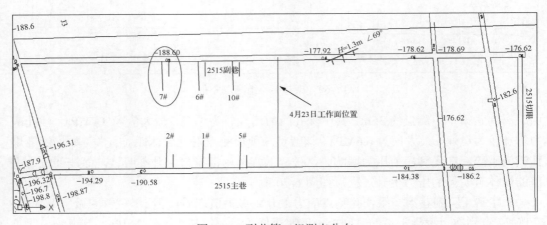

图 6-71　副巷第二组测点分布

由副巷各组的应力曲线可以看出(图 6-72)，副巷一侧煤体受到超前应力影响的距离为 30~35m，其中，深部煤体受超前影响时间早于浅部煤体，所测得的最大距离约为 40m。

根据上述监测数据，对比两个巷道各组测点的压力变化曲线，可以得到以下结果。

(1)主巷第三组煤体应力测点经历了进入超前影响范围的过程，但从其应力曲线中并没有观测到明显的超前来压现象，一方面可能由于第三组测点煤体较为松软破碎，其煤体应力增加不如单体支柱应力增加明显，另一方面也说明了超高水包体充填对于控制顶板，减小超前影响效果较为显著。

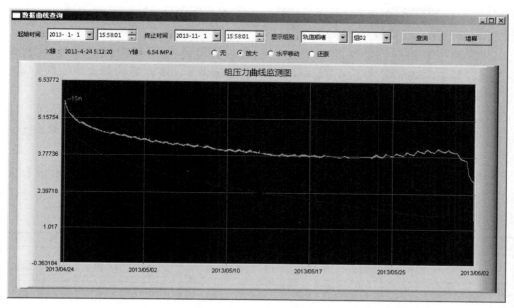

图 6-72　副巷第二组压力变化曲线

(2)3 月 23 日工作面距离主巷第四组测点约 60m，未进入超前影响范围之内；随着工作面的推进，深、浅孔应力曲线在工作面推进过程中均表现较为平稳，直到 4 月 2 日撤组，工作面距离测点约 35m，应力曲线中没有观测到明显的超前来压现象，充分说明 2515 充填工作面主巷一侧超前影响范围小于 35m。随着工作面推进，从 5 月 5 日开始，主巷第一组浅孔应力值开始缓慢增加，此时工作面位置距离应力测点约 25m；2013 年 5 月 16 日左右开始，主巷第二组深孔测点的压力值出现缓慢上升，此时工作面距离第二组测点大约 33m。从上述分析可以看出，2515 工作面距离煤帮较深处的超前影响范围约为 25m。

由上面分析可知，2515 超高水袋式充填工作面超前影响范围在主巷侧约为 25m。但根据主巷第二组深孔测点在工作面推进过程中的表现，可以看出 2515 工作面超前影响范围在浅部和深部有一定的区别，深部区域受超前影响时间稍早于浅部区域。

(3)随着工作面推进，从 3 月 29 日开始，副巷第三组浅孔应力值开始缓慢降低，此时工作面位置距离应力测点约 30m；副巷第三组深孔应力值从 3 月 24 日开始缓慢降低，距离工作面约为 40m，之后的表现与浅孔应力测点一致。受到超前应力的影响，工作面前方煤体内部发生应力的转移，部分区域应力升高，相应的另一些区域应力出现降低，都是超前影响的表现。从副巷第三组深、浅孔应力曲线的表现来看，副巷一侧受超前影响的范围稍大于主巷侧，且深部受超前影响要早于浅部。

　　从主巷第四组的应力曲线中并没有观测到明显的超前来压现象,说明 2515 充填工作面的副巷一侧的超前影响范围小于 43m。工作面距离副巷第五组煤体测点距离约为 30m 时,浅孔应力曲线逐渐下降,深孔应力曲线逐渐上升,说明副巷 30 m 范围已经处于工作面超前应力影响范围。从 5 月 5 日起,副巷第一组应力测点深、浅孔应力值开始缓慢增加,此时工作面距离副巷第一组测点约 35m。从 5 月 23 日开始,受到超前应力影响,副巷第二组位置煤体浅部应力向深部转移,导致浅孔应力减小,深孔应力增加,此时工作面距离副巷第二组距离约为 32 m。

　　由副巷各组的应力曲线可以看出,副巷一侧煤体受到超前应力影响的距离为 30~35m,其中,深部煤体受超前影响时间早于浅部煤体,所测得的最大距离约为 40m。

　　2) 充填体测点应力监测

　　充填体测点在 2013 年 3 月 23 日及 4 月 23 日分别安装完毕。充填体测点位于工作面后方,安装位置在综采支架后挡板下方,采用预先埋入的方法。充填袋将置于充填体测点之上,因此安装之后,可以监测充填袋的受力情况。

　　(1) 主巷第一组充填测点。3 月 23 日充填体测点按计划放入 2515 充填工作面综采支架后挡板下方,打入微弱的初压将压力盒撑起,在充填袋置入采空区后,主巷第一组充填体测点分布,如图 6-73 所示。测点初期压力变化曲线,如图 6-74 所示。

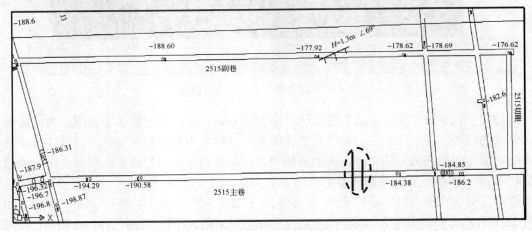

图 6-73　主巷第一组充填体测点分布

　　主巷第一组充填体测点后期压力变化曲线,如图 6-75 所示。

　　主巷第一组充填体应力测点在安装后的几天内,应力未出现明显增减。3 月 27 日后,其深孔应力计出现压力猛然增高到接近 30 MPa 满量程,由此可以断定,深孔应力计在充填区域内发生损坏出现短路,失去监测意义。浅孔应力计压力一直维持在安装初期的状态,未出现断路情况,证明浅孔位置应力计状态良好,但未监测到压力上升的现象。

　　(2) 副巷第一组充填测点。副巷第一组充填体测点放入 2515 充填工作面综采支架后挡板下方,打入微弱的初压将压力盒撑起,在充填袋置入采空区后,副巷第一组充填体测点应力曲线如图 6-76 所示。图 6-77 所示为测点安装初期压力变化曲线。由图可见,在充填体应力计安装到充填区域内部时,基本保持平缓。

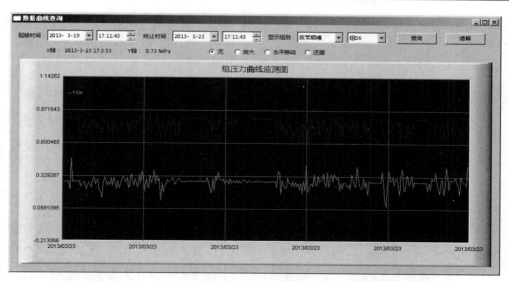

图 6-74 主巷第一组充填体测点安装初期压力变化曲线

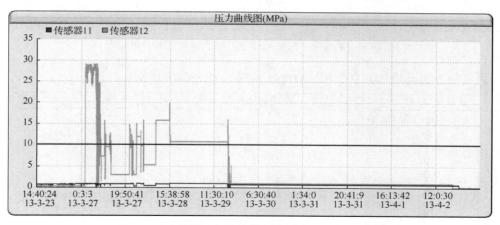

图 6-75 主巷第一组充填体测点后期压力变化曲线

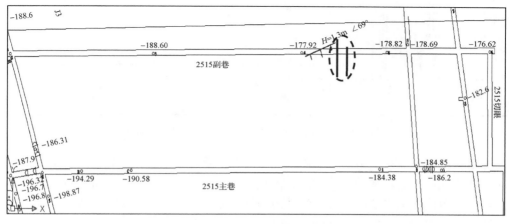

图 6-76 副巷第一组充填体测点分布

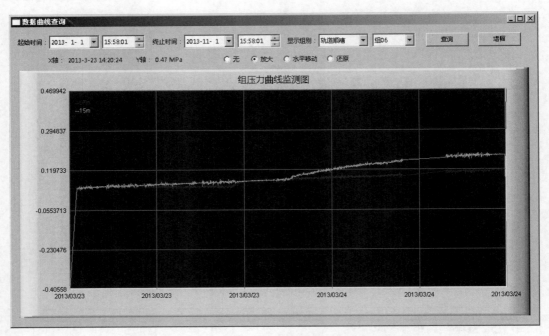

图 6-77　副巷第一组充填体测点安装初期压力变化曲线

副巷第一组充填体测点后期压力变化曲线，如图 6-78 所示。

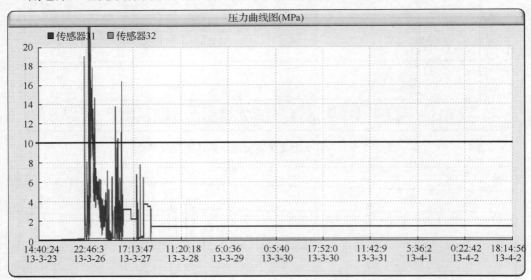

图 6-78　副巷第一组充填体测点后期压力变化曲线

　　充填体应力测点在安装后的监测初期，应力未出现明显增减。3 月 26 日前后，其浅孔应力计出现压力猛然增减，最大应力值接近满量程，可知浅孔应力计在充填区域内发生损坏出现短路，失去监测意义。深孔应力计压力一直维持在安装初期的状态，未出现断路情况，证明深孔位置应力计状态良好，但未监测到压力上升的现象。

　　(3)主巷第二组充填测点。4 月 23 日充填体测点按计划放入工作面综采支架后挡板下方，在充填袋置入采空区后，主巷第二组充填体测点分布如图 6-79 所示，测点安装初期压力变化曲线如图 6-80 所示。主巷第二组充填体应力测点在安装后的几天内，应力未出现明显增减。

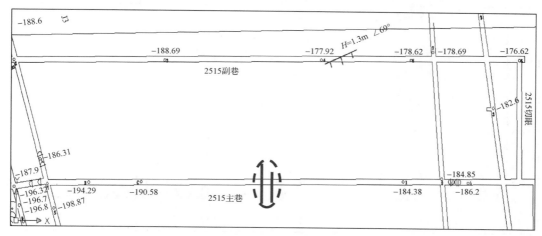

图 6-79　副巷第一组充填体测点分布

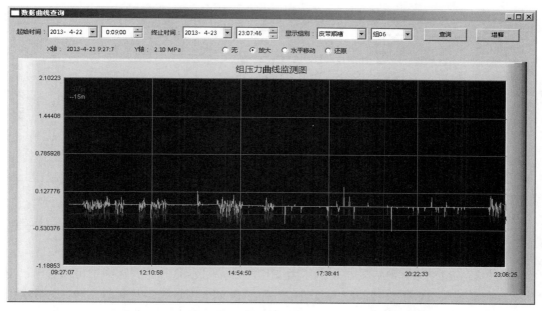

图 6-80　主巷第二组充填体测点安装初期压力变化曲线

　　主巷第二组充填体测点后期压力变化曲线如图 6-81 所示。充填体应力测点在安装后的监测期内，应力计压力均一直维持在安装初期的状态，未出现断路情况，证明深、浅孔位置应力计状态良好，但未监测到压力上升的现象。

　　(4)副巷第二组充填测点。4 月 23 日副巷第二组充填体测点分布如图 6-82 所示。在充填袋置入采空区后，应力变化曲线如图 6-83 所示。

　　在安装后的当天，浅孔位置应力达到 15MPa，深孔压力无明显变化，此情况可能是由于浅孔位置应力计损坏，出现部分短路或者测点真实压力达到 15MPa。

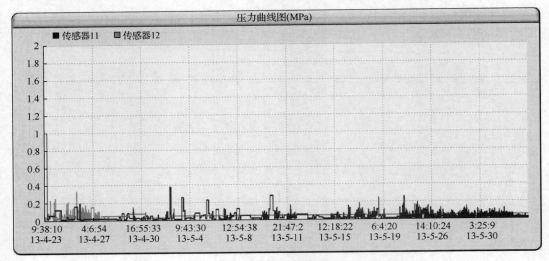

图 6-81　主巷第二组充填体测点后期压力变化曲线

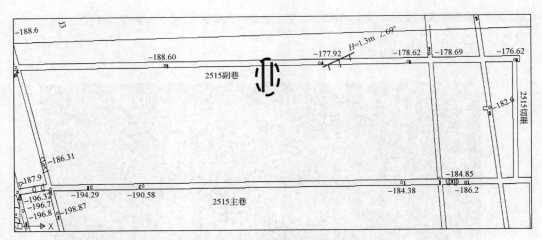

图 6-82　副巷第二组充填体测点分布

　　副巷第二组充填体测点安装初期压力变化曲线如图 6-83 所示，从图中可以看出，浅孔测点在安装后出现了强烈的应力波动，之后在 14MPa 附近稳定且有所上升，说明浅孔测点应力计并非出现短路损坏，而是安装进充填区域的应力计由于受到充填袋传递的来自顶板的压力而呈现出高应力。在安装后 2 天内，由于顶板失去了来自支架的支撑而变形垮塌，其下方的充填袋将此剧烈的应力变化传递到下方应力计内部，之后充填区域顶板基本稳定下沉，充填应力计压力缓慢升高。

　　5 月 1 日左右，应力出现突然升高，达到 24.5MPa，此突变之后应力长期维持在该值，初步考虑为应力计损坏出现短路，如图 6-84 所示。

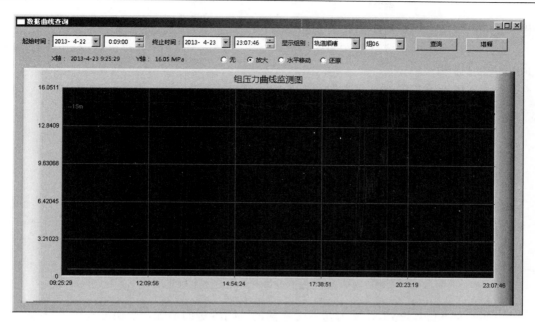

图 6-83　副巷第二组充填体测点安装初期压力变化曲线

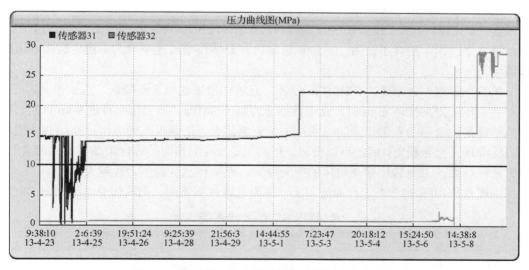

图 6-84　副巷第二组充填体测点后期压力变化曲线

从上述各组充填体应力测点在其有效监测时间内的应力曲线变化状况，特别是副巷第二组浅孔测点的应力状况可以看到，采用超高水材料袋式充填方法，充填袋在采空区中承受了来自顶板的部分矿压，且压力在一定时期内，变化较为缓慢，说明超高水材料充填袋具有承压能力，能够在一定程度上维持采空区域的顶板稳定。

3) 充填体压力变化特征

充填体压力传感器的安装主要是考虑在工作面平行方向和推进方向充填体压力的变化。在推过切眼 50m、120m、200m 处分别安装一组，其中由于 200m 数据传输较差，没有采用，本次主要是对距离切眼 50m 和 120m 处的压力传感器进行分析。

每一组充填压力传感器都在距离巷道 1.5m、13.5m 和 25m 处进行埋设，其中 2515 工作面长度为 61m。

充填体压力沿工作面推进方向和沿工作面方向的变化曲线，如图 6-85 所示。

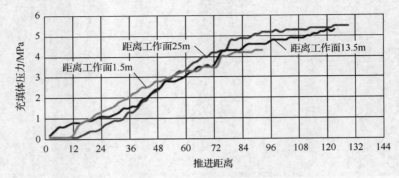

图 6-85　沿工作面推进方向充填体压力变化

由图 6-85 可知，充填体压力随着工作面的不断推进而增加，增加过程较为平缓，没有出现台阶式的变化，说明顶板对充填体整体施压。

充填体受力基本分为以下三个过程：

第一个过程，距离工作面 0~20m 范围内，充填体增压速率较小，测点距离越远越明显。

第二个过程，距离工作面 20~50m 范围内，充填体增压速率增大，测定距离巷道越远越明显。

第三个过程，在距离工作面 50m 以外，充填体增压速率逐渐降低，直到平衡。

当工作面向前推进 60m 时，充填体的压力仅为 3MPa，当工作面推进 96m 以后，压力趋近稳定。说明随着工作面的不断推进，充填体上方的顶板不断下沉，充填体承受的压力逐渐增大直至稳定，因此可以得出，充填体受力与工作面的等价采高有很大的关系，等价采高越大，上覆岩层移动破坏的空间越大，充填体承受的压力也越大。

由图 6-86 可知，在沿工作面方向上，距离巷道位置不同，充填体受力也不同；充填

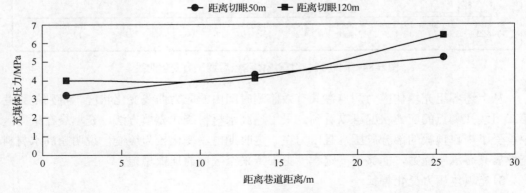

图 6-86　沿工作面方向充填压力分布

体受力逐渐增高,靠近工作面中心压力最大,这也说明了充填体的承载特性;随着工作面的不断推进,工作面中间的压力盒压力有所上升,并趋于稳定。

4) 微地震监测

第一,定位结果投影展示。

亨健煤矿 2515 工作面 4~6 月(截止日期为 6 月 17 日)的单月微地震事件水平投影图,如图 6-87~图 6-89 所示,图中虚线区域为微地震监测到的超前破裂范围,箭头代表推采方向。

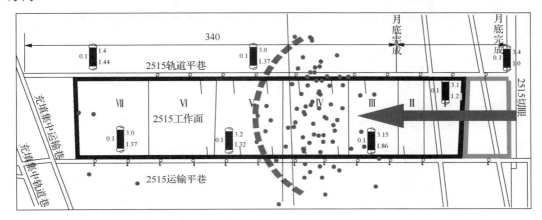

图 6-87　工作面 4 月定位结果水平面投影

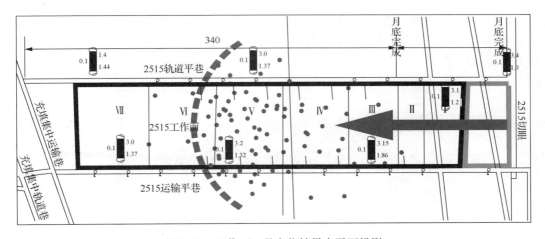

图 6-88　工作面 5 月定位结果水平面投影

从平面图上可知,2515 充填工作面的超前破裂范围与应力在线系统监测的结果基本一致,连续三个月开采的超前破裂范围基本为面前 20~30m。

虚线划出了推采过程中,受采动影响逐步推进的面内顶板破裂事件,随着工作面的推进,其呈现均匀稳步向前发展的趋势;破裂事件主要集中在当月开采区域内部,分布较为均匀,没有在某一特定区域出现异常集中,说明超高水袋式充填开采过程中,煤体

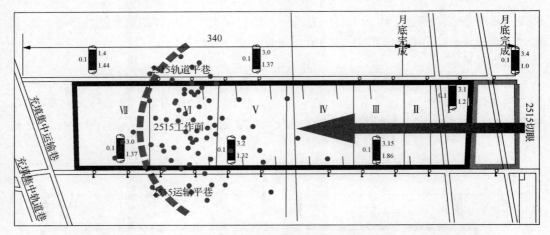

图 6-89　工作面 6 月定位结果水平面投影

采出—充填体充入—顶板破裂下沉—顶板压力转移的整个采空区顶板控制循环是正常运转的。

在工作面后方的充填区域内部，监测到了少量微地震事件，说明在充填体充入后的一段时期内，顶板依然有部分运动，其与充填袋之间的相互作用直到形成平衡稳定结构有一定的时间跨度。从收到的微地震事件来看，运动平衡的时间跨度不超过一个月，早于此时间跨度形成的充填区域内部，基本没有监测到可被系统检波器识别的岩层运动事件。

图 6-90～图 6-92 为 4~6 月的单月微地震事件定位结果走向剖面投影图，图中椭圆区域为微地震事件集中区，即岩层破裂区。从图中可以看出，破裂区域主要集中在工作面内部顶板 40m 范围内。

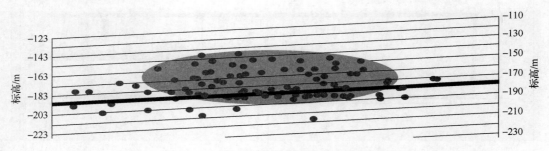

图 6-90　工作面 4 月定位结果走向剖面投影

图 6-93 所示为工作面 4~6 月定位结果走向剖面投影汇总图，纵观三个月的破裂范围，可以看出，随着工作面推采逐步推进，顶板破裂范围并没有扩大趋势，说明 2515 工作面进行的高水材料袋式充填有效地阻止了顶板破裂范围进一步扩大。

从图 6-93 还可看到，工作面底板的集中破裂区域主要分布在底板向下 10m 范围内，未见更深区域的破裂集中事件。

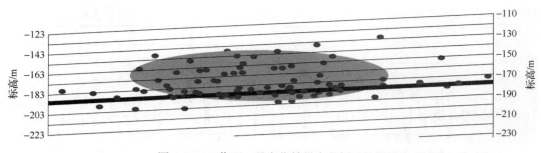

图 6-91　工作面 5 月定位结果走向剖面投影

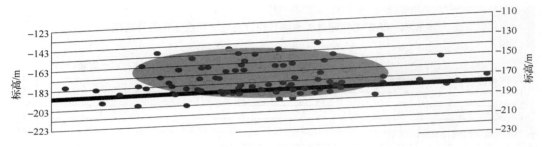

图 6-92　工作面 6 月定位结果走向剖面投影

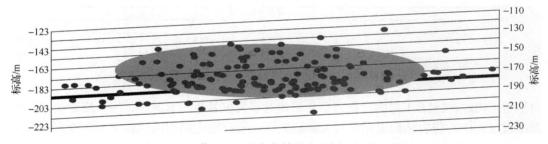

图 6-93　工作面 4-6 月定位结果走向剖面投影汇总图

综上可得，随着工作面的推采，顶板破裂高度和底板破裂深度没有进一步增加，体现了充填材料对顶板破裂高度和底板破裂深度的控制作用。

第二，微震事件发生频次。

图 6-94 和图 6-95 分别为某矿工作面和 2515 工作面微震事件日释放能量、频次变化趋势曲线。其中，某矿工作面采用完全垮落法处理采空区。

从图 6-94 和图 6-95 可以看出，某矿工作面日发生微震事件的频次平均为 10~15 次，当工作面见方时，微震事件发生频次最高可达 25 次以上，此时释放的能量也达到峰值，约为 32000J；对于 2515 工作面而言，在工作面推进过程中，工作面日微震事件发生频次相对比较小，平均为 6~10 次，最高发生频次不超过 20 次，整体基本没有出现强烈变化，释放的能量峰值不超过 18000J。

由此分析可知，相比某矿工作面(即未采用充填法处理采空区的工作面)而言，2515工作面微震事件日发生频次明显减小，说明超高水袋式充填开采过程中，工作面围岩结

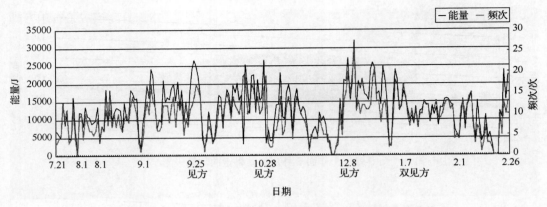

图 6-94　某矿工作面微震事件日释放能量、频次变化趋势曲线

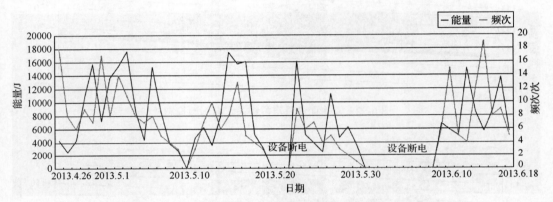

图 6-95　2515 工作面微震事件日释放能量、频次变化趋势曲线

构稳定；同时，2515 工作面日微震事件发生时释放能量也明显减小，进一步表明在工作面推进过程中，覆岩结构未发生较大断裂破坏，没有发生剧烈的回转下沉，没有出现周期来压现象。

第三，微地震监测三维破裂范围分析。

亨健煤矿 2515 工作面 2013 年 4~6 月监测到的微地震事件共计 312 件，图 6-87~图 6-93 为亨健煤矿 4~6 月生产中岩层破裂的平面剖面和走向剖面投影图，可以得到以下几个方面的结论。

(1)随着工作面的推进，受采动影响的面内顶板破裂事件呈现均匀稳步向前发展的趋势，来自顶板的压力持续有效地向前方传递，在面内没有出现大的应力集中区域。

(2)微地震系统监测到 2515 充填工作面的超前破裂范围与应力在线系统监测的结果基本一致，连续三个月开采的超前破裂范围基本为面前 20~30m。

(3)破裂事件主要集中在当月开采区域内部，分布较为均匀，没有在某一特定区域出现异常集中，说明超高水袋式充填开采过程中，煤体采出—充填体充入—顶板破裂下沉—顶板压力转移的整个采空区顶板控制循环是正常运转的。

(4)在工作面后方的充填区域内部，监测到了少量微地震事件，说明在充填体充入后的一段时期内，顶板依然有部分运动，其与充填袋之间的相互作用直到形成平衡稳定结构有一定的时间跨度。从收到的微地震事件来看，运动平衡的时间跨度不超过一个月，早于此时间跨度形成的充填区域内部，基本没有监测到可被系统检波器识别的岩层运动事件。

（5）微地震系统监测到的破裂区域主要集中在工作面内部顶板 40m 范围内，且随着工作面推采逐步推进，顶板破裂范围并没有扩大趋势，说明 2515 工作面进行的高水材料袋式充填有效地阻止了顶板破裂范围的进一步扩大。

（6）工作面底板的集中破裂区域主要分布在底板向下 10m 范围内，未见更深区域的破裂集中事件。

第7章 袋式充填开采覆岩控制机理及关键要素

超高水材料充填开采主要形成了袋式和开放式两种成熟的充填开采方式，其中袋式充填开采应用较多。本章系统分析了超高水材料大采高长壁袋式充填开采地表沉降的影响因素，研究了工作面推进速度、充填率对围岩破裂高度、地表下沉速度及下沉量的影响特征，揭示了袋式充填开采覆岩控制机理及充填参数与顶板破裂的多参量相关关系。

7.1 袋式充填开采覆岩结构特征

7.1.1 充垮开采覆岩结构对比

1. 完全垮落法覆岩活动特征

传统采煤主要是利用长壁垮落式采煤法来控制顶板，该方法主要是考虑开采时，各种顶板及底板的破坏对回采空间的影响，长壁垮落式采煤法可以较好地保护在回采空间内工人作业及采煤机械的安全。

采用传统开采方式开采后，采场覆岩形成垮落带、裂隙带和弯曲下沉带。采场上覆岩层的"砌体梁"结构模型如图 7-1 所示。图中 Ⅰ 为垮落带，Ⅱ 为裂隙带，Ⅲ 为弯曲下沉带，A 为煤壁支撑影响区(a-b)，B 为离层区(b-c)，C 为重新压实区(c-d)。"砌体梁"假说给出了破断岩块的咬合方式及其平衡条件，同时还讨论了到顶破断时在岩体中引起的扰动；很好地解释了采场矿山压力显现的规律，为采场矿山压力控制及支护设计提供了理论依据。此假说结合现场观测和生产实践的验证已得到公认。

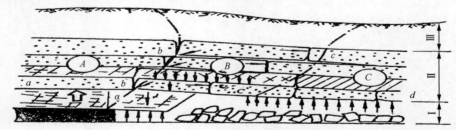

图 7-1 采场上覆岩层"砌体梁"结构

A—煤壁支撑影响区(a-b)；B—离层区(b-c)；C—重新压实区(c-d)；α—支撑影响角

Ⅰ—垮落带；Ⅱ—裂缝带；Ⅲ—弯曲下沉带

传统垮落法开采导致煤层上覆岩层下沉破断，进而对地表生态环境和建(构)筑物造成破坏，因此，为了保护地表生态环境，长壁垮落式采煤法需要进一步改革和发展。

2. 充填开采覆岩活动特征

充填开采控制覆岩移动的基本原理是将充填材料充填到采空区，控制采场覆岩的破坏、移动和变形，减小地表的沉陷，保护地表构筑物。充填开采减少了采场上覆岩层向下移动的空间，使上覆岩层得到有效的支撑。

如图 7-2 所示，充填开采改变了架后顶板的支护状态，大大减少了自由空间，使上覆岩层活动范围大大减少。由于覆岩活动空间大幅减少，大大降低了矿压显现和岩层移动的剧烈程度。

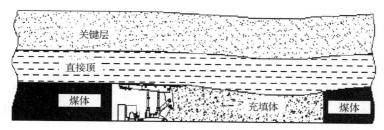

图 7-2　充填开采覆岩活动情况

其控制关键是要让尽量多的充填材料充填到采空区，最大限度地减少上覆岩层移动的空间。如果采场控制不好，使充填前的顶板下沉量过大，那么充填率就会变小，上覆岩层的移动空间就相应地增大并扩展到地表，造成地表变形过大，最终达不到充填设计要求。

覆岩移动破坏随充填开采的质量(体现为充填率、充填体的压缩性能)变化而变化。在相同的充填材料下，充填率越高，其上覆岩层移动和破坏的空间就越小；当充填率小到一定程度时，直接顶发生破断，上覆岩层的移动和破坏将会加剧。

7.1.2　袋式充填开采覆岩控制要素

根据超高水材料充填开采岩层移动的特点(图 7-3)，将超高水材料充填开采分为以下三个控制阶段。

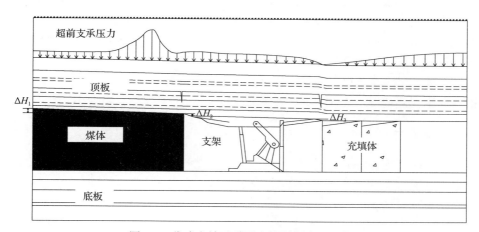

图 7-3　袋式充填开采覆岩控制各阶段示意

ΔH_1—煤壁前方区域的顶底板移近量；ΔH_2—支架控顶区域的顶底板移近量；ΔH_3—已充区域顶底板移近量

（1）煤壁前方顶板下沉量。此部分包括超前应力对顶板、煤层、底板的压缩量，也包括工作面巷道变形，但其主要是顶底板移近量，记为 ΔH_1。

（2）支架控顶区域的顶底板移近量。此部分包括支架-顶板的整体变形、支架后顶梁厚度、充填未接顶量和支架降架压缩等。同样体现在顶底板移近量，记为 ΔH_2。

（3）已充区域顶底板移近量。此区域进入充填体支护范围，主要包括充填体的压缩量和浮煤压缩量等，记为 ΔH_3。

1. 煤壁前方区域的顶底板移近量

完全垮落法开采时，上覆岩层所形成的结构为半拱形结构，煤壁对上覆岩层的支撑占主要地位，承担了采煤空间上悬岩层的重量，因此煤壁前方的支承压力较大，如图 7-4 所示。其中，最大支承压力为 $K\gamma H$，K 表示应力集中系数，与围岩情况、采高、煤质等有关，当采用完全垮落开采，采高为 3.5m 时，$K > 3$。

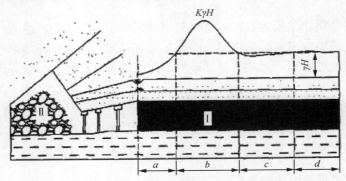

图 7-4　超前支承压力示意图

I—煤层；II—充填区域

充填开采时，由于上覆岩层破坏范围较小，并且后方充填体有效地对上覆岩层形成的压力拱进行支撑，因此前方支承压力集中系数较小，一般为 1.4 左右。

超前支承压力对煤壁进行了压裂，形成了塑性变形，导致前方区域的顶板有一定量的下沉，该变形属于不可逆变形。

除此以外，超前巷道也受到支承压力影响，进而变形。这两部分变形基本不可控制，但是根据矿压观测情况，充填开采时变形不显著，对充填效果影响很小。

2. 支架控顶区域的顶底板移近量

1）控顶区域顶底板移近量计算

根据控顶区域充填工作面每米推进度的顶板移近量经验公式可知，顶底板移近量与支护强度、采高等的关系密切：

$$s = 200 \times \left[\left(1 - k_f \right) M \right]^{\frac{3}{4}} \left(\frac{340}{P} + 0.30 \right) \bigg/ H \frac{1}{4}$$

式中，s 为每米推进度顶板下沉量，mm/m；k_f 为充填系数，当采用冒落法开采时，$k_f = 0$；当采用风力充填法开采时，$k_f = 0.5$；当采用水砂充填法开采时，$k_f = 0.8$；当采用超高水材料充填时，$k_f = 0.9$；M 为采高，m，公式适用范围 0.8 m $< M <$ 3.5m；H 为开采深度，m，公式适用范围 100m $< H <$ 1000m；P 为每米支护阻力，kN/m，公式适用范围 200kN/m $< P <$ 2600kN/m。

2）支架顶梁厚度

充填支架示意图如图 7-5 所示。支架后方，后顶梁主要承载充填区域顶板压力，因此对该后顶梁的强度和刚度有一定要求，根据目前材质水平，后顶梁的平均厚度为 75mm 左右。

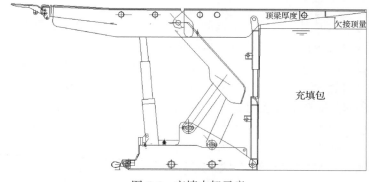

图 7-5　充填支架示意

3）欠接顶量

在充填技术、工艺等因素的影响下，充填完毕后，充填体不能完全充满采空区，即充填体与支架顶梁之间存在一定量的间隙，此间隙称为充填欠接顶量。

但是由于超高水材料充填浆体流动性较好，欠接顶量有时会被下一循环的充填体所填充，这也在一定程度上减小了本次充填的欠接顶量。随着工人的操作能力和管理重视程度的提高，欠接顶的状况能够得到较大的改善。

3. 已充区域顶底板移近量

煤层开挖后，破坏了原有的原岩应力的平衡状态，使采场的围岩应力重新分布，这些力直接或间接地作用在充填体上后，充填体会产生弹塑性变形，这时其支撑性能会有所变化。这种变化不同于金属矿山的充填体失稳，不会产生滑动和垮落，只是充填体的承载能力受到影响而有所下降。这种承载能力的下降，一是体现在各充填袋之间和两巷煤壁间存在着间隙，充填体过早承受超过自身即时强度的载荷时会向前述的间隙发生形变；二是充填体中的液态水尚未完全形成钙矾石结晶体时有较多的游离水存在，或是因材料本身质量问题存在泌水问题，承载时部分游离水会被压出，表现为充填体压缩量的增高，造成充填区域上覆岩层整体下沉增大，最终体现在顶底板移近量上。

充填体对围岩产生反作用力，改善了围岩的应力状态，阻止了围岩应力差的增高，相对提高了充填开采条件下围岩自身的强度和承载能力，使其移动受到了限制，变形得到了缓减，同时，覆岩移动产生的应力集中显现通过充填体支撑体系转移到煤层底板深处。因此，有效地防止了覆岩的整体失稳，减弱了工作面的矿压显现。

根据实验室试验结果，超高水材料充填体在受力的情况下，其承载性能与采深、充填体自身性能有很大关系

7.2　袋式充填开采"支架-围岩"作用关系

7.2.1　袋式充填工作面需控围岩

1. 袋式充填工作面需控围岩组成

采场中一切矿压显现的根源，是采动引起的上覆岩层运动。上覆岩层包括直接顶和基本顶，也是综合机械化开采中液压支架的需控岩层。

根据上覆岩层的岩性、厚度、层位关系及构造情况不同，其运动规律也不相同。通过分析超高水材料袋式充填开采工艺的采场围岩结构，可以将该工艺下支架需控岩层划分为冒落直接顶 Z、不稳定直接顶 B 及高位基本顶 E 三部分，如图 7-6 所示。

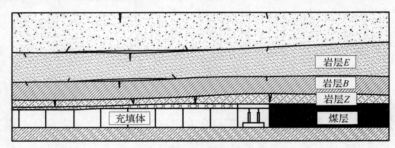

图 7-6　袋式充填工作面需控岩层结构组成

冒落直接顶 Z：随着工作面的推采，在充填之前即发生冒落的顶板，在支架-围岩关系计算中，仅存在于支架顶梁上方，属于直接顶。由于冒落带岩层在煤壁前方已经完全断裂，在支架后方则完全垮落，无悬顶，无法接触采空区内的矸石(或充填袋)以传递重量，因此支架需要承担来自该岩层的全部作用力。

不稳定直接顶 B：在工作面推采过程中，动态的跨架于凝固充填体与煤壁之间，随着回采—充填流程的波动而破坏乃至冒落的岩层。根据充填工艺与岩层状态参数不同，其厚度会发生变化。由于超高水材料在凝固前基本不具备承载能力，因此考虑 B 的跨度 L_B 时，需要从超高水材料发生初凝时的位置开始计算。在悬顶时，该岩层自身有一定的承载能力，其作用力无须支架全部承担，悬顶断裂后，在沉降过程中，考虑其下方充填袋未形成承载能力的极端危险情况，支架必须承受悬顶的全部重力。

高位基本顶 E：位于直接顶上方，在工作面推采过程中发生剧烈运动，其重量由前方煤壁和后方采空区硬化的充填体共同支撑。根据基本顶的定义，支架需要承担部分来自基本顶的作用力。

2. 需控围岩变化特征

在超高水材料袋式充填开采条件下，Z、B、E 三个不同层位的岩层会随着充填工艺、现场条件及充填质量发生变化。

由于 Z 岩层是冒落直接顶，不会形成悬顶结构，因此支架需要承担来自该岩层的全部作用力。

对于 B 岩层，从严格意义讲是属于直接顶范围，因为推采过程中该部分围岩不会随着移架及时冒落，会形成悬顶。而悬顶断裂后，其后方充填体若未形成承载能力，则该部分岩层的重量需要由支架全部承担。

对于 E 岩层，该部分岩层能够在充填体和煤壁之间形成结构，从而将自身及其上部受到的载荷分担出去，因此下方支架只需要承担部分来自该部分岩层的重量。

根据对三种岩层受力状态的分析，可以看出，直接顶比较破碎，充填不够及时，发生漏顶、冒顶等现象时，不能形成悬顶的岩层范围将增加，导致上覆岩层破裂范围增大，Z 厚度将增大，与此同时 B 厚度也将增加；在充填及时，充填体形成承载能力时间较早，充填率较高的情况下，冒落层 Z 的厚度将减小，而 B 层的跨度和厚度均将减小。

因此，袋式充填工作面需控岩层的变化特征如：①充填效果较好时，冒落直接顶 Z 厚度减小，不稳定直接顶 B 厚度与跨度均减小，下方支架所受载荷减小；②充填效果较差时，工作面易发生漏顶、冒顶等现象，冒落直接顶 Z、不稳定直接顶 B 厚度均增加，下方支架所受载荷增大。

7.2.2 袋式充填工作面"支架-围岩"关系

为了保证采煤工作的安全正常进行，需要用支架在靠近煤壁处维护出一个不大的空间作为工作空间(包括机道、人行道和材料道等)。要完成这个目标，需要进行合理的支架选型，其中非常重要的一点是支护强度的计算(其余还包括初撑力、移架阻力、推溜力、支架高度和顶梁长度等)。

1. 袋式充填工作面支架支护强度准则

支护强度是指单位面积上支架给予顶板的支撑力。从安全角度出发，除易碎直接顶采场外，支护强度是越大越好。但从经济角度出发，应该在保证安全的前提下，尽可能减小支护强度，因为支护强度的提高是以增加材料的投入为代价的。既安全又经济的支护强度称为合理的支护强度。由此也可以看出，针对不同的控制要求，支护强度是不同的。

合理的支护强度应该能杜绝下列顶板事故：剪切冒落、滑动冒落、冲击冒落。应该尽可能抑制下列顶板压力显现：台阶下沉、破碎、离层、大悬顶、冲击载荷。

目前，现场计算支护强度主要采用岩重法，但其结果是基于估算，与现场条件结合不紧密。比岩重法确定支护强度更为理性的方法是支架-围岩关系理论。人们通过实验室和现场的调压试验，很早就提出了顶板下沉量与支护强度之间存在双曲线关系(图 7-7)。该关系指出，要减小顶板下沉量，就必须以提高支护强度为代价。

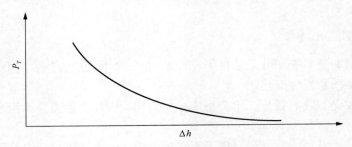

图 7-7　支架-围岩的双曲线关系

根据支护强度准则，确定经济合理的支护强度。支护强度准则一般分为"支"的准则和"防护"准则两个方面，本书仅考虑工作面在正常推进阶段"支"的准则。

(1) 正常推进阶段"支"的准则：①在类拱结构采场，防止类拱在煤壁处切落。②在梁式结构采场，防止基本顶来压时出现大的台阶下沉和冲击。③在多岩层结构采场，防止上位岩梁对下位岩梁的冲击。④防止支架压死。

(2) 力学保证条件：①类拱结构采场保证支架能够支住直接顶和悬跨度一半的重量。②支架在给定变形状态工作时，必须能支住直接顶并能承担部分基本顶的作用力，以减缓基本顶的来压速度。③支架在限定变形状态下工作时，必须能支住与要求控制的下沉量 Δh_i 对应的基本顶悬顶跨度 L_i 的部分及直接顶的全部作用力。

(3) 对于袋式超高水充填工作面，其力学保证条件如下：①对冒落直接顶 Z，由于冒落带岩层在煤壁前方已经完全断裂，在支架后方则完全垮落，直接顶无法接触采空区矸石，因此支架需要承担来自该岩层的全部作用力。②对不稳定直接顶 B，在悬顶时，自身有一定的承载能力，其作用力无须支架全部承担，悬顶断裂后，取最危险情况，即后方充填体未形成承载能力，支架必须承受悬顶的全部重力。③对高位基本顶 E，重量由前方支架和煤壁与后方采空区内硬化后的充填体共同支撑，支架需要承担要求控制的下沉量 Δh_i 对应的部分来自基本顶的作用力。

2. 各部分围岩对支架的作用力计算

充填开采过程中，支架除平衡覆岩作用力之外，还需要控制顶板下沉变形。因此，支架必须承载冒落直接顶 Z 与不稳定直接顶 B 的全部作用力，以及与要求控制的下沉量所对应的高位基本顶 E 的悬顶跨度的部分作用力。根据上述分析，建立正常推进阶段袋式超高水充填工作面各部分岩层对支架的作用力计算公式，以下是公式计算过程。

冒落直接顶 Z 难以形成悬顶结构，此时该部分岩层作用到支架的载荷 P_Z 来源于其自身重量，即

$$P_Z = M_Z \gamma$$

对于不稳定直接顶 B 而言，最危险的情况是，在充填体形成承载能力之前，此部分岩层悬顶发生断裂。考虑到充填开采条件下直接顶悬顶以长悬顶结构为主，因此，此情况下该部分岩层作用到支架的载荷 P_B 为

$$P_B = M_B \gamma \left(1 + \frac{L_S}{L_K} \right) = \frac{M_B \gamma L_B}{L_K}$$

支架支撑高位基本顶 E 时处于"限定变形"状态，当岩层达到最终位态时，顶板最大下沉量为 Δh_A，此时，高位基本顶 E 作用到支架的最大载荷 P_E 为

$$P_E = \frac{M_E \gamma C \Delta h_A}{K_T L_K \Delta h_i}$$

支护强度 P 为

$$P = P_Z + P_B + P_E = M_Z \gamma + \frac{M_B \gamma L_B}{L_K} + \frac{M_E \gamma C \Delta h_A}{K_T L_K \Delta h_i}$$

式中，M_Z、M_B、M_E 分别为冒落直接顶 Z、不稳定直接顶 B、高位基本顶 E 的厚度，m；γ 为岩层平均容重，kN/m³；L_S 为不稳定直接顶 B 的悬顶长度，m；L_B 为不稳定直接顶 B 的跨度，m；L_K 为控顶距，m；C 为周期来压步距，m；Δh_i 为要求控制的顶板下沉量，mm；K_T 为岩重分配系数，其值由直接顶厚度与工作面采高比值 N 决定。

大量研究证明，采空区充填得越实，支架承受的基本顶作用力越小。根据现场控制的经验，一般条件采场的 K_T 可以按表 7-1 选取。

表 7-1　K_T 选取表

N	$N \leqslant 1$	$1 < N \leqslant 2.5$	$2.5 < N \leqslant 5$	$N > 5$
K_T	2	$2N$	$38(N-2.5)+5$	∞

$N \leqslant 1$ 时，表明直接顶很薄，坚硬基本顶来压猛烈，支架必须承担初次来压步距内 1/4 的岩重。如果基本支护达不到要求，则采取特种支护或其他措施。

$1 < N \leqslant 2.5$ 时，表明采空区充填一般，顶板下沉量和来压强度随 N 的增加而线性减小，需承担的基本顶作用力也越来越小。

$2.5 < N \leqslant 5$ 时，表明采空区基本充填满，几乎可以不考虑基本顶的作用力。

$N > 5$ 时，表明垮落直接顶与基本顶接实，支架可完全不考虑基本顶的作用力。

根据 N 的定义，N 为工作面直接顶厚度与采高之比，对于充填工作面，此处的采高应当为等效采高，即真实采高减去有效充填高度。

$$N = \frac{\text{直接顶}}{\text{等效采高}} = \frac{M_Z M_B}{H - Y}$$

式中，H 为工作面采高；Y 为有效充填高度，单位均为 m。

根据支架支护强度计算公式，画出支架围岩关系曲线，如图 7-8 所示。

图 7-8 中 de 段区域代表支架支撑不住直接顶的重量，为支架工作状态非法区；cd 段为拱梁或者类拱结构分层压实工作段；矩形框区域为支架正常工作区，该区域内的曲线（如 bc）对应的支架状态为支架限定变形的工作段；P_1、P_2、P_3 分别对应三种工况条件下的顶板位移量 Δh_1、Δh_2、Δh_3。

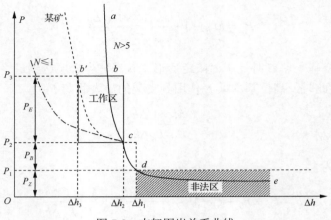

图 7-8　支架围岩关系曲线

由此可见，当充填工作面 N 大于 5 时，支架基本上不支撑上位基本顶的作用力，在此情况下如果增加支架的强度，支架将处于支围关系曲线的 ab 段，对控制顶板下沉量极不明显。

综上，可以得到袋式超高水充填支架强度设计公式：

$$P = K(P_Z + P_B)$$

式中，K 为安全系数，$K=1.2\sim1.3$。K 的取值原则如下：①工作面推采动压较小时，K 取小值；反之 K 取大值；②充填效果较好时，K 取小值；反之 K 取大值。

7.3　袋式充填开采覆岩控制机理及关键要素

7.3.1　袋式充填开采覆岩控制机理

充填开采覆岩控制基本原理是将充填材料充填至采空区，控制采场覆岩的破坏、移动和变形，降低采场上覆岩层向下移动的空间，使上覆岩层得到有效的支承。而控制的关键是要将尽量多的充填材料充填至采空区，提高充填体高度。

根据图 7-3 所示覆岩控制要素的三个控制区域和阶段，按照操作流程细分，影响充填有效高度的环节又可分为四个部分（即等效采高），即 H_1、H_2、H_3、H_4，如图 7-9 所示。

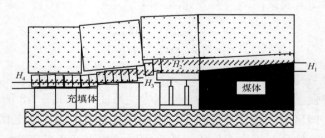

图 7-9　超高水材料袋式充填开采过程中各环节沉降值示意图

H_1—采前顶板下沉量；H_2—液压支架限定变形量与后顶梁厚度之和；H_3—采充过程中顶板下沉量和充填欠接顶量；H_4—充填固结体压实时产生的顶板下沉量。

根据超高水材料袋式充填开采工艺的流程,充填有效高度 Y 计算公式如下:

$$Y=H-H_1-H_2-H_3-H_4$$

根据充填有效高度公式,在一定采高 H 的条件下,要想提高充填有效高度,就需要减少 H_1 到 H_4 四种下沉量。其中,H_1 下沉量因与采场围岩性质和原始应力场的影响较大,难以人为控制,故主要控制目标在 H_2 到 H_4。

H_2:可以通过调整支架参数与结构,减小顶梁厚度,设计时需在合理范围内减小。

H_3:可以减少生产班和充填班的时间间隔,减少顶板暴露时间,充填工作尽量做到随采随充、即采即充;最主要的是要将充填袋与后顶量之间充填饱满。

H_4:决定 H_4 下沉量大小的主要有充填袋之间和充填袋与两巷煤帮之间的间隙大小、充填固结体强度高低、充填体是否存在泌水、破袋率及围岩结构等。

超高水材料袋式充填开采中矿压显现比较缓和,无明显的初次来压和周期来压,充填效果主要受顶板下沉量的影响。在对采空区进行充填的过程中,如果充填前的顶板下沉量过大,那么会相应地造成地表沉陷过大,所以充填前顶板的下沉量是衡量充填采场控顶好坏的标准。除了煤岩和围岩的性质外,充填体的强度、充填率、充填步距和支架的结构与性能是影响充填前下沉量的重要因素,并且这些是可以人为控制的,因此充填采场控制主要是围绕这些因素进行的。

7.3.2 影响充填效果的因素分析

1. 液压支架结构与性能

在充填开采过程中,上覆顶板可以简化成梁结构,梁的一端被煤壁支撑,中间受到支架或支柱的支撑,另一端被充填体承载,没有初次来压和周期来压或初次来压和周期来压不显著。充填专用液压支架的作用是,保证采场的安全与充填作业空间的安全,将顶板下沉量控制在合理的范围,保证直接顶和基本顶没有离层,确保直接顶的完整,为充填作业提供充填空间。事实证明,直接顶对充填开采的影响是比较大的,直接顶的稳定是确保充填开采的重要因素,而确保直接顶的稳定的前提就是保证不离层,因此支架的设计除了要考虑能承载直接顶冒落矸石的重量,还要确定直接顶和基本顶未分层,因为只有这样才能保证直接顶的破碎程度最小。

根据 7.2 节(图 7-7 和表 7-1)分析可知,为了减小充填开采工作面液压支架的支护强度 P,需要减小 P_Z、P_B、P_E 的值。而 Z 的厚度、B 的厚度和跨度与充填效果有关,它们的减小将减小 P_Z、P_B 的值;P_E 的值与 K_T 密切相关,K_T 越大,P_E 的值越小,根据 K_T 的计算公式,增大 K_T 的途径是增大充填有效高度 Y。

综上分析可知,在各种顶板条件及充填质量情况下,支架支撑能力的增减应当遵循以下几条原则。

(1)在工作面顶板中等稳定,直接顶坚硬完整,几乎不冒落,有效充填高度较高,充填质量好的条件下,可以在安全范围内减小支架支撑能力。

(2)当下位直接顶很破碎,发生抽帮、冒顶、漏顶等现象时,需要增加支架支撑能力,为挂袋充填创造良好条件。

(3)在上位基本顶较坚硬的情况下，如果充填质量较差，有效充填高度较低，在回采过程中可能会产生明显的动压，需要增加支架支撑能力。

(4)当工作面遇断层、煤层厚度增大等复杂地质条件，或者直接顶冒落较高，难以保证充填的有效高度，充填率较低时，需要增加支架支撑能力。

因此，支架的结构和性能在设计时要满足实际条件，支架结构和支护强度一旦确定，支架自身的限定变形量就得到了确定，在使用过程中对支架的位态管理是控制支护区域顶板下沉量的关键因素。

2. 充填体强度

对于超高水材料充填开采，充填体强度直接影响围岩和充填体的稳定性，尤其是充填体初始强度。如果初始强度不足以承载直接顶施加的压力，充填体就会发生形变，造成顶板的下沉量加大。充填体强度与充填材料的配比和固结体养护时间密切相关，相同条件下水灰比越大，其固结体弹性模量和抗压强度就越大，采矿成本也就越高。因此，充填体强度的选取也要根据超高水材料的特性，与围岩条件和开采工序相结合进行确定。

3. 充填步距与充填袋间距的大小

充填步距即每一个循环的充填宽度，充填步距受充填能力、充填支架的支护性能和顶板的破碎程度等多种因素的影响，一般根据采煤机截深和采充比在支架设计时基本得到确定。充填步距增大可以在一定程度上提高充填效率、降低充填成本，但是过大则会因充填袋体不能有效地承载采空区顶板，导致充填袋体变形、顶板的下沉量增大；充填袋间距，充填袋组间所留的间隙，由隔板的宽度决定。隔板宽度和数量，是影响充填率的重要因素，在条件许可的前提下，要尽可能将单个充填袋加长，减少隔板的使用数量，并将隔板变窄。

4. 充填袋质量

采空区内充填袋注入浆体后，如果发生破裂或渗漏，则充入包内的超高水材料会直接溢出到采空区内，渗入围岩裂隙中，导致充填袋瘪缩变形，降低充填率，难以有效控制顶板的下沉量。

5. 充填体泌水

因超高水材料质量不稳定或浆体输送系统故障而不能保证等量配比，充入充填袋中的充填体会由于泌水导致体积减小，从而减小采空区实际充入的充填体体积。

7.3.3　充填开采参数对覆岩活动的影响

通过 7.1.2 小节中对覆岩控制要素的分析可知，ΔH_1、ΔH_2、ΔH_3 中，由于 ΔH_1、ΔH_3 主要受到充填客观条件因素的制约，因此，控制 ΔH_2 是控制覆岩移动和地表沉陷的关键，其中主要表现为充填率的大小和工作面推进速度，其主要决定因素为控顶区域顶底板移近量、充填体接顶情况和补充充填量。

上覆岩层破坏高度主要是岩层裂隙发展高度，其主要表现为微震事件的高度情况。通过前面的分析可以知道完全垮落的岩层移动和充填开采时的岩层移动是完全不同的，充填开采时充填率达到一定程度后，没有垮落带只有直接顶的下分层的弯曲—分层—下沉—断裂，上覆岩层基本处于弯曲下沉带。

充填开采与完全垮落法的主要区别是采空区充填情况：完全垮落法主要是上覆岩层破碎垮落的矸石，充填开采是人为构筑的充填体。完全垮落法垮落带的计算公式为

$$h_1 = \frac{M}{(k-1)\cos\alpha}$$

式中，h_1 为冒落带高度，m；M 为矿层开采厚度，m；k 为岩石松散系数；α 为矿层倾角，(°)。

其中，裂隙带大概为采厚的 4 倍。

通过计算可知，采用完全垮落法时，12706 工作面垮落带高度为 6.5m 左右，裂隙带高度为 13.2m；2515 工作面垮落高度为 9.5m，裂隙带高度为 18m。

充填开采时，上覆岩层由充填体承载，上覆岩层只是分层将压力施加到充填体上，呈现压力梯度拱。上覆岩层施加的应力是逐渐增加的，说明岩层移动顺序是自下而上，逐层发生离层、下沉，但是当上覆岩层在工作面方向上形成稳定的压力拱时，上覆岩层的应力将向充填体两方的煤壁分散，这时上覆岩层整体下沉。

上覆岩层应力示意图，如图 7-10 所示。

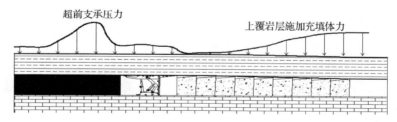

图 7-10　上覆岩层应力示意图

通过上述分析可知，充填开采上覆岩层破坏高度与采空区充填率有很大关系，12706 工作面、2515 工作面微震事件高度都在 50m 范围内，但是微震事件并不是岩层破坏高度，即顶板裂隙带高度的体现。经过分析，微震事件主要分为两种，一种是上下联系，分布较为密集，另一种是上下事件较为孤立，造成事件不连续。

通过对破断事件的分析可知，充填率越高，上覆岩层破断高度就越低。

7.3.4　提高工作面充填效果的保障措施

为了保障工作面充填效果，提高充填率，生产过程中必须严格遵守和执行以下保障措施：

(1)充填体质量要达标：要建立实验室，材料入库前充填实验室必须对材料进行检验，

确保材料无质量问题；地面充填泵站要严格控制入料同步性，配比合理，A、B 料浆确保等量输送。

(2)严格管理好支架使用状态：每班拉架降架要合理，保证不拉坏充填袋、严禁拉塌充填体。每班生产中采高要尽量控制在额定采高内，发挥支架最佳工作状态，采后顶板平整使充填空间规整，符合充填支架特性利于充填，端头回柱严格按规程执行。

(3)支架初撑力要达标：单体柱的初撑力必须达到 12MPa 以上，支架及时检修，不得出现立柱漏液、双向锁不完好问题。乳化液泵站要加强维护，停泵时间要有计划并不得影响充填，泵站压力要达到 31.5MPa，工作面支架全部达到 26MPa 以上。

(4)充填袋要充满：各充填袋均需充满，严禁出现不接顶情况。

(5)采空区两巷管理需要达到标准规范：两巷用充填袋按规定应密实充填，以提高工作面充填率。

(6)充填管路要严格管理：严格执行《管路巡查制度》，巡查记录必须齐全，措施得力。

第8章 开放式充填开采覆岩控制机理及关键要素

开放式充填开采是一种重要的超高水材料充填开采工艺，由于其充填工艺简单、工人劳动强度低的特点，使其应用也较为广泛。本章分析了超高水材料开放式充填开采覆岩控制机理，并通过建立覆岩整体结构力学模型，分析了顶板受力情况，计算顶板断裂步距，为开放式充填开采提供了依据，同时提出了几种提高充填率的方法。

8.1 开放式充填开采覆岩控制机理及力学模型

8.1.1 开放式充填覆岩控制机理分析

开放式充填开采，是回采工作面采取常规垮落法仰斜推采，推采后将超高水材料浆体直接灌入采空区的一种充填开采方式。这种方式正常情况下对采空区不进行任何调控，允许采空区上覆岩层（主要为直接顶）垮落，采空区完全处于开放与自由状态，利用煤层倾角使超高水材料料浆自行流入采空区并固结成形对覆岩进行支撑。由于采空区覆岩在充分形成冒落带、裂隙带和弯曲下沉带之前都要经历一定的时间周期，开放式充填要达到良好的效果，关键是要在尽量短的时间内使"采空"部分充入浆体，充填率达到一定程度之后，虽然不能避免直接顶、基本顶等上覆岩层的垮落，但却使关键层仅存在一定的弯曲下沉量而不发生断裂，既能解放"三下"压煤又能使地面沉陷控制在一定范围之内，即冒落矸石间隙及覆岩裂隙带内贯通的空隙等得到全部充填与胶结，形成整体充填结构体，从而使已垮矸石不再被压实，覆岩中的裂隙不再扩张，并使它们在最短时间内稳定下来以控制上覆岩层的活动，使上覆岩层的下沉得到有效控制。

关键层对覆岩及地表移动过程起控制作用，控制关键层能够有效地控制覆岩的移动，关键层的破断将引起其上覆岩层和地表下沉速度明显增大，因此，充填开采过程中，对关键层的控制是非常关键的。

如图 8-1 所示，开放式充填开采要实现覆岩沉降有效控制，就要保证基本顶不垮断，最大限度缩小基本顶悬顶距 L_1。用垮落法开采时，采空区充填液面高度位于支架底座后端与底板的接触线上，在煤层倾角一定的情况下，基本顶悬顶距 L_1 是一定的，若缩小基本顶悬顶距，就要采取提升浆体液面高度的措施。陶一煤矿充VI工作面即采取了该项措施，如图 8-2 所示。

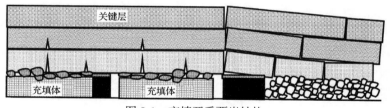

图 8-1　充填开采覆岩结构

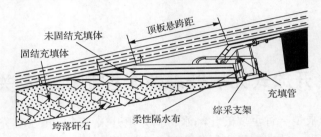

图 8-2　开放式充填提高浆体液面高度开采示意图

8.1.2　开放式充填开采覆岩整体结构力学模型

1. 模型建立与分析

超高水材料灌注充填开采随着工作面的推进，采空区空间不断发生变化。在开放式充填过程中，充入采空区的超高水材料与围岩接触位置也在不断发生变化。根据浆体固化发展过程将采空区划分成三个阶段，分别为初凝阶段、过渡阶段与固化完成阶段，如图 8-3 所示。

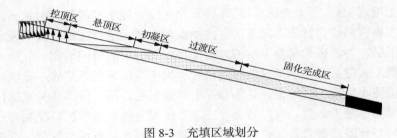

图 8-3　充填区域划分

悬顶区是指顶板没有被充填到的一段区间；初凝区的充填材料呈浆体状态，对顶板基本没有支撑力；过渡区对顶板有一定的支撑作用，其变形量大小与各阶段充填体性能有关；固化完成区的充填体能够和直接顶垮落岩石形成密实胶结体，处于三维压缩应力状态，其变形量很小，可忽略不计。

建立覆岩结构的充填力学模型如图 8-4 所示。图中力学模型为超静定结构，为了分析超静定结构的受力关系，需要解除超静定结构的某些约束，使其变成静定结构。

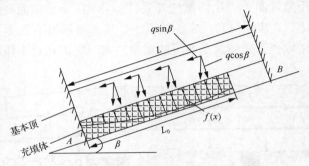

图 8-4　倾斜充填力学模型

q— 梁所受载荷；β— 梁倾斜角度；L— 梁的长度；L_0— 充填长度；$f(x)$— 充填体对梁的支撑载荷

在集度荷载 $q\sin\beta$ 的作用下，梁的左半部受压，右半部受拉。梁任意截面上的法向应力(正号表示拉伸，负号表示压缩)为

$$\sigma_x = \frac{q\sin\beta}{h}\left(x - \frac{L}{2}\right),\ 0 \leqslant x \leqslant L$$

它的最大拉应力发生在岩梁的 B 端，即 $x=L_0$ 处其值为

$$\sigma_{L_0} = \frac{qL\sin\beta}{2h}$$

最大压应力发生在岩梁的 A 端，即 $x=0$ 处，其值为

$$\sigma_0 = -\frac{qL\sin\beta}{2h}$$

其应力图如图 8-5 所示。

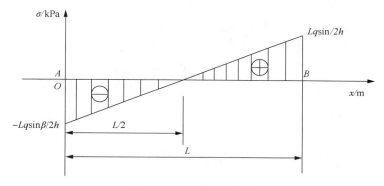

图 8-5　$q\sin\beta$ 作用的应力

2. 挠度 $w(x)$ 的确定及充填体力学属性要求

1) 挠度 $w(x)$ 的确定

根据上文所建立的模型，对梁进行分析，挠度 $w(x)$ 与载荷 q、充填体支撑力 $p(x)$ 的关系给出方程如下：

$$EI\frac{\mathrm{d}^4 w(x)}{\mathrm{d}x^4} = q - p(x),\ 0 < x < L_0 \tag{8-1}$$

$$EI\frac{\mathrm{d}^4 w(x)}{\mathrm{d}x^4} = q,\ L_0 \leqslant x \leqslant L \tag{8-2}$$

边界条件如下：

当 $x=0$ 时

$$w(x) = 0$$

$$\frac{\mathrm{d}^2 w(x)}{\mathrm{d}x^2} = 0 \tag{8-3}$$

当 $x = L_0$ 时

$$w(x) = 0$$

$$\frac{\mathrm{d}^2 w(x)}{\mathrm{d}x^2} = 0 \tag{8-4}$$

在载荷的分界点处，及 $x = L_0$ 处，给出连续性条件如下：

当 $x = L_0$ 时，

$$w(x = L_0^-) = w(x = L_0^+)$$

$$\frac{\mathrm{d}w(x = L_0^-)}{\mathrm{d}x} = \frac{\mathrm{d}w(x = L_0^+)}{\mathrm{d}x}$$

当 $x = L_0$ 时，

$$\frac{\mathrm{d}^2 w(x = L_0^-)}{\mathrm{d}x^2} = \frac{\mathrm{d}^2 w(x = L_0^+)}{\mathrm{d}x^2} \tag{8-5}$$

$$\frac{\mathrm{d}^3 w(x = L_0^-)}{\mathrm{d}x^3} = \frac{\mathrm{d}^3 w(x = L_0^+)}{\mathrm{d}x^3}$$

可以得到 $L_0 \leqslant x \leqslant L$ 时的挠度方程为

$$w(x) = \frac{q}{24EI} x^4 + bx^3 + dx \tag{8-6}$$

式中，b，d 为与 q、E、I 相关的常量。

(1) 若 $p(x) = kw(x)$，则可以得到 $0 < x < L_0$ 时的挠度方程表示如下。

取特征系数为 t，则

$$t = \sqrt[4]{\frac{k}{4EI}}$$

对式 (8-7) 进行求解，可以得出方程的通解

$$w(x) = \frac{q}{k} + \mathrm{e}^{tx}(A\cos(tx) + B\sin(tx)) + \mathrm{e}^{-tx}(C\cos(tx) + D\sin(tx)) \tag{8-7}$$

式中，A，B，C，D 为待求参数，可根据边界条件求得。

(2) 若 $p(x)$ 为 $w(x)$ 的多次函数，则可利用迭代法得出数值解。

2) 充填体力学属性要求

(1) 由于 $w(x)$ 和梁所受载荷成正比关系，所以对于充填体要求刚度较大，若充填体刚度较小，则固支梁的变形较大，梁所受最大力矩增大，固支梁将过早断裂。

(2) 对于支撑载荷 $f(x)$，则要求其越大越好，$f(x)$ 越大产生的支撑力就越大，能够增

大固支梁的断裂长度，由于 $f(x)$ 是被动支护，所以 $f(x)$ 小于上覆岩层给予固支梁的载荷，那么即要求充填的抗压强度 R_T 要大于上覆岩层的最大载荷，这样才能保证充填体不被压碎从而失去支撑梁的作用。

8.1.3　基本顶受力分析

1. MATLAB 软件简介

MATLAB 是由美国 MathWorks 公司推出的用于数值计算和图形处理的计算软件，除了具备卓越的数值计算能力外，它还提供了专业水平的符号计算、文字处理、可视化建模仿真和实时控制等功能。MATLAB 的基本数据单位是矩阵，它的指令表达式与数学工程中常用的形式十分相似，故用 MATLAB 来解算问题要比用 C、FORTRAN 等语言编制相关软件解算问题简捷得多。MATLAB 是国际公认的优秀数学应用软件之一。

概括地讲，整个 MATLAB 系统由两部分组成，即 MATLAB 内核及辅助工具箱，两者的调用构成了 MATLAB 的强大功能。MATLAB 语言是以数组为基本数据单位，包括控制流语句、函数、数据结构、输入输出及面向对象等特点的高级语言，它具有以下主要特点。

(1)运算符和库函数极其丰富，语言简洁，编程效率高。

(2)既具有结构化的控制语句(如 for 循环、while 循环、break 语句、if 语句和 switch 语句)，又有面向对象的编程特性。

(3)图形功能强大。

(4)功能强大的工具箱。工具箱可分为两类，即功能性工具箱和学科性工具箱。

(5)易于扩充。

2. 模型计算迭代步骤

数学、物理、力学等学科和工程技术中许多问题的解决最终都归结为解一个或一些大型稀疏矩阵方程，而对这种方程组人们一般采用迭代法求解，因此迭代法在求解大型计算问题中正发挥着重要的作用。迭代法是求解大型线性方程组的一类非常重要的方法。特别是定常迭代法，如 Jacobi 迭代法、Gauss-Seidel 迭代法、SOR 迭代法和 AOR 迭代法等，由于形式简单，易于计算机实现，越来越受到工程人员的青睐。然而，随着科学技术迅速发展的需要，所求解问题的规模越来越大，对于基于矩阵分裂的定常迭代法而言，当谱分布很分散时，一般收敛速度很慢，甚至不收敛。因此，对线性方程组采用预处理技术使系数矩阵谱聚集是解决该收敛性问题的有效途径,成为迭代法研究中的热点问题。应变迭代计算流程如图 8-6 所示。

3. 模型计算

基本顶受力模型如图 8-4 所示。根据陶一煤矿充Ⅵ工作面实际条件，$\beta=12°$，基本顶厚约15m,抗拉强度约为 $R_T=7MPa$,用组合梁理论可得基本顶所受上覆岩层为 $q=0.8MPa$，当模型 $L=100m$，$L_0=90m$ 时，充填材料为 1 组材料，采用图 8-4 的模型分析基本顶层受力关系。

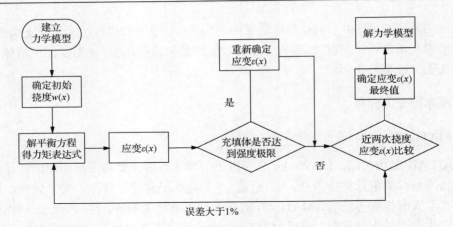

图 8-6 应变迭代计算流程

$\varepsilon(x)$ 的迭代过程如图 8-7 所示。

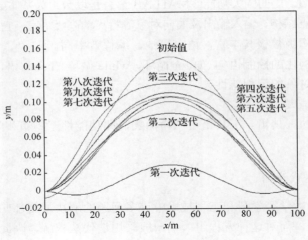

图 8-7 $\varepsilon(x)$ 的迭代过程

第一次迭代(模型中间达到支撑力为 0.8MPa)设

$$\varepsilon = (q\cos\beta l^2 x^2 / 24 + q\cos\beta x^4 / 24 - q\cos\beta l x^3 / 12) / (3\times10^9 \times 7.85\times25 / 6), \quad 0 \leqslant x \leqslant 100$$

代入公式用 MATLAB 计算 ε 如图 8-7 所示。

最终确定 $\varepsilon(x)$ 为 x 的 28 次幂，表达式为

$\varepsilon(x) = 7.812801366\times10^{-56}x^{28} - 1.093792191\times10^{-52}x^{27} + 6.977432605\times10^{-50}x^{26} - 2.671978067 \times10^{-47}x^{25} + 6.777486525\times10^{-45}x^{24} - 1.171777813\times10^{-42}x^{23} + 1.327124875\times10^{-40}x^{22} - 7.679065896 \times10^{-39}x^{21} - 2.640863835\times10^{-37}x^{20} + 8.983619571\times10^{-35}x^{19} - 4.948841903\times10^{-33}x^{18} - 5.650572109 \times10^{-31}x^{17} + 1.23784919\times10^{-28}x^{16} - 9.569150937\times10^{-27}x^{15} + 1.519693251\times10^{-25}x^{14} + 3.792329301\times$

$10^{-23}x^{13}-3.278480664\times10^{-21}x^{12}-1.079276921\times10^{-20}x^{11}+2.377642925\times10^{-17}x^{10}-2.358235069\times$
$10^{-15}x^{9}+1.236246021\times10^{-13}x^{8}-3.194552068\times10^{-12}x^{7}-3.096385886\times10^{-11}x^{6}+5.66410128\times10^{-9}x^{5}$
$-1.642353643\times10^{-7}x^{4}-1.640814294\times10^{-6}x^{3}+1.801594856\times10^{-4}x^{2}+2.656498656\times10^{-7}x$

得到应力应变曲线后可以计算图 8-7 所示模型，解得模型力矩关系如图 8-8 所示。

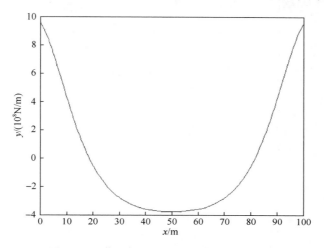

图 8-8　工作面推进 100 m 时模型所受弯矩

岩梁截面上最大法向应力发生在离中性轴最远的地方，即 $y=\pm h/2$ 处。在 $y=h/2$ 的上表面受弯矩影响所受应力如图 8-9 所示。

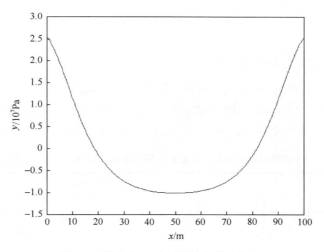

图 8-9　梁上表面因力矩影响所受应力

在集度荷载 $q\sin\beta$ 的作用下，梁的左半部受压，右半部受拉。梁任意截面上的法向应力，其应力图如图 8-10 和图 8-11 所示。

最大拉应力发生在倾斜梁上端 B 点的上表面（B 点的最大拉应力略大于 A 点），在此拉应力作用下，岩梁先在上端 B 点的上表面产生拉破坏。

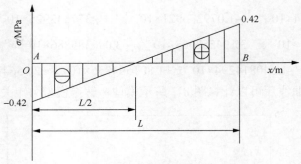

图 8-10　倾斜力作用的应力

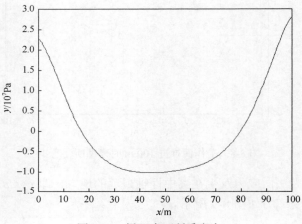

图 8-11　梁上表面所受应力

4. 各组材料充填基本顶受力情况

1) 充填体为 1 组材料(纯超高水材料)基本顶受力情况

对于不同推进长度 L 和不同空顶距的情况下,都可以用迭代法解出模型所受力的大小[140],表 8-1 是推进距离从 20~100m,空顶距从 6~16m 得到的基本顶所受最大拉应力。

表 8-1　1 组充填材料不同推进长度及空顶距基本顶所受最大拉应力　　　　　(单位：MPa)

推进距离/m	空顶距/m					
	6	8	10	12	14	16
20	1.09	1.09	1.13	1.16	1.22	1.3
30	1.47	1.49	1.53	1.61	1.6878	1.77
40	2.07	2.09	2.13	2.23	2.35	2.48
50	3.62	3.66	3.74	3.84	4.17	4.13
60	6.63	6.69	6.77	6.92	7.06	7.19
70	9.95	10.02	10.14	10.3	10.47	10.61
80	13.26	13.32	13.44	13.56	13.71	14
90	18.54	18.6	18.75	18.97	19.05	19.36
100	24.94	25.06	25.23	25.49	25.66	25.86

从表 8-1 可得以下两个方面的规律：

（1）不同推进距离 L 对基本顶的影响。以空顶距 14m 为例，基本顶所受最大应力和推进距离 L 之间的关系如图 8-12 所示。

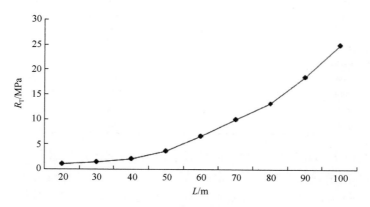

图 8-12　不同推进距离 L 对基本顶的影响

随着工作面的不断推进，基本顶所受拉应力逐渐增大，且随着推进距离的增大，所受拉应力的增大幅度急剧增加，当拉应力增加到一定程度，基本顶也会发生断裂。陶一矿充Ⅵ面基本顶为粗砂岩，其抗拉强度为 $R_\mathrm{T} =7\mathrm{MPa}$，在采空区为 14m 情况下，当推进距离达到 60m 左右的时候，达到基本顶的抗拉强度，基本顶发生断裂，为了有效控制地表沉陷，必须保证基本顶不断裂，当空顶距一定的情况下，需控制过渡区的长度。

（2）不同空顶距 x 对基本顶的影响。以工作面推进距离为 30m 时为例，基本顶所受最大应力和空顶距 x 之间的关系如图 8-13 所示。

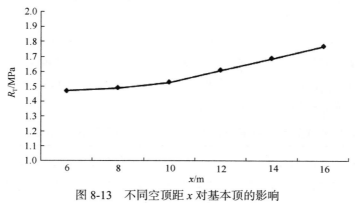

图 8-13　不同空顶距 x 对基本顶的影响

由图 8-13 可见，随着空顶距的增大，基本顶所受拉应力也逐渐增大。

2）充填体为其他各组材料时基本顶受力情况

（1）2 组材料（下部是超高水材料和矸石混合材料与上部是纯超高水材料）。对于不同推进长度 L 和不同空顶距的情况下，都可以用迭代法解出模型所受力大小，推进距离从 20~100m，空顶距从 6~16m 得到的基本顶所受最大拉应力如表 8-2 所示。

表 8-2　2 组充填材料不同推进长度及空顶距基本顶所受最大拉应力 （单位：MPa）

推进距离/m	空顶距/m					
	6	8	10	12	14	16
20	0.98	0.99	1.04	1.06	1.1	1.18
30	1.33	1.35	1.39	1.45	1.53	1.61
40	1.88	1.9	1.94	2.03	2.13	2.25
50	3.29	3.33	3.39	3.49	3.7	3.76
60	6.03	6.09	6.14	6.3	6.42	6.53
70	9.04	9.11	9.21	9.37	9.52	9.64
80	12.06	12.12	12.22	12.31	12.47	12.72
90	16.85	16.91	17.05	17.24	17.32	17.59
100	0.98	0.99	1.04	1.06	1.1	1.18

（2）3 组材料（上部是超高水材料和矸石混合材料与下部是纯超高水材料）。对于不同推进长度 L 和不同空顶距的情况下，都可以用迭代法解出模型所受力大小，推进距离从 20~100m，空顶距从 6~16m 得到的基本顶所受最大拉应力如表 8-3 所示。

表 8-3　3 组充填材料不同推进长度及空顶距基本顶所受最大拉应力 （单位：MPa）

推进距离/m	空顶距/m					
	6	8	10	12	14	16
20	0.95	0.96	1.01	1.02	1.06	1.14
30	1.29	1.31	1.35	1.41	1.49	1.57
40	1.82	1.84	1.88	1.97	2.07	2.19
50	3.2	3.23	3.29	3.39	3.58	3.64
60	5.85	5.91	5.95	6.13	6.22	6.34
70	8.76	8.84	8.94	9.09	9.23	9.35
80	11.69	11.75	11.85	11.95	12.08	12.33
90	0.95	0.96	1.01	1.02	1.06	1.14
100	1.29	1.31	1.35	1.41	1.49	1.57

（3）4 组材料（超高水材料和矸石混合材料）。对于不同推进长度 L 和不同空顶距的情况下，都可以用迭代法解出模型所受力大小，推进距离从 20~100m，空顶距从 6~16m 得到的基本顶所受最大拉应力如表 8-4 所示。

表 8-4　4 组充填材料不同推进长度及空顶距基本顶所受最大拉应力 （单位：MPa）

推进距离/m	空顶距/m					
	6	8	10	12	14	16
20	0.85	0.86	0.91	0.93	0.97	1.02
30	1.16	1.18	1.22	1.28	1.33	1.41
40	1.64	1.66	1.68	1.78	1.86	1.97
50	2.89	2.91	2.96	3.06	3.23	3.27
60	5.27	5.33	5.35	5.51	5.62	5.7
70	7.8	7.95	8.05	8.18	8.3	8.41
80	10.53	10.57	10.67	10.74	10.88	11.09
90	14.72	14.76	14.89	15.05	15.13	15.36
100	19.8	19.9	20.04	20.23	20.35	20.52

综上所述可得以下四个方面的规律。

(1)不同推进距离 L 对基本顶的影响规律相同，在工作面的推进过程中，基本顶所受拉应力逐渐增大，且随着推进距离的增大，所受拉应力的增大幅度急剧增加，当拉应力增加到一定程度，基本顶会发生断裂。随着空顶距的增大，基本顶所受拉应力也逐渐增大，在采空区后方提高充填液面从而降低空顶距的方法，有利于维护基本顶使其不发生断裂。

(2)对比 4 组材料对基本顶垮落步距的影响，4 组(超高水材料和矸石整体混合材料)材料对基本顶支撑力度较大，极限垮距约为 68m，2 组(下部是超高水材料和矸石混合材料与上部是纯超高水材料)、3 组(上半部是超高水材料和矸石混合材料与下半部是纯超高水材料)材料基本顶垮落步距大致相同，约为 65m，1 组(纯超高水材料)材料对工作面支撑力度相对较弱，极限垮距约为 60m 时，基本顶发生断裂。说明直接顶破断而混入 1 组中形成 2 组、3 组或 4 组材料增加了材料的强度，对支撑基本顶有益。

(3)对于纯超高水材料充填，空顶距为 14m 时，基本顶的极限垮距为 60m，受材料的不均匀性及顶板断层等因数的影响，取安全系数 μ 为 0.7，则基本顶的极限垮距为 42m，因为支架控顶距为 4m、端部煤壁影响区为 3m、初凝区 2m 及控顶距离为 14m，则过渡区间最大距离为 19m，超高水材料达到稳定时间为 7 天左右，陶一矿工作面推进为 2m/d，过渡区间距离为 14m，基本顶不会发生破断，提高充填速度能够有效地提高过渡区间及固化完成阶段的长度，从而增强对直接顶及基本顶的支撑强度。

(4)固化完成阶段的充填体几乎无压缩变形，处于三轴压缩状态，根据经验公式为 $f_c = 1.17 f_1 + 3.77\sigma_3$，根据大尺寸超高水材料试验可得 f_1 为 1.4MPa，σ_3 约为 7MPa，代入可得处于三轴压缩超高水材料的抗压强度 f_c 为 28MPa，所处煤层的煤的抗压强度约为 18MPa，完全能够支撑上覆岩层，从迭代模型可得充填体最大应变值为 0.08，为了保证在三轴应力下有效支撑上覆岩层，其三轴压缩状态下的最大应变值取 0.05。

8.1.4　直接顶断裂步距分析

根据煤矿井工开采的特点，分析中可以采用平面应变模型。直接顶位于开采煤层之上，因而受到卸压作用的影响最明显。一般情况下，直接顶并非在开挖后立刻失稳，而是经历了一定的开挖过程。离层后，直接顶在自重的作用下呈两端固支状态，随开挖的推进两端的力矩逐渐增大并离层扩展，最终达到强度极限并破坏。

1. 直接顶初次破断分析与计算

直接顶初次破断可采用图 8-4 所示模型，$\beta=12°$，用组合梁理论可得 $q=0.2$MPa，直接顶高 $h=5$m。对于在不同推进长度 L 和不同空顶距的情况下，都可以用迭代法解出模型所受力大小，推进距离从 20~100m，空顶距从 6~16m 得到的倾斜梁所受最大拉应力如表 8-5 所示。

表 8-5　不同推进长度及空顶距直接顶所受最大拉应力 R_T　　　（单位：MPa）

推进距离/m	空顶距/m					
	6	8	10	12	14	16
20	0.76	0.9	1.09			
30	1	1.11	1.28	1.61	1.95	
40	1.21	1.29	1.49	1.7	2.09	2.54
50	1.41	1.49	1.61	1.86	2.19	2.66
60	1.77	1.83	1.92	2.08	2.34	2.76
70	2.21	2.26	2.34	2.45	2.62	2.89
80	2.79	2.81	2.85	2.9	2.96	3.08
90	3.5	3.51	3.54	3.58	3.65	3.73
100	0.76	0.9	1.09			

从表 8-5 可得以下两个方面的规律。

(1) 不同推进距离 L 对直接顶的影响。以空顶距为 14m 时为例，直接顶所受最大应力 R_T 和推进距离 L 之间的关系如图 8-14 所示。

由图 8-14 可见，随着工作面的不断推进，直接顶所受拉应力也逐渐增大，且增大幅度也有所增加，当拉应力增加到一定程度时，直接顶必然断裂。陶一矿充Ⅵ面直接顶为泥岩，其抗拉强度为 R_T =2MPa，当推进距离达到 16m 左右时，达到直接顶的抗拉强度，直接顶发生断裂。

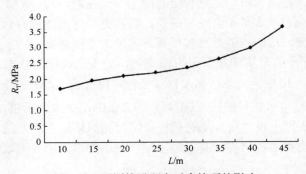

图 8-14　不同推进距离对直接顶的影响

(2) 不同空顶距 x 对直接顶的影响。以工作面推进距离为 15m 时为例，直接顶所受最大应力 R_T 和空顶距 x 之间的关系如图 8-15 所示。

由图 8-15 可见，随着空顶距 x 的增大，直接顶所受拉应力也逐渐增大，且增幅较大。

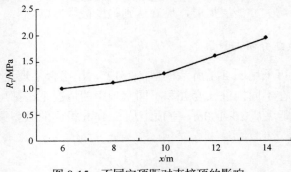

图 8-15　不同空顶距对直接顶的影响

2. 直接顶周期性破断分析与计算

1）模型分析

根据研究，采场直接顶将形成周期性破断的结构，建立如图 8-16 所示的模型。

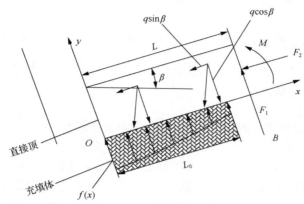

图 8-16　直接顶周期性断裂充填力学模型

q— 梁所受载荷；β— 梁倾斜角度；L— 梁的长度；L_0— 充填长度

上述力学模型为悬臂梁结构，悬臂梁上的力矩 M 为

$$M_x = \frac{qx^2 \cos \beta}{2} + \frac{qxh \sin \beta}{2} - \int_0^x v f(v) \mathrm{d}v$$

力矩随推进长度的变化关系，如图 8-17 所示。

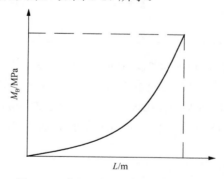

图 8-17　力矩随推进长度的变化关系

在弯矩的作用下梁截面上任意点的法向应力 σ_x 为

$$\sigma_x = \frac{M_x y}{I}$$

式中，I 为单位宽度岩梁的惯性矩性矩，$I = h^2/12$；y 为应力点距中性轴的距离；h 为直接顶岩梁厚度。

显然，B 端的力矩达到最大，岩梁截面上最大法向应力发生在离中性轴最远的地方，即 $y = \pm h / 2$ 处。

$$\sigma_{x\max} = \frac{6\left(\dfrac{qL^2\cos\beta}{2} + \dfrac{qLh\sin\beta}{2} - \displaystyle\int_0^{L_0} vf(v)\mathrm{d}v\right)}{h^2}$$

在荷载集度 $q\sin\beta$ 和 $q\cos\beta$ 共同作用下，岩梁中性面上半部截面上的应力为

$$\sigma_{x\!上} = \frac{3qx^2\cos\beta + 3qxh\sin\beta - 6\int_0^x vf(v)\mathrm{d}v}{h^2} + \frac{q\sin\beta}{h}x$$

2) 模型计算

对于图 8-16 所示模型，$\beta=12^\circ$，$q =0.2\text{MPa}$，直接顶高 $h=5\text{m}$，用 MATLAB 软件计算模型周期破断规律。

对于不同推进长度 L 和不同空顶距的情况下，都可以用迭代法解出模型所受力大小，表 8-6 是推进距离从 2~14m，空顶距从 0~10m 得到的直接顶周期破断时所受的最大拉应力。

表 8-6　不同推进长度及空顶距直接顶周期破断时所受最大拉应力　　　　（单位：MPa）

推进距离/m	空顶距/m					
	0	2	4	6	8	10
2	0.25	0.32				
4	0.55	0.65	0.85			
6	1.01	1.23	1.55	1.9		
8	1.74	1.92	2.25	2.73	3.25	
10	2.7	2.88	3.2	3.62	4.3	5.36
12	3.92	4.15	4.55	5.16	5.93	6.92
14	5.4	5.75	6.26	7.02	7.84	8.8

由表 8-6 可得以下规律：以空顶距为 0 时为例，直接顶所受最大应力和推进距离之间的关系如图 8-18 所示。直接顶发生初次破断以后，随着工作面的不断推进，直接顶 B 端所受拉应力逐渐增大，且增大幅度迅速增加，当拉应力增加到一定程度时，直接顶会发生周期性断裂。由图 8-18 可见，陶一矿充Ⅵ面控顶距为 14m 时，直接顶周期性破断步距约为 6m。

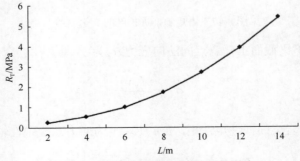

图 8-18　不同推进距离对直接顶的影响

8.2　开放式充填开采"支架-围岩"作用关系

8.2.1　直接顶初次破断期间支架初撑力分析

1. 直接顶初次破断期间"支架-围岩"的受力分析

直接顶初次破断期间"支架-围岩"力学模型如图 8-19 所示，为了分析超静定结构的受力关系，需要解除超静定结构的某些约束，使其变成静定结构[130,131]。对于图 8-20 所示模型，有 6 个未知反力，为三次超静定结构。解除固定端 B，得到静定结构，用力法解此超静定结构，如图 8-20 所示，建立图示坐标系。

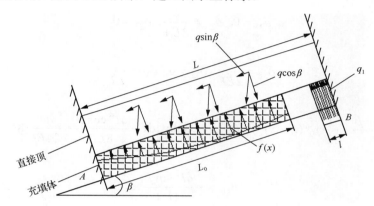

图 8-19　倾斜充填"支架-围岩"作用力学模型

q— 梁所受载荷；q_1— 支架所受载荷；β— 梁倾斜角度；L— 梁的长度；L_0— 充填长度；l— 支架控顶距

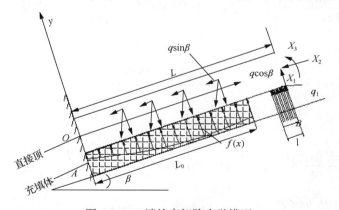

图 8-20　B 端约束解除力学模型

得到以下方程式：

$$\begin{cases} \delta_{11}X_1 + \delta_{12}X_2 + \delta_{13}X_3 + \Delta_{1F} = 0 \\ \delta_{21}X_1 + \delta_{22}X_2 + \delta_{23}X_3 + \Delta_{2F} = 0 \\ \delta_{31}X_1 + \delta_{32}X_2 + \delta_{33}X_3 + \Delta_{3F} = 0 \end{cases} \tag{8-8}$$

式中，F 为 q 和 $f(x)$ 的合力；X_1 为解除约束后 B 端所受垂直力；X_2 为解除约束后 B 端所受水平力；X_3 为解除约束后 B 端所受力矩；δ_{11}、δ_{12}、δ_{13} 分别表示 X_1、X_2 和 X_3 分别为单位力，且分别单独作用时，b 点沿 X_1 方向的位移；δ_{21}、δ_{22}、δ_{23} 分别表示 X_1、X_2 和 X_3 分别为单位力，且分别单独作用时，b 点沿 X_2 方向的位移；δ_{31}、δ_{32}、δ_{33} 分别表示 X_1、X_2 和 X_3 分别为单位力，且分别单独作用时，b 点沿 X_3 方向的位移；Δ_{1F}、Δ_{2F}、Δ_{3F} 分别为在 F 单独作用时，沿 X_1、X_2 和 X_3 方向的位移。

可得

$$\delta_{11} = \frac{L^3}{3EI}, \ \delta_{12} = 0, \ \delta_{13} = \frac{L^2}{2EI}$$

$$\delta_{21} = 0, \ \delta_{22} = \frac{L}{2EA}, \ \delta_{23} = 0$$

$$\delta_{31} = \frac{L^2}{2EI}, \ \delta_{32} = 0, \ \delta_{33} = \frac{L}{EI}$$

$$\Delta_F = \frac{qL^3 h \sin\beta}{6EI} + \frac{1}{EI}\int_0^{L_0}(L-x)\left[\int_x^{L_0}(v-x)f(v)\mathrm{d}v\right]\mathrm{d}x - \frac{qL^4\cos\beta}{8EI} + \frac{q_1 l}{24EI}(8L^3 - 6lL^2 + l^3)$$

$$\Delta_{2F} = -\frac{qL^2\sin\beta}{4EA}$$

$$\Delta_{3F} = \frac{qL^2 h\sin\beta}{4EI} + \frac{1}{EI}\int_0^{L_0}\left[\int_x^{L_0}(v-x)f(v)\mathrm{d}v\right]\mathrm{d}x - \frac{qL^3\cos\beta}{6EI} + \frac{q_1 l}{6}(3L^2 - 3lL + l^2)$$

联立可得

$$X_1 = \frac{6EI\Delta_{3F}}{L^2} - \frac{12EI\Delta_{1F}}{L^3}$$

即

$$X_1 = \frac{6}{L^2}\left\{\frac{qL^2 h\sin\beta}{4} + \int_0^{L_0}\left[\int_x^{L_0}(v-x)f(v)\mathrm{d}v\right]\mathrm{d}x - \frac{qL^3\cos\beta}{6}\right\} - \frac{q_1 l}{L^2}\left(L^2 - l^2 + \frac{l^3}{2L}\right)$$

$$- \frac{12}{L^3}\left\{\frac{qL^3 h\sin\beta}{6} + \int_0^{L_0}(L-x)\left[\int_x^{L_0}(v-x)f(v)\mathrm{d}v\right]\mathrm{d}x - \frac{qL^4\cos\beta}{8}\right\}$$

化简得

$$X_1 = \frac{qL\cos\beta}{2} - \frac{qh\sin\beta}{2} - \frac{6}{L^3}\int_0^{L_0}(L-2x)\left[\int_x^{L_0}(v-x)f(v)\mathrm{d}v\right]\mathrm{d}x - \frac{q_1 l}{L^2}\left(L^2 - l^2 + \frac{l^3}{2L}\right) \quad (8\text{-}9)$$

$$X_2 = -\frac{q}{2} L \sin \beta \tag{8-10}$$

$$X_3 = \frac{6EI\Delta_{1F}}{L^2} - \frac{4EI\Delta_{3F}}{L}$$

即

$$X_3 = \frac{6}{L^2}\left\{\frac{qL^3 h \sin \beta}{6} + \int_0^{L_0}(L-x)\left[\int_x^{L_0}(v-x)f(v)\mathrm{d}v\right]\mathrm{d}x - \frac{qL^4 \cos \beta}{8}\right\}$$
$$- \frac{4}{L}\left\{\frac{qL^2 h \sin \beta}{4} + \int_0^{L_0}\left[\int_x^{L_0}(v-x)f(v)\mathrm{d}v\right]\mathrm{d}x - \frac{qL^3 \cos \beta}{6}\right\} + \frac{q_1 b}{12}\left(6l + \frac{3l^3}{L^2} - \frac{8l^2}{L}\right)$$

化简得

$$X_3 = \frac{2}{L^2}\int_0^{L_0}(L-3x)\left[\int_x^{L_0}(v-x)f(v)\mathrm{d}v\right]\mathrm{d}x - \frac{qL^2 \cos \beta}{12} + \frac{q_1 l}{12}\left(6b + \frac{3l^3}{L^2} - \frac{8l^2}{L}\right) \tag{8-11}$$

图 8-20 梁中任意截面上的弯矩为

当 $0 \leqslant x \leqslant L-l$ 时，

$$M_x = X_3 + \frac{qh\sin\beta(L-x)}{2} + \int_x^{L_0}(v-x)f(v)\mathrm{d}v - \frac{q\cos\beta(L-x)^2}{2}$$
$$+ X_1(L-x) + q_1 l\left(L-x-\frac{l}{2}\right) \tag{8-12}$$

当 $L-l \leqslant x \leqslant L$ 时，

$$M_x = X_3 + \frac{qh\sin\beta(L-x)}{2} + \int_x^{L_0}(v-x)f(v)\mathrm{d}v - \frac{q\cos\beta(L-x)^2}{2} + X_1(L-x) + \frac{q_1}{2}(L-x)^2$$
$$\tag{8-13}$$

式中，x 为截面距 A 端的距离，m。

在弯矩的作用下梁截面上任意点的法向应力 σ_{x_1} 为

$$\sigma_{x_1} = \frac{M_x y}{I}$$

式中，I 为单位宽度岩梁的惯性矩，$I=h^2/12$；Y 为应力点距中性轴的距离；h 为直接顶岩梁厚度。

先考虑在弯矩 M_x 作用下岩梁截面法向应力的受力情况，岩梁截面上最大法向应力发生在离中性轴最远的地方，即 $y = \pm h/2$ 处。

分析 M_x 的变化情况，因为 M_x 为连续函数

当 $x=0$ 时，

$$M_0 = X_3 + \frac{qh\sin\beta L}{2} + \int_0^{L_0} vf(v)\mathrm{d}v - \frac{qL^2\cos\beta}{2} + X_1L + q_1l\left(L - \frac{l}{2}\right)$$

化简得

$$M_0 = \frac{2}{L^2}\int_0^{L_0}(3x - 2L)\left[\int_x^{L_0}(v - x)f(v)\mathrm{d}v\right]\mathrm{d}x - \frac{qL^2\cos\beta}{12} + \int_0^{L_0}vf(v)\mathrm{d}v + \frac{q_1l^3}{12L^2}(3l - 2L)$$

当 $x = L$ 时，

$$M_l = \frac{2}{L^2}\int_0^{L_0}(L - 3x)\left[\int_x^{L_0}(v - x)f(v)\mathrm{d}v\right]\mathrm{d}x - \frac{qL^2\cos\beta}{12} + \frac{q_1l}{12}\left(6l + \frac{3l^3}{L^2} - \frac{8l^2}{L}\right)$$

2. 直接顶初次破断期间采场"支架-围岩"受力分析

为了减小顶板离层，增强顶板稳定性，减小工作面顶板端面的破碎及煤壁片帮，液压支柱必须有一定的初撑力。初撑力越大对于同一种岩层条件下采场顶板的下沉量越小则越稳定；相反如果初撑力越小，就相当于支柱支护的刚度较小，对于较松软的岩层采场顶板的下沉量将很大，有时甚至会导致采场顶板冒落。本章求最小初撑力时，需保证直接顶及基本顶和上覆岩层没有发生离层现象，即基本顶在上覆岩层的作用下的下沉曲线要大于直接顶在支架支撑下的下沉曲线(支架控顶范围内)，这时支架提供的支撑力，就是支架所需的最小初撑力。根据图 8-20 所示模型计算得，控顶距 $l=4$m，$\beta=120°$，$q = 0.2$MPa，直接顶高 $h=5$m。

对于不同推进长度 L 和不同空顶距的情况下，都可以用迭代法解出支架所受最小初撑力的大小，直接顶初次破断步距为 16m，表 8-7 是推进距离从 6~18m，空顶距从 6~16m 得到的倾斜梁最小初撑力。

表 8-7　不同推进长度 L 及空顶距 x 支架所需最小初撑力　　　　　　(单位：10^3kN)

推进距离/m	空顶距/m					
	6	8	10	12	14	16
6	1.032					
8	1.433	1.439				
10	1.644	1.649	1.656			
12	1.743	1.745	1.749	1.752		
14	1.787	1.789	1.794	1.799	1.803	
16	1.828	1.831	1.834	1.839	1.844	1.849
18	1.851	1.853	1.856	1.86	1.865	1.872

1)不同推进距离 L 对支架最小初撑力的影响

以空顶距为 0 时为例，支架最小初撑力(10^3kN)和推进距离(m)之间的关系如图 8-21 所示。

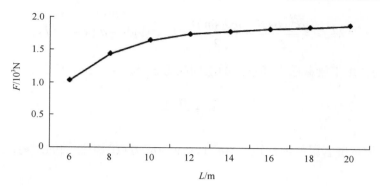

图 8-21　不同推进距离对支架最小初撑力的影响

在直接顶初次破断期间，随着工作面的不断推进，支架所需最小初撑力也逐渐变大，随着推进距离的增加，最小初撑力的增加幅度有所降低。如图 8-21 示，推进距离达到 12m 时最小初撑力趋于稳定，结果显示支架所需最小初撑力为 1900kN 左右。

2) 不同空顶距 x 对支架最小初撑力的影响

由表 8-7 见，随着空顶距的增大，支架所需最小初撑力有所增加。

8.2.2　直接顶周期破断期间支架初撑力分析

1. 模型分析

根据研究，采场直接顶将形成周期性破断的结构。建立的力学模型如图 8-22 所示。

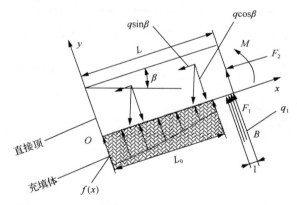

图 8-22　直接顶周期性断裂"支架-围岩"作用关系

q—梁所受载荷；q_1—支架所受载荷；β—梁倾斜角度；L—梁的长度；L_0—充填长度；l—支架控顶距

上述力学模型为悬臂梁结构，悬臂梁上的力矩 M 为

当 $0 \leqslant x \leqslant L-l$ 时，

$$M_x = \frac{qx^2 \cos \beta}{2} + \frac{qxh \sin \beta}{2} - \int_0^x vf(v)\mathrm{d}v \tag{8-14}$$

当 $L-l \leqslant x \leqslant L$ 时，

$$M_x = \frac{qx^2 \cos\beta}{2} + \frac{qxh\sin\beta}{2} - \int_0^x vf(v)\mathrm{d}v - q_1(x - L + l)$$

在弯矩的作用下梁截面上任意点的法向应力 σ_x 为

$$\sigma_x = \frac{M_x y}{I}$$

式中，I 为单位宽度岩梁的惯性矩。$I = h^2/12$；y 为应力点距中性轴的距离；h 为直接顶岩梁厚度。

2. 直接顶周期破断期间采场"支架-围岩"作用关系计算

地质条件如前所述，周期破断步距约为 6m，对于在不同推进长度 L 和不同空顶距的情况下，推进距离从 0~20m，空顶距从 0~10m 得到的倾斜梁最小初撑力如表 8-8 所示。

表 8-8　不同推进长度 L 支架所需最小初撑力　　　　　　　　（单位：10^3kN）

推进距离/m	最小初撑力/10^3kN
1	0.7224
2	1.1496
3	1.2218
4	1.2504
5	1.2819
6	1.3036

支架最小初撑力(F)和推进距离(L)之间的关系如图 8-23 所示。

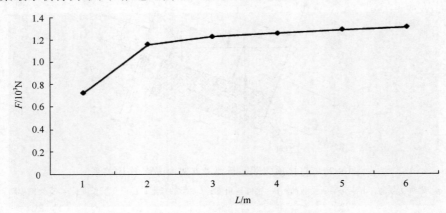

图 8-23　不同推进距离对支架最小初撑力的影响

在直接顶周期破断期间，随着工作面的不断推进，支架所需最小初撑力也随之变大；随着工作面推进距离的增加，最小初撑力的增加幅度有所降低。如图 8-23 示，推进距离达到 3m 最小初撑力趋于稳定，结果显示直接顶周期破断期间支架所需最小初撑力为 1300kN 左右，比直接顶初次破断期间的 1900kN 要小。

8.2.3　支架工作阻力分析

采场支架受力来源于直接顶重量和基本顶运动的作用，这是确定无疑的，但由于基本顶断裂后可形成稳定的结构，这种结构自身具有一定的承载能力，因此确切地说基本顶是以"给定变形"的形式作用于直接顶，基本顶传递给直接顶的压力称为"给定压力"。从能量角度分析了基本顶回转作用下支架工作阻力和下面几个方面有关。

1. 基本顶回转做功

设基本顶因自重和上覆岩层作用而施加到直接顶上的给定压力的线分布集度为 $f(x)$，直接顶宽为 a，厚度取一个单位，基本顶回转角设为 θ，则基本顶施加到直接顶的给定压力在回转变形过程中所做的功为

$$W_1 = \int_0^a f(x)\theta x \mathrm{d}x \tag{8-15}$$

作为一种最简单情形，设 $f(x)$ 为均匀分布，$f(x) = q = \mathrm{const}$，则

$$W_1 = \int_0^a q\theta x \mathrm{d}x = \frac{q\theta a^2}{2} \tag{8-16}$$

2. 直接顶回转做功

设直接顶边长分别为 a、b，两边的锐角夹角为 β（图 8-24），高为 $\sum h = b\sin\beta$，对角线长为 L，比重为 γ，断裂角为 α，$\alpha + \beta = 90°$，则因基本顶回转导致的直接顶重心 C 的垂直位移 Δc 为

$$\Delta c = \frac{b}{2}\sin\beta - \frac{L}{2}\sin(\beta_1 - \theta)$$

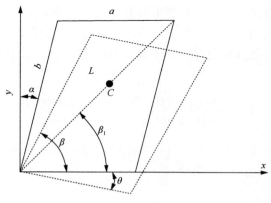

图 8-24　直接顶回转运动

因此基本顶回转迫使直接顶下沉导致的势能减少为

$$W_2 = \frac{ab\gamma\sin\beta}{2}\left[b\sin\beta(1-\cos\theta) + \sin\theta\sqrt{a^2+b^2+2ab\cos\beta-b^2\sin^2\beta}\right] \tag{8-17}$$

当 θ 为小量时，式(8-17)可简化为

$$W_2 = \frac{ab\gamma\sin\beta}{2}\sqrt{a^2+b^2+2ab\cos\beta-b^2\sin^2\beta} \tag{8-18}$$

3. 支架贮存的变形能

设想当无支架约束时，随着基本顶回转，直接顶底部的回转量必然与基本顶相同，同为 θ，由于直接顶为变形体，因支架阻力作用使直接顶变形而产生回缩变形，设回缩变形量(转角)为 θ_1，关于支架对直接顶的阻力，只考虑最简单的极限情况，即支架阻力集度 p 为均布常量(相当于泄压阀开启)，则支架贮存的变形能为

$$W_3 = \int_0^a p(\theta-\theta_1)x\mathrm{d}x = \frac{p(\theta-\theta_1)a^2}{2} \tag{8-19}$$

取支架中点的位移量(即平均位移量)为直接顶的下沉量，即支架位移，记为 Δ，则

$$W_3 = pa\Delta \tag{8-20}$$

4. 直接顶的变形能

设直接顶的弹性模量为 E，因基本顶给定变形，计算直接顶的变形时，假定直接顶的断裂面和工作面近自由面，支架施加于直接顶的切向力相比于法向力为小量，可忽略不计。当 b 相对于 a 较大时，可采用组合变形近似算法，得直接顶所贮存的变形能为

$$W_4 = \frac{(pa)^2 b\sin\beta}{2Ea} + \int_0^{b\sin\beta}\frac{(pa)^2 x^2\cot^2\beta\mathrm{d}x}{2EI} + \frac{(pa)^2 b\sin\beta}{2Ea} + \frac{2(pa)^2 b^3\sin\beta\cos^2\beta}{Ea^3} \tag{8-21}$$

由于采动影响，直接顶经历了从变形到断裂线产生的损伤过程，此时的直接顶应考虑损伤效应，设直接顶的损伤变量为 D，同样损伤材料的变形可由无损伤材料变形能表达式中将弹模转换为有效弹模而得到。如果考虑直接顶为均匀的各向同性损伤体，则直接顶变形能为

$$W_4 = \frac{(pa)^2 b\sin\beta}{2E(1-D)a} + \frac{2(pa)^2 b^3\sin\beta\cos^2\beta}{E(1-D)a^3} \tag{8-22}$$

将直接顶和支架视为一个力学系统，根据能量守恒原理，外力所做的功等于贮存在直接顶和支架中的变形能，于是有

$$\int_0^a f(x)\theta x\mathrm{d}x + \frac{ab\gamma\sin\beta}{2}\left[b\sin\beta(1-\cos\theta) + \sin\theta\sqrt{a^2+b^2+2ab\cos\beta-b^2\sin^2\beta}\right]$$
$$= pa\Delta + \frac{(pa)^2 b\sin\beta}{2E(1-D)a} + \frac{2(pa)^2 b^3\sin\beta\cos^2\beta}{E(1-D)a^3} \tag{8-23}$$

当 a，b，α，β，γ 等参数给定时，式(8-23)可记为

$$P\Delta + C_1P^2 - C_2 = 0,\ C_1 > 0, C_2 > 0 \tag{8-24}$$

式中，C_1，C_2 为常量；C_1 反映了直接顶变形效应；C_2 代表单位长度的外力功。

5. 陶一矿支架工作阻力计算

根据实际情况选择适当的参数值，取 q=0.2MPa，γ=20kN/m^3，$\sum h$=5m，a=4m，β=75°，θ=2°，E=20GPa，D=0.7，可得 p-Δ 曲线如图 8-25 所示。

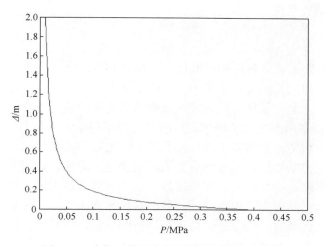

图 8-25　支架工作阻力和顶板下沉量关系曲线

如图 8-25 所示，超高水材料充填顶板变形较小，通过图 8-7 及图 8-20 和图 8-22 的模型进行迭代计算，可得 Δ=0.03m，代入式(8-25)可得 P=0.37 时，即支架工作阻力达到最大时，支架宽度为 1.5m，支架控顶距为 4m，所以当支架工作阻力能达到 2220kN 时，就完全能够处于正常工作状态中。相同强度的支护作用情况下，当直接顶岩石材料弹性模量较小时，即直接顶刚度较低时，由式(8-25)立即看出顶板下沉量 Δ 变小，这意味着对于松软直接顶，基本顶给定回转变形更多地为直接顶的变形所吸收，而支架所承担的部分相应减少。直接顶的损伤也产生相同的效应，因为损伤的加重导致直接顶的弹模软化和刚度降低，损伤后的直接顶吸收变形的能力增大。

上述支护阻力主要是指支架提供给顶板的有效支护阻力，若要确定支架工作阻力还必须考虑支架的支护效率。因此，合理工作面支架的工作阻力 P_0 为

$$P_0 = \frac{P}{\mu} \tag{8-25}$$

式中，μ 为支架的支护效率。当 μ 为 0.95 时，P_0=2337kN。

8.3　开放式充填开采覆岩活动特征模拟分析

本节运用通用离散元(universal distinct element code, UDEC)软件对陶一矿充Ⅵ工作面开采顶板变形破坏特征及覆岩活动规律进行数值计算，主要内容包括采空区覆岩采动破断演化规律、采场围岩应力演化规律和工作面超前支承压力分布规律等。结合等效采高原理，对不同等效采高条件下覆岩活动及地表下沉特征进行模拟计算，得出满足地表下沉的关键参数，为现场开采及地表下沉控制提供依据。

8.3.1　UDEC 数值计算模型建立

1. UDEC 软件简介

近几十年来，随着计算机应用的发展，数值计算方法在岩土工程问题分析中得到了迅速而又广泛的应用，大大推动了岩土力学的发展。

对于地下采矿尤其是采场问题来说，目前最适用的数值计算软件为 UDEC，所以本节采用 UDEC 进行了所有的数值模拟。它不仅能模拟岩体的复杂力学和结构特性，还可很方便地分析各种边值问题和施工过程，并对工程进行预测和预报，而且如果我们能从宏观上把握岩体的力学特性，通过地应力测试把握地应力场，数值力学分析结果完全可以用于指导工程实践。UDEC 是针对非连续介质模型的二维离散元数值计算程序，它应用于计算机主要包括两方面的内容：①离散的岩块允许大变形，允许沿节理面滑动、转动和脱离冒落；②在计算过程中能够自动识别新的接触。UDEC 软件主要模拟静载或动载条件下非连续介质(如节理块体)的力学行为特征，非连续介质是通过离散块体的组合来反映的，节理被当做块体间的边界条件来处理，允许块体沿节理面运动及回转。单个块体可以是刚体的或者是可变形的，接触是可变形的。可变形块体再被细化为有限差分元素网格，每个元素的力学特性遵循规定的线性或非线性的应力、应变规律，节理的相对运动也是遵循法向或切向的线性或非线性运动关系。UDEC 既可以用于解决平面应变问题也可以用于解决平面应力问题，既可以解决静态问题，也可以解决动态问题。UDEC离散元数值计算工具主要应用于地下岩体采动过程中岩体节理、断层、沉积面等对岩体逐步破坏的影响评价。UDEC 数值模拟软件提供了适合岩土的 7 种材料本构模型和 5 种节理本构模型，能够满足不同岩性和不同开挖状态条件下岩层运动的需要，是目前模拟岩层破断后运动过程较为理想的数值模拟软件。结合 CAD 技术，可以形象直观地反映岩体运动变化前后的应力场、位移场及速度场等参量的变化。

借助目前岩土工程常用的方法即非线性数值分析方法，利用 UDEC 数值模拟软件调整模型方便、计算时间短和灵活的特点，并且可以通过计算得到覆岩变形垮落、裂隙发育等规律，能较好地指导陶一矿的充填开采设计。

2. 模拟参数确定

1)模拟范围的确定

模拟实验和计算机数值模拟是目前研究煤矿采场覆岩移动规律的重要方法。本数值计算模型以陶一矿充Ⅵ工作面地质条件为基础建立，为研究不同充填率下采动对地表建筑物的影响，确定模拟地层厚度为从底板下 15m 处到地表，模型左右边界不小于一个完整工作面的开采及影响范围。模型上部为自由表面，左右边界及下部边界为位移边界，模型建模范围为煤层底板上方 492m，确定本模型范围为长×高=500m×492m。

2) 材料模型及属性的合理确定

模型的左右边界为单约束边界，模型的下边界为全约束边界。围岩物理力学性质参照该矿工作面实际岩体力学特性。节理特性考虑采动影响，围岩本构关系采用 Mohr-Coulomb 模型。

3. 开挖过程的合理模拟

数值模拟分析中开挖一般分为一次开挖、分步开挖和充填开挖，而多数的岩石工程不是一次开挖完成的，而是多次开挖完成的，由于岩石材料的非线性，其开挖后的应力状态具有加载途径性，因此前面的每次开挖都对后面的开挖产生影响，施工顺序不同，开挖步骤不同，都有各自不同的最终力学效应，也即有不同的岩石工程稳定性状态。究竟选择哪一种开挖方式，要根据工程的实际要求而定。针对陶一矿充填开采条件下，顶板沉降规律及其控制技术的研究目的，采用不同等效采高系数下的分步开挖模式。

4. 模拟方案

1) 传统法开采

首先模拟采高为 2.4m 时工作面覆岩的垮落形式，对采用垮落法处理采空区时地表的最大下沉 W、水平移动 U、倾斜 i、水平变形 ε 及曲率 K 五项指标进行分析，得出在不采用充填方式处理采空区时，采动对地表建筑物的影响情况。

2) 充填法开采

采高是影响采场矿山压力显现与地表沉降的重要因素，当采用充填法处理采空区时，充填开采在一定程度上可视为降低了煤层采高，为了分析采空区不同充填率对顶板变形下沉的影响，可运用等效采高的概念将充填开采看做"极薄煤层"开采，从而运用传统矿压理论与地表沉陷的研究方法对等效采高分别为 0.24、0.48 及 0.72 时地表的最大下沉 W、水平移动 U、倾斜 i、水平变形 ε 及曲率 K 五项指标进行分析，得出采动对地表建筑物的影响情况。

5. 模拟步骤

(1) 建立整体模型，原岩应力的平衡计算。

(2) 开挖工作面，应力重新分布计算。

(3) 数据的提取与后处理。

6. 测线与测点布置

在进行初步的试运算后，根据运算情况在地表设置监测线来监测工作面采后覆岩的移动变形情况，为顶板沉降规律及其控制技术的研究提供借鉴。工作面开采引起覆岩破断与运动，数值分析过程的时步虽不能与实际开采影响的时间过程相对应，但数值分析中不同时步的应力、位移结果反映了实际开采过程中岩层位移场、应力场和裂隙场的演化过程。测线具体布置情况如图 8-26 所示。

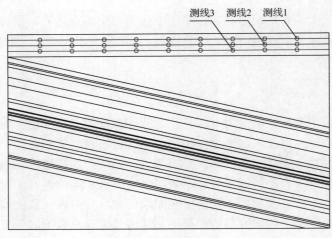

图 8-26　测线布置

8.3.2　模拟结果与分析

1. 传统法开采模拟结果

图 8-27 为不充填条件下，采动覆岩的移动特征。由图可知，充Ⅵ工作面直接顶初次垮落步距为 8m，基本顶初次垮落步距为 26m，周期来压步距为 15m 左右。图 8-28 为不充填条件下采动裂隙的发育过程，由图可知，充Ⅵ工作面开采后垮落带高度为 13.8m，裂隙带发育高度为 52.9m。之后随着工作面的不断向前推进，采空区后方的采动裂隙逐渐压实、闭合，裂隙在工作面煤壁前方比较发育。

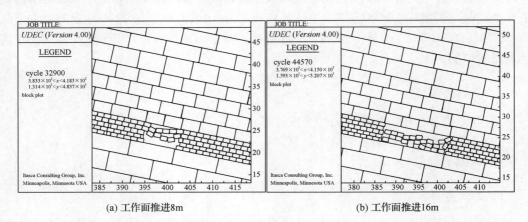

(a) 工作面推进8m　　　　　　　　　　　　　　(b) 工作面推进16m

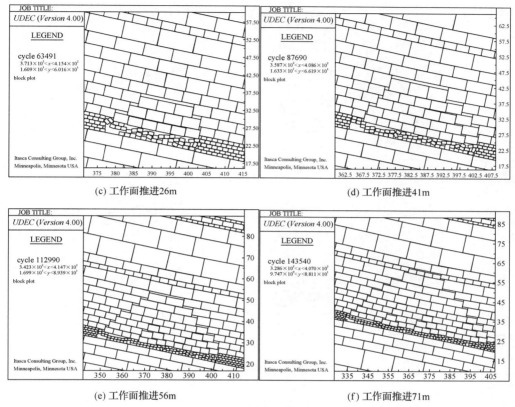

(c) 工作面推进26m
(d) 工作面推进41m

(e) 工作面推进56m
(f) 工作面推进71m

图 8-27 未充填时采动覆岩移动特征

横纵坐标为模型尺寸，单位为 m

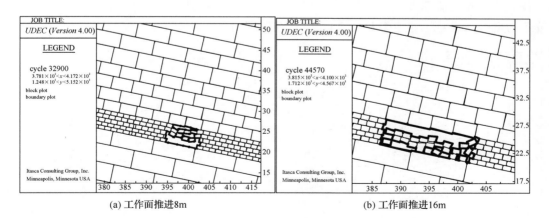

(a) 工作面推进8m
(b) 工作面推进16m

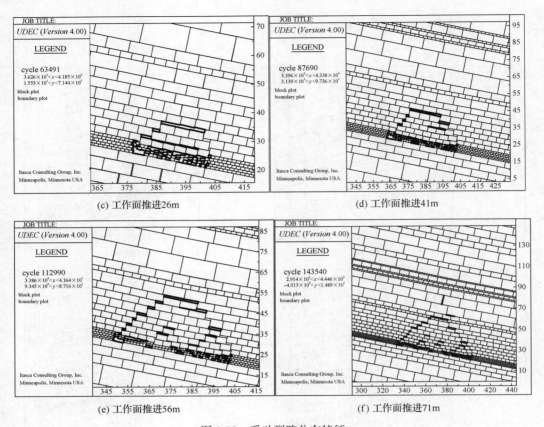

(c) 工作面推进26m　　　　　　　　(d) 工作面推进41m

(e) 工作面推进56m　　　　　　　　(f) 工作面推进71m

图 8-28　采动裂隙分布特征

横纵坐标为模型尺寸，单位为 m

图 8-29 为工作面不同推进距离下采动覆岩垂直应力分布情况。由图可知，当工作面开采距离较小时，煤壁前方应力集中程度较小，为 14MPa，应力集中系数为 1.2。随着工作面的不断向前推进，移动支承压力逐渐增大，最终达到稳定，工作面前方支承压力峰值为 25MPa，应力集中系数为 2.1，峰值在煤壁前方 5m 左右。

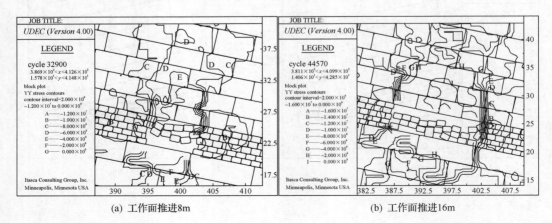

(a) 工作面推进8m　　　　　　　　(b) 工作面推进16m

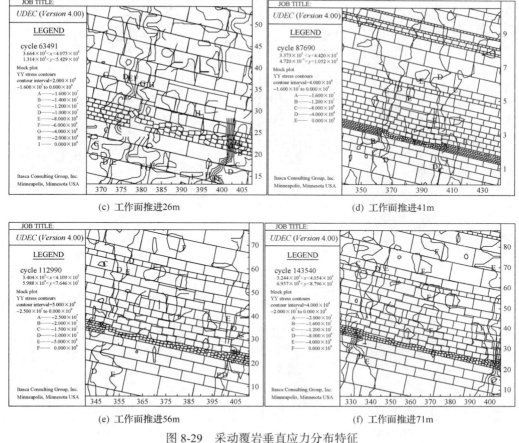

(c) 工作面推进26m　　　　　　　　(d) 工作面推进41m

(e) 工作面推进56m　　　　　　　　(f) 工作面推进71m

图 8-29　采动覆岩垂直应力分布特征

横纵坐标为模型尺寸，单位为 m

图 8-30 为不同推进长度下采动覆岩的位移矢量。由图可知，在采空区未进行充填时，采动覆岩位移随开采范围的扩大而增加。当工作面推进 8m 时，覆岩垂直位移为 0.16m；推进 16m 时，覆岩垂直位移为 0.27m；推进 26m 时，覆岩垂直位移为 1.27m；推进 41m 时，覆岩垂直位移为 1.79m；推进 56m 时，覆岩垂直位移为 2.11m；推进 71m 时，覆岩垂直位移为 2.14m，之后趋于稳定。

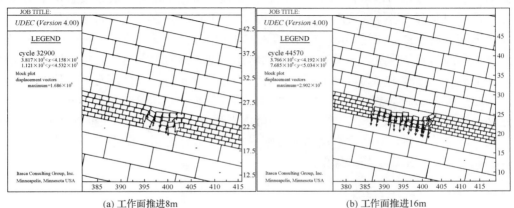

(a) 工作面推进8m　　　　　　　　(b) 工作面推进16m

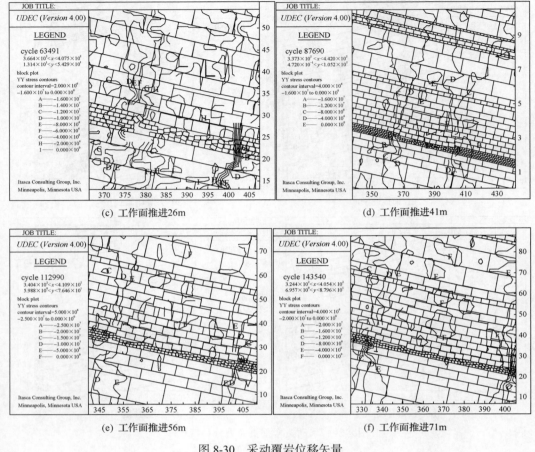

(c) 工作面推进26m

(d) 工作面推进41m

(e) 工作面推进56m

(f) 工作面推进71m

图 8-30　采动覆岩位移矢量

横纵坐标为模型尺寸，单位为 m

2. 充填条件下数值模拟结果

图 8-31~8-33 所示为不同等效采高下覆岩移动规律及裂隙分布特征。当等效采高为 0.24m 时，直接顶与基本顶不发生破断，而是发生缓慢下沉并与底板接触，采动裂隙只在直接顶中发育。当等效采高为 0.48m 时，在工作面推进 16m 时，直接顶与基本顶岩层发生离层；当工作面推进 26m 时，直接顶发生初次破断，基本顶岩层中产生离层裂隙，随着工作面的向前推进，直接顶岩层依次垮落，基本顶岩层在垮落直接顶矸石的支撑下缓慢下沉。当等效采高为 0.72m 时，工作面在推进 8m 时，直接顶与基本顶发生离层；工作面推进 16m 时，直接顶发生初次垮落，即直接顶初次垮落步距为 16m；当工作面推进 26m 时，基本顶发生初次垮落，初次垮落步距为 26m；当工作面推进 41m 时，基本顶发生周期性垮落，基本顶岩层周期垮落步距为 15m。之后，随着工作面的不断推进，采动裂隙主要发生在工作面煤壁前方。

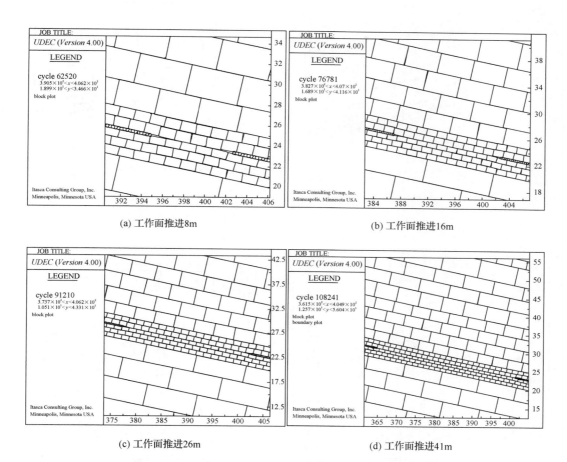

(a) 工作面推进8m　　　　　　　　　　　(b) 工作面推进16m

(c) 工作面推进26m　　　　　　　　　　　(d) 工作面推进41m

图 8-31　等效采高 M=0.24m 时采动覆岩运动规律及裂隙分布特征

横纵坐标为模型尺寸，单位为 m

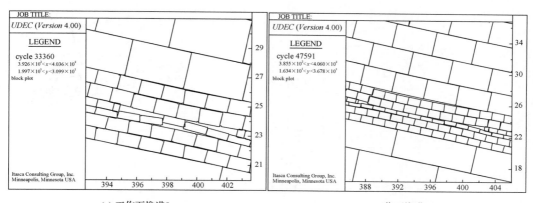

(a) 工作面推进8m　　　　　　　　　　　(b) 工作面推进16m

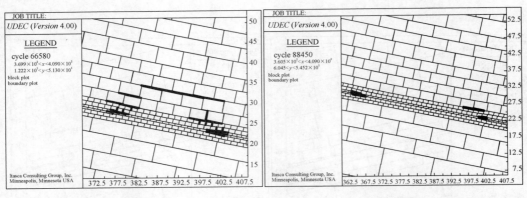

(c) 工作面推进26m   (d) 工作面推进41m

图 8-32　等效采高 M=0.48m 时采动覆岩运动规律及裂隙分布特征

横纵坐标为模型尺寸，单位为 m

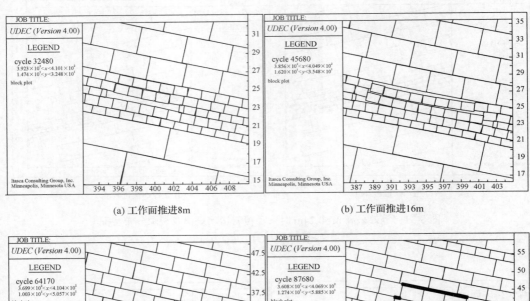

(a) 工作面推进8m   (b) 工作面推进16m

(c) 工作面推进26m   (d) 工作面推进41m

图 8-33　等效采高 M=0.72m 时采动覆岩运动规律及裂隙分布特征

横纵坐标为模型尺寸，单位为 m

图 8-34 为等效采高为 0.24m 时采动覆岩垂直应力分布特征。由图可知，工作面开采范

围较小时，煤壁前方支承压力较小，随开采范围的扩大而不断增加。工作面推进 8m 时，围岩受采动影响较小，煤壁前方压力为 12~14MPa，当工作面推进 41m 时，支承压力峰值为 16MPa，应力集中系数为 1.3，整体来说，由于工作面采高较小，支承压力集中系数较小。

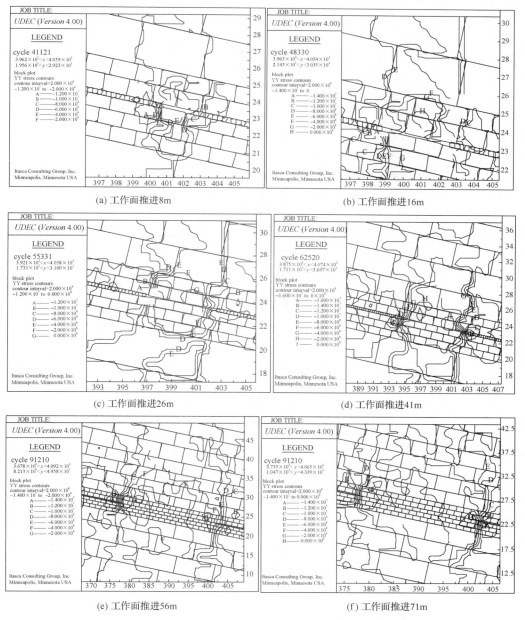

(a) 工作面推进8m　　　　　　　　　　(b) 工作面推进16m

(c) 工作面推进26m　　　　　　　　　　(d) 工作面推进41m

(e) 工作面推进56m　　　　　　　　　　(f) 工作面推进71m

图 8-34　等效采高 M=0.24m 时采动覆岩垂直应力分布特征

横纵坐标为模型尺寸，单位为 m

图 8-35 为等效采高为 0.24m 时采动覆岩位移矢量分布图。由图可知，当工作面开采 8m 时，采空区上方围岩垂直位移为 59.3mm；开采 16m 时，采空区上方围岩垂直位移为

88.0mm；开采 26m 时，覆岩垂直位移为 146.3mm；开采 41 m 时，覆岩垂直位移为 178.7mm；开采 56m 时，覆岩垂直位移为 194mm；开采 71m 时，覆岩垂直位移为 213.1mm。

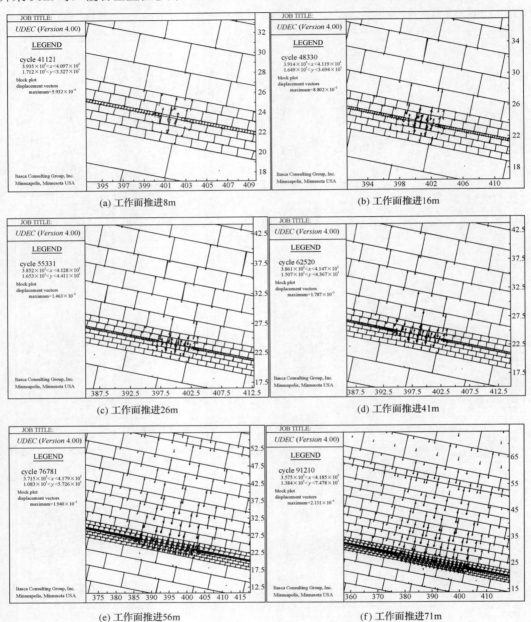

图 8-35　等效采高 M=0.24m 时采动覆岩位移矢量分布图

横纵坐标为模型尺寸，单位为 m

图 8-36 和图 8-37 为等效采高为 0.48m 时，采动覆岩垂直应力分布特征与位移矢量分布图。由图可知，当工作面处于正常回采期间时，工作面煤壁前方支承压力峰值为 18MPa，应力集中系数为 1.5。采空区顶板沉降量随工作面开挖范围的扩大而增加，当工

作面开采 8m 时，采空区上方围岩最大垂直位移量为 59.9mm；开采 16m 时，采空区上方覆岩垂直位移量为 106.6mm；开采 26m 时，垂直位移量为 298.5mm；开采 41m 时，垂直位移量为 404.4mm；开采 56m 时，垂直位移量为 428.7mm；开采 71m 时，垂直位移量为 453.2mm。因此，与等效采高为 0.24m 时相比，覆岩活动有所增强，煤壁前方移动支承压力与应力集中系数有所增加，采空区顶板垂直位移量也相应地增大。

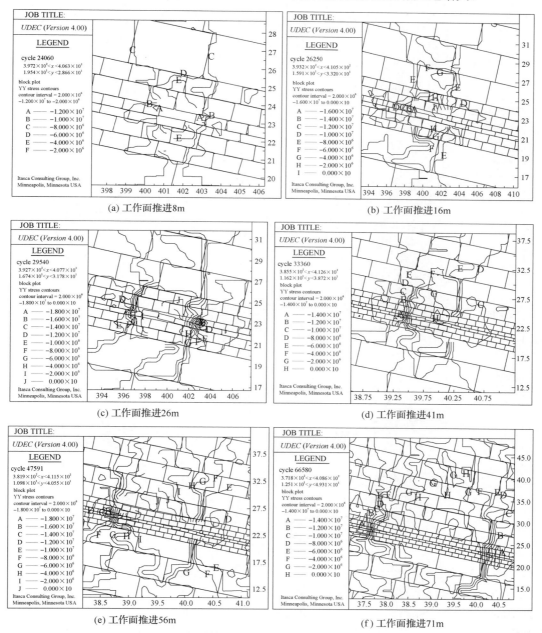

图 8-36　等效采高 M=0.48m 时采动覆岩垂直应力分布特征

横纵坐标为模型尺寸，单位为 m

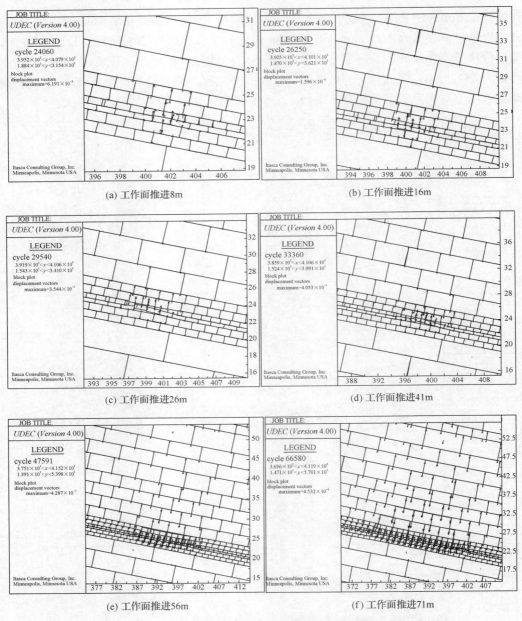

(a) 工作面推进8m

(b) 工作面推进16m

(c) 工作面推进26m

(d) 工作面推进41m

(e) 工作面推进56m

(f) 工作面推进71m

图 8-37　等效采高 M=0.48m 时采动覆岩位移矢量分布图

横纵坐标为模型尺寸，单位为 m

　　图 8-38 和图 8-39 为等效采高为 0.72m 时，采动覆岩垂直应力分布特征与位移矢量分布图。由图可知，当工作面处于正常回采期间时，工作面煤壁前方支承压力峰值为 20MPa，应力集中系数为 1.7。采空区顶板沉降量随工作面开挖范围的扩大而增加，当工作面开采 8m 时，采空区上方覆岩垂直位移量为 41.4mm；开采 16m 时，采空区上方覆岩垂直位移量为 82.4mm；开采 26m 时，垂直位移量为 141.6mm；开采 41m 时，垂直位

移量为 221.1mm；开采 56m 时，垂直位移量为 771.8mm；开采 71m 时，垂直位移量为 756.5mm。可以看到，当工作面基本顶发生破断后，采空区顶板垂直位移量急剧增加，覆岩活动范围较 $M=0.24m$ 和 $M=0.48m$ 时均有所增加。

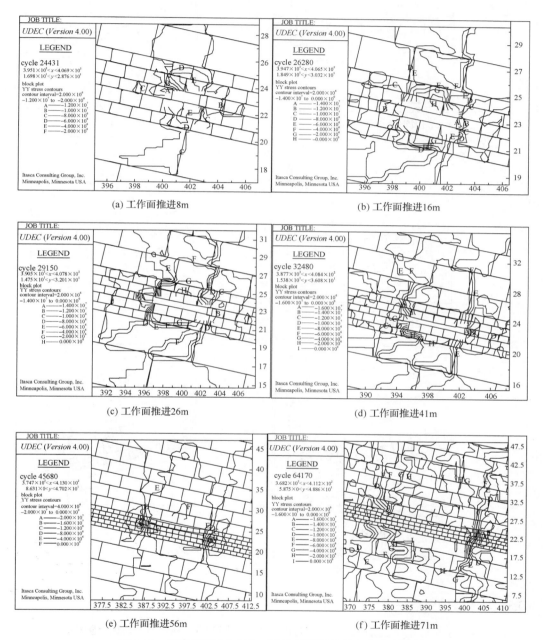

图 8-38　等效采高 $M=0.72m$ 时采动覆岩垂直应力分布特征

横纵坐标为模型尺寸，单位为 m

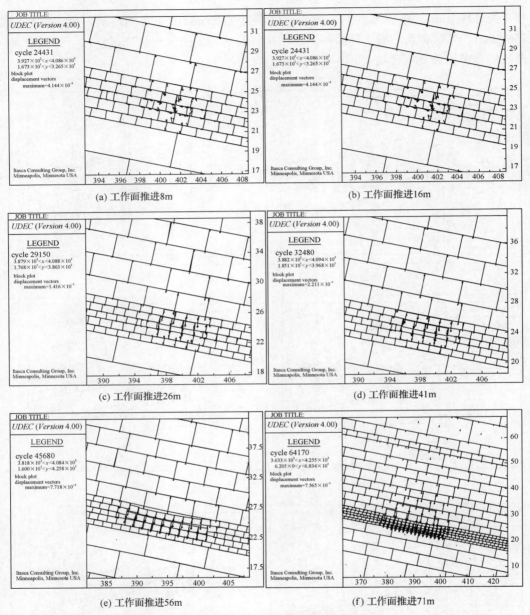

图 8-39　等效采高 M=0.72m 时采动覆岩位移矢量分布图

横纵坐标为模型尺寸，单位为 m

8.3.3　地表移动变形特征

图 8-40 为未对采空区进行充填时的地表变形特征图。从图中可知，地表下沉曲线失去对称性，最大下沉点偏向采空区方向，最大下沉量为 1.196m，最大水平位移为 827.3mm，倾斜最大值达到 34mm/m，水平变形最大值为 41.05mm/m，地表最大曲率为 $20.5×10^{-3}$/m，后三项指标均超过了 Ⅱ 级建筑物的保护要求。

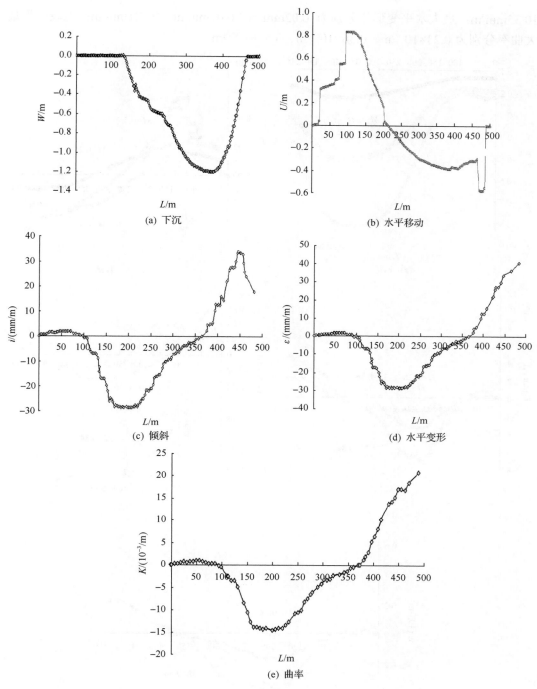

图 8-40　未充填时地表变形

　　图 8-41 为不同等效采高下地表变形特征。由图可知，等效采高为 0.28m、0.56m、0.84m 时，地表最大下沉量分别为 229mm、514mm、810mm；地表水平位移均呈非对称正弦曲线，最大水平位移分别为 22mm、47mm、55mm；最大倾斜分别为 2.3mm/m、4.6mm/m、

10.35mm/m；最大水平变形值分别为 0.02mm/m、0.07mm/m、0.121mm/m；地表变形最大曲率分别为 $0.23×10^{-3}$/m、$0.36×10^{-3}$/m、$0.58×10^{-3}$/m。

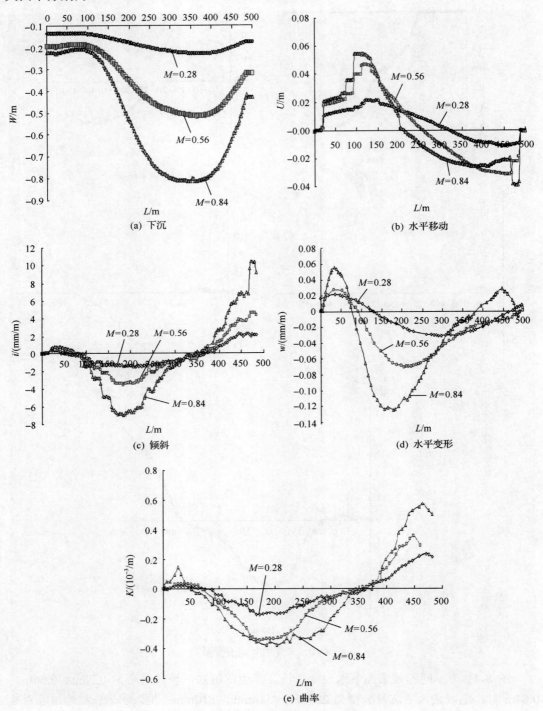

图 8-41　不同等效采高下地表变形特征

充Ⅵ工作面地表上方有部分建筑物,按Ⅱ级保护要求,地表变形值倾斜应控制在 6mm/m 以内,水平变形应控制在 2mm/m 之内,曲率应控制在 $0.4×10^{-3}$/m 之内。当工作面等效采高为 0.72m 时,地表倾斜最大值为 10.35mm/m,地表最大曲率为 $0.58×10^{-3}$/m,均大于规定值,因此为了使地表建筑物免受开采的影响,采空区充填率应不小于 80%。

8.4　开放式充填开采覆岩控制关键要素

8.4.1　利用支架尾梁提高充填液面

1. 提高液面充填开采的原理

传统的开放式充填,其充填效果对于煤层倾角大小的依赖性较高,所以充填效果不稳定。因此,针对开放式充填的特点,利用支架尾梁和(或)掩护梁,对提高采空区内的充填液面高度进行了研究与试验。

如图 8-42 所示,当煤层倾角过小时,提高充填液面高度为 0.9m 时,其顶板裸露长度为 16m 左右;当抬高液面至 1.8m 时,在较小的煤层倾角下,其顶板裸露长度为 6m 以下。由上述计算可知,此时只有直接顶的下位分层发生破断、垮落,顶板下沉相对较小。

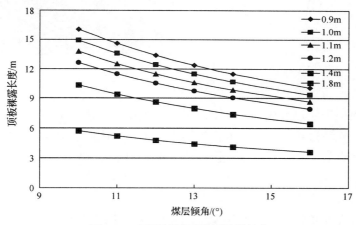

图 8-42　不同情况下顶板裸露长度

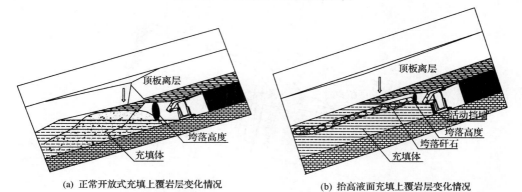

(a) 正常开放式充填上覆岩层变化情况　　　(b) 抬高液面充填上覆岩层变化情况

图 8-43　开放式充填与抬高液面充填方式对比

如图 8-43 所示, 正常充填开采时, 基本顶大部分发生破断, 而在实际充填开采中, 先前灌入的超高水材料已经将后续充入的浆体通路堵塞, 造成浆体向后续空间充填困难。而抬高液面充填开采时, 垮落空间有限, 向后灌注的距离较小, 因此在实际操作过程中, 容易提高充填率。

2. 提高液面充填开采的两种形式

1）全面抬高充填液面的充填技术

全面抬高充填液面, 即利用支架的掩护梁与摆杆, 并在支架后方利用废旧皮带、风雨布等架设成隔离墙, 使浆体液面抬高至如图 8-44（a）所示, 现场实施情况如图 8-44（b）所示。此种方法形似袋式充填, 但兼有开放式充填的优点, 能够较好地提高充填率, 改善充填效果。

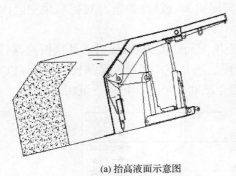

| (a) 抬高液面示意图 | (b) 现场人造隔离堵漏墙 |

图 8-44　支架尾梁吊挂风雨布构筑人造防漏隔离墙

充Ⅵ工作面使用的轻型放顶煤支架, 不是为该充填工艺开采专门设计的支架, 因此施工较为困难。充填过程中, 采空区内需要有人工作, 因此需要在支架前方进行打设点锚进行采空区的有效支护, 保护采空区工作人员。由于工作量较大, 因此利用该工艺工作面推进了 30m 左右, 采出煤炭 14904t, 充填浆体 7742m³, 充填率达到 93% 左右。

2）部分抬高液面充填技术

部分抬高液面充填技术, 即利用支架的支垛（可利用 1100m）, 采用废旧皮带、钢丝绳、风雨布等在支架尾梁下方架设隔离墙, 充填效果如图 8-45 所示。

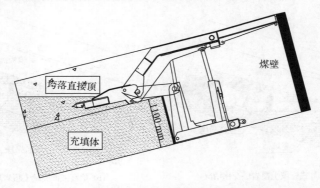

图 8-45　部分抬高液面充填开采示意

部分抬高液面后，充Ⅵ工作面共推进 130m，共采出煤炭 54584t，充入充填浆体 56188m^3，总的充填率达到 85%。

8.4.2 提高充填率的其他措施

1. 留巷

为进一步增大充填率，以发挥超高水材料浆体优良灌注性为目的，对工作面两巷进行部分留巷，保留浆体向老空区内灌注的通道，使充填率进一步增大，保证较高的充填率，如图 8-46 所示。

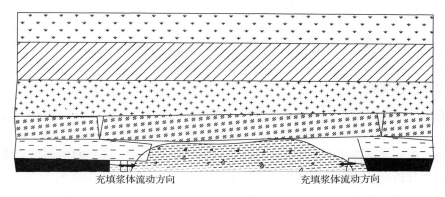

图 8-46　保留巷道提高充填率示意图

2. 工作面分区域充填

充填工作面在走向方向上由于存在着高差，造成了工作面充填开采时，充填液面一边充填已满，另一边还没有浆体。为了增大充填率，在工作面支架后方布置 4~5 个隔离挡墙，将工作面充填区分割为 5~6 个充填区域，充填时将各个充填区域由上到下依次充填。

如图 8-47 所示，上面那条线为架设间隔挡墙后充填液面的高度位置，下面那条线为普通抬高液面时充填液面高度位置。由此可以看出，架设隔离挡墙可以有效地提高充填率，保证充填效果。

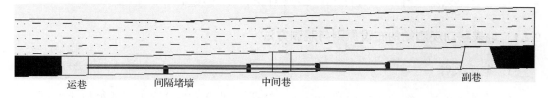

图 8-47　工作面分区充填示意图

第9章 超高水材料充填开采地表沉降规律及控制技术

为掌握超高水材料充填新技术下采煤的地表移动变形规律及其对沉陷区范围内建筑物、铁路等的影响，冀中能源邯郸矿业集团委托河北工程大学测绘工程系对陶一矿 12706 工作面和亨健矿 2515 工作面进行了沉陷变形监测，并基于监测获取超高水材料长壁袋式充填开采的地表沉陷数据，对单一回采工作面非充分采动情况下地表沉降的特征及控制技术进行研究。

9.1 地表沉降观测方法

9.1.1 观测工作流程

根据本矿区地质采矿条件和有关规程的要求，同时参考采区工作面的布置情况和采空区上方地形条件，沿各工作面走向和倾向主断面分别布设地表移动观测站。按规定周期和观测精度分别进行观测站的连接测量、全面测量和日常测量，对监测信息进行数据处理与变形分析，技术路线图如图 9-1 所示。

9.1.2 技术依据

(1) 2000 年 5 月，国家煤炭工业局颁布的《建筑物、水体、铁路及主要井巷煤柱留设与压煤开采规程》。

(2) 1991 年，国家测绘局颁布的《国家三、四等水准测量规范》(GB12898-91)。

(3) 1989 年，中华人民共和国能源部颁布的《煤矿测量规程》。

(4) 1999 年，中华人民共和国建设部颁布的《城市测量规范》(CJJ8-99)。

(5) 1997 年，中华人民共和国建设部颁布的《全球定位系统(GPS)测量规范》(CJJ73-97)。

9.2 单一工作面充填开采地区地表沉降观测

9.2.1 地表移动观测站的布设原则与观测方法

1. 布设原则

依照规程规范，结合工作面和地表实际情况，观测站的设置主要遵循以下原则。

(1) 点位能够长期保存。

(2) 基准点地质条件稳定，不受开采影响。

(3) 监测点能够真实反映观测对象的沉降变形情况。

(4) 便于安置仪器，以及 GPS、水准测量的进行。

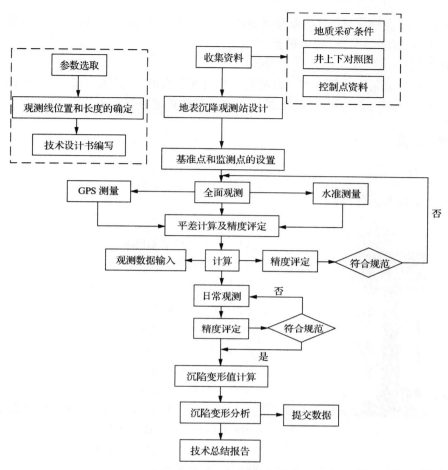

图 9-1　地表沉陷变形监测工作流程图

(5)预计沉降量最大的区域，监测点应加密。

综合考虑矿井地质采矿条件、工作面上方地表的地形条件和各工作面开采的影响范围，基准点选在开采影响范围以外，以确保基准点的稳定。考虑到工农关系和监测点的保护，各观测线沿走向主断面附近小路或土坎布设。

2. 观测方法

1)平面测量

采用 GPS 技术测量基准点和监测点坐标，已知点坐标见表 9-1。

表 9-1　已知点坐标

点号	X	Y	H
K2(高速)	4056389.876	532113.929	138.273
R1(公路)	4057339.074	529332.831	159.019
K1(煤仓楼)	4058056.915	527484.247	206.562

根据以上三点进行点校正，测量各基准点和监测点坐标。采用 GPS 随机软件进行数据处理，平差模型采用二维约束平差。

2) 高程测量

首次全面观测采用三等水准，日常观测采用四等水准。12706 和 2515 工作面监测周期分别为 1 次/周和 1 次/月。监测成果采用平差易软件进行平差处理。

9.2.2　观测设备

1. 定位仪

定位仪如图 9-2 所示。

图 9-2　定位仪

1) 使用仪器

(1) 型号：天宝 GPSR10。

(2) 定位精度。

静态水平：$3mm + 0.5 \times 10^{-4}\%$。

静态垂直：$5mm + 0.5 \times 10^{-4}\%$。

动态水平：$8mm + 1 \times 10^{-4}\%$。

动态垂直：$15mm + 1 \times 10^{-4}\%$。

(3) 卫星信号同步跟踪。

GPS：L_1C/A、L1C、L2C、L2E、L5。

GLONASS：L1C/A、L1P、L2C/A、L2P、L3。

Beidou-2：B1、B2、B3。

(4) 工作温度：$-40 \sim +65℃$。

(5) 防护等级：IP67 防尘，可承受临时浸入水下 1m。

2) GPS 测量

以测区周边 3 个已知点为基准，采用 GPS 静态测量将坐标传递至测区，使沉陷监测成果与矿区坐标系统保持一致，测量等级为 E 级。

2. 全站仪

考虑到 GPS-RTK 的定位精度，本次监测采用全站仪进行平面位置和水平方向移动的测量，如图 9-3 所示。

图 9-3　全站仪

1) 使用仪器

品牌型号：瑞士徕卡 - TS30。

精度：0.5″。

最小显示：0.1″(0.01mgon)。

测程：圆棱镜(GPR1)：3500m。

精密：$0.6mm + 1 \times 10^{-4}\%$/一般 7s。

标准：1mm + 1×10⁻⁴% / 2.4s。

工作范围：5~150m。

望远镜(放大倍数)30×。

调焦范围：1.7m 至无穷远。

2)全站仪测量

以 GPS 确定的联测点为基准，采用导线测量方法确定各监测点初始坐标和各期全面观测坐标，测量等级为Ⅰ级导线。

3. 水准仪

日常高程观测采用水准仪测量，用于计算监测点下沉，如图 9-4 所示。

1)仪器参数

品牌型号：DiNi 03。

精度：误差 0.3mm/km。

测量范围：1.5~100m。

测量时间：3s。

高程观测值分辨率：0.01mm。

距离观测值分辨率：1mm。

图 9-4　水准仪

2)测量方法

首次全面观测将监测点和基准点共同构成闭合水准路线，确定各点初始高程。日常观测采用单程双转点，间隔 2~3 个月联测基准点，测量等级为四级。现场测试，如图 9-5 所示。

图 9-5　水准仪现场测量示意图

9.2.3　变形监测方案设计与测点布设

1. 以亨健矿 2515 工作面为例

根据亨健矿地质采矿条件及有关规程的规定，在 2515 充填采区工作面上方沿工作面主断面布设地表移动观测站，具体工作包括：地表移动观测站技术设计书的编写；观测站所有观测线的设置；各观测线基准点、监测点位置的确定；基准点与监测点标石的制作与埋设；监测周期的确定。

1）观测站设计采用的开采沉陷参数

根据 2515 工作面地质采矿条件，采用邯郸矿业集团峰峰矿区综合开采沉陷参数：移动角为 $\gamma=63°+\alpha$，$\beta=70°-0.6\alpha$，$\delta=74°$；最大下沉角为 $\theta=90°-0.6\alpha$；松散层移动角为 $\varphi=45°$。

2）走向观测线位置和长度的确定

走向观测线长度的确定方法如下：自工作面南北两端，以角值 $(\delta-\Delta\delta)$ 画线与基岩和松散层交接面相交，再从交点以 φ 角画线与地表分别相交于 F、H 点。FH 段便是走向观测线的工作长度。长度 HF 按如下公式计算：

$$HF = 2h\cot\phi + 2(H_0 - h)\cot(\delta - \Delta\delta) + l \tag{9-1}$$

式中，l 为工作面走向长度；H_0 为平均采深，取 360m。

3）倾向观测线位置和长度的确定

2515 工作面沿倾向开采，走向长度为 100m，采深为 360m，因此走向方向未达到充分采动，倾向观测线布设于走向中央位置。倾向观测线长度按如下公式确定：

$$AB = 2h\cot\phi + (H_1 - h)\cot(\beta - \Delta\beta) + (H_2 - h)\cot(\gamma - \Delta\gamma) + L\cos a \tag{9-2}$$

式中，H_1 为下山采深，取 370m；H_2 为上山采深，取 350m；h 为松散层厚度，取 30m；φ 为松散层厚移动角，取 $\varphi=45°$；β 为走向移动角，取 $\delta=74°$；$\Delta\beta$ 为下山移动角的修正值。因煤层倾角 $\alpha=5°$，取 $\Delta\delta=20°$；$\Delta\gamma$ 为上山移动角的修正值。因煤层倾角 $\alpha=5°$，取 $\Delta\gamma=20°$。

将上述参数代入确定采煤造成的沉陷范围，并据此确定观测线的布设。其中，基准点在影响范围线 50m 以外。

4）地表观测站的布设

根据上述设计方案布设基准点和监测点。走向观测线穿过农田，考虑到工农关系和监测点的保护，走向观测线沿走向主断面附近土坎布设；倾向监测点起止于开采影响范围线，沿与倾向主断面近乎平行的乡间公路布设，详见图 9-6。

2. 陶一矿 12706 工作面地表观测站

陶一矿 12706 工作面观测站布设原则同 2515 工作面，分别依据各自地质采矿条件布设了地表观测站。陶一矿 12706 工作面地表观测主要是邯长铁路，测站布设轨道观测线各监测点与路基监测点一一对应，轨道测点布设于相应的轨道面上。12706 工作面地表移动观测站布置如图 9-7 所示。

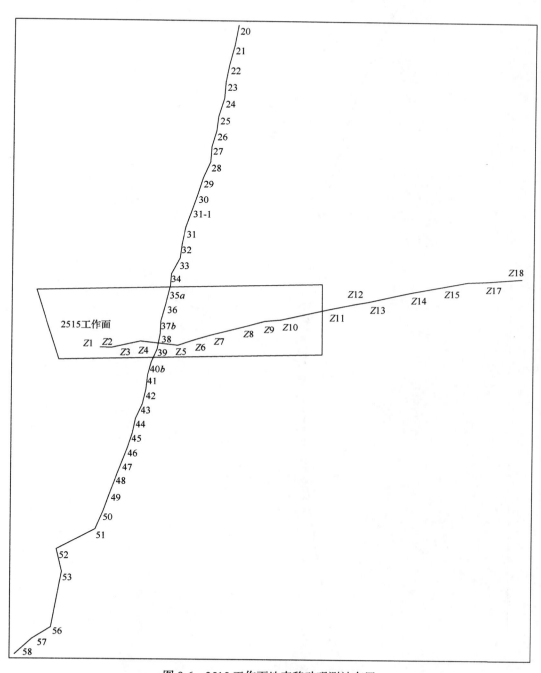

图 9-6　2515 工作面地表移动观测站布置

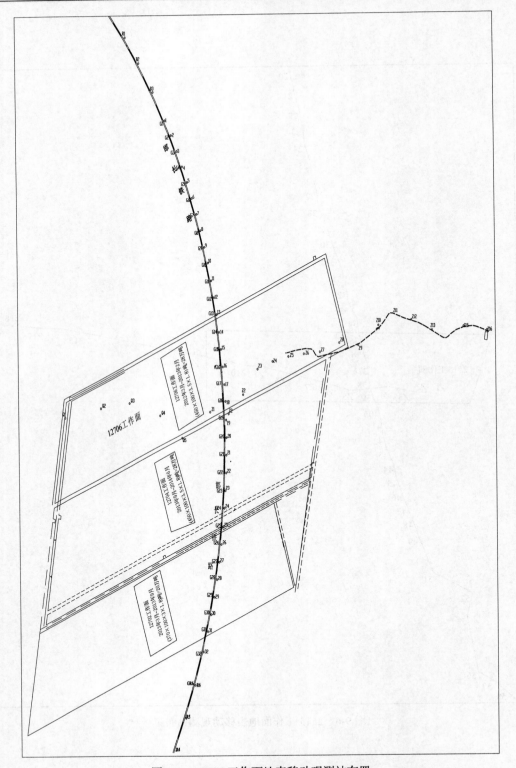

图 9-7　12706 工作面地表移动观测站布置

9.2.4　亨健矿 2515 工作面地表观测结果

（1）亨健矿 2515 工作面监测结果如表 9-2 所示。

表 9-2　2515 工作面观测线最终下沉量

点号	下沉量/mm	点号	下沉量/mm	点号	下沉量/mm	点号	下沉量/mm
倾向观测线		33	−155	48	−8	Z5	−232
20	0	34	−186	49	−6	Z6	−230
21	−11	35	−224	50	1	Z7	−251
22	−25	36	−241	51	−10	Z8	−265
23	−34	37	−236	52	−2	Z9	−256
24	−44	38	−232	53	2	Z10	−263
25	−59	39	−219	55	1	Z11	−270
26	−67	40	−184	56	1	Z12	−269
27	−79	41	−145	57	1	Z13	−218
28	−79	42	−104	58	1	Z14	−188
29	−97	43	−68	走向观测线		Z15	−26
30	−109	44	−54	Z1	−165	Z16	−13
31	−117	45	−41	Z2	−182	Z17	−11
31-1	−92	46	−26	Z3	−209	Z18	0
32	−135	47	−16	Z4	−223		

（2）根据监测结果绘制如图 9-8 所示的沉陷变形曲线。

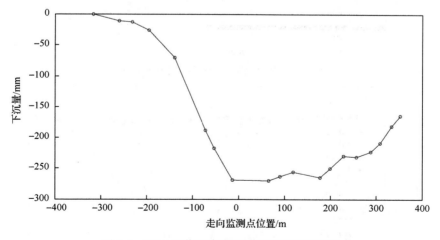

图 9-8　2515 工作面走向观测线最终下沉曲线

　　为便于保存，2515 工作面走向观测线在该工作面走向主断面附近土坎布设，各点未在同一直线上。2515 工作面走向观测线最终下沉曲线，如图 9-8 所示。

　　2515 工作面走向观测线最大下沉点为 Z7 点，最大下沉为 265mm。该点距开切眼 175

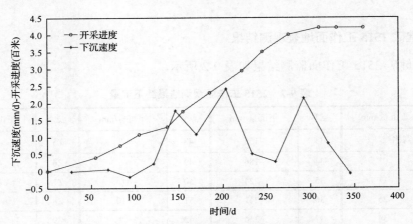

图 9-9　2515 走向最大下沉点下沉速度与开采进度曲线

米。由图 9-9 可知，当工作面推进 240 米(过 Z7 点约 70 米)时，该点达到其最大下沉速度。
2515 工作面走向、倾向观测线各期下沉曲线如图 9-10、图 9-11 所示。

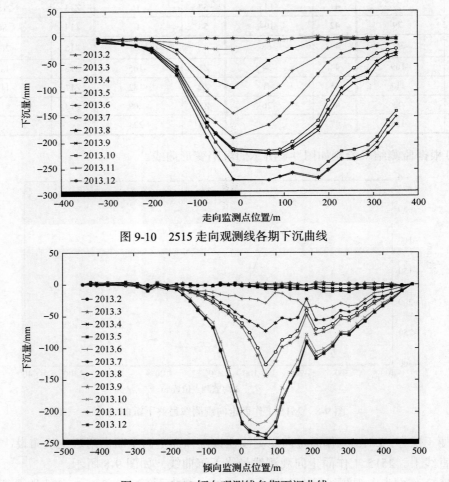

图 9-10　2515 走向观测线各期下沉曲线

图 9-11　2515 倾向观测线各期下沉曲线

　　为便于保存，倾向观测线沿倾向主断面附近的一条小路布设，各测点未在同一直线上。表 9-2 中 31-1 点在监测过程中遭到破坏，需另建新点，图 9-12 中出现了其下沉小于31 点现象。

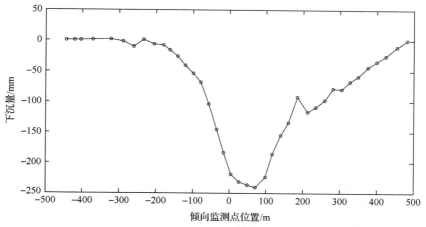

图 9-12　倾向观测线最终下沉曲线

9.2.5　陶一矿 12706 工作面地表观测结果

　　(1)12706 工作面监测结果如表 9-3、表 9-4 所示。

表 9-3　12706 工作面走向观测线最终下沉量

点号	下沉量/mm	点号	下沉量/mm	点号	下沉量/mm
R6	−10	21	−176	9	−114
32	−36	20	−218	8	−101
31	−48	19	−337	7	−86
30	−62	18	−404	6	−76
29	−111	17	−415	5	−65
28	−118	16	−413	4	−53
27	−115	15	−386	3	−52
26	−110	14	−301	2	−17
25	−109	13	−287	1	−33
24	−115	12	−224	R3	−23
23	−126	11	−186	R2	−14
22	−148	10	−146	R1	−7

表 9-4　12706 工作面倾向观测线最终下沉量

点号	下沉量/mm	点号	下沉量/mm	点号	下沉量/mm
Q1	−49	18	−366	Z9	−285
Q2	−149	Z2	−316	Z10	−212
Q3	−265	Z3	−362	Z11	破坏
Q4	−353	Z4	−401	Z12	−96
Q5	−299	Z5	破坏	Z13	−46
Q2-1	−132	Z6	−400	Z14	−37
Q3-1	−144	Z7	−325	Z15	−21
Z1	−369	Z8	−285	Z16	破坏

(2)根据 12706 工作面监测结果绘制如图 9-13~图 9-18 所示的沉陷变形曲线。

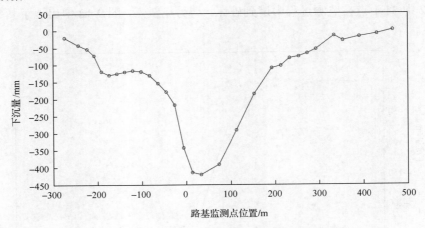

图 9-13　12706 工作面路基观测线最终下沉曲线

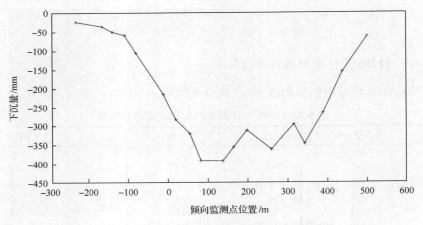

图 9-14　12706 工作面倾向观测线最终下沉曲线

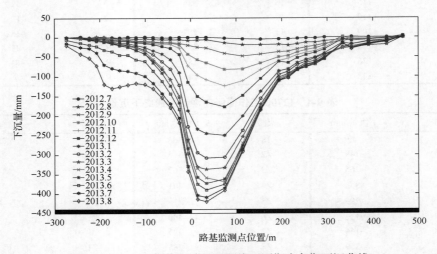

图 9-15　12706 工作面路基观测线观测期内各期下沉曲线

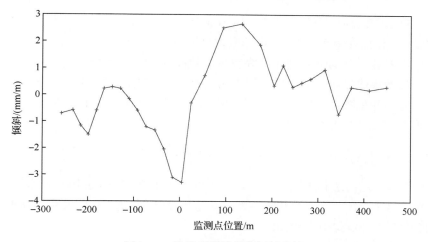

图 9-16　路基观测线最终倾斜曲线

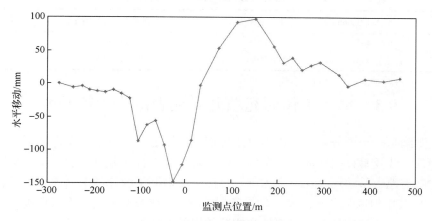

图 9-17　12706 工作面路基观测线最终水平移动曲线

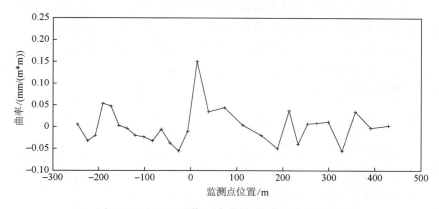

图 9-18　12706 工作面路基观测线最终曲率曲线

9.2.6　实测地表下沉率

采区尺寸的大小可影响地表的充分采动程度,充分采动程度通常用宽深比 D/H 表示,我国实测资料表明：D/H 小于 1.2~1.4 时为非充分采动，小于 1/3 时为极不充分采动。12706、2515 工作面在单个方向（走向或倾向）的采动程度小于 1/3，属于极不充分采动。当前，对极不充分采动的沉陷规律研究较少，超高水材料充填开采条件下的非充分采动岩层和地表移动规律没有任何研究成果，考虑到以上因素，这里先采用下沉率初步分析超高水材料充填开采条件下的沉陷控制效果。实测地表下沉率为地表最大下沉值与煤层采厚在铅垂方向投影长度的比值：

$$q = w_0 / m \cos \alpha$$

12706 工作面走向达到了充分采动，下沉率达到 0.12；2515 工作面未达到充分采动，工作面采厚为 4.5 米，充填率为 92%，下沉率达到 0.06（表 9-5）。这表明超高水材料充填可以达到较好的控制地表沉陷效果。

表 9-5　超高水材料充填的实测地表下沉率

工作面	最大下沉/mm	平均采深/m	工作面大小[长/宽/(m/m)]	下沉率
12706	401	420	500/120	0.12
2515	265	360	368/100	0.06

9.3　单一工作面充填开采地表沉降规律研究

地表沉陷是一个十分复杂的力学时空过程，它属于灰色系统，有许多不确定因素。开采沉陷预计涉及具体的地质采矿条件，由于岩体是一种十分复杂的介质，从纯力学角度研究岩层与地表移动还存在很多困难。目前，常借助于统计学来描述和分析岩层与地表移动[2~4]，其中概率积分法就是一种最常用的模型，该模型中包含不可直接实地测量的参数，这直接影响预测结果的可靠性和实际应用的方便性。

受观测场地限制，走向观测线和倾向观测线尽管和走向、倾向主断面接近，但并不完全一致，造成上文根据实测数据计算的参数具有一定偏差，且部分参数无法计算。超高水充填开采为新技术，该技术开采条件下的地表沉陷规律研究不足，为了全面掌握采用该技术条件下的地表沉陷规律，基于本项目大量高频率的实测数据，采用概率积分模型进行拟合，全面获取邯郸矿区超高水充填条件下的地表沉陷参数。

9.3.1　概率积分法简介

在研究沉陷变形规律的各类方法中，由于概率积分法具有一定的理论基础，预计参数完全可以通过实测资料求得，且对一个矿区而言参数相对稳定，参数变化遵循一定的规律，同时概率积分法适用于任意形状工作面、地表任意点的移动和变形预计，使用方便、适应性强、预计精度高，成为我国当前应用最为广泛的沉陷预计方法。

概率积分法是影响函数法和理论模拟法的结合，将岩体看做非连续介质力学中的颗粒体介质，认为岩体是由类似于砂粒或相对来说很小的岩块组成，颗粒之间完全失去联系，可以相对运动，颗粒介质的运动用颗粒的随机移动来表征，由此推导出单元 (s, q)

开采引起地表点(x, y)的下沉为

$$W_{\text{e}}(x, y) = \frac{1}{r^2}\text{e}^{-\pi\frac{(x-s)^2+(y-q)^2}{r^2}} \tag{9-3}$$

式中，r 为主要影响半径。设走向开采长度为 D_3，倾向为 D_1，开采高度为 m，倾角为 a，如图 9-19 所示。

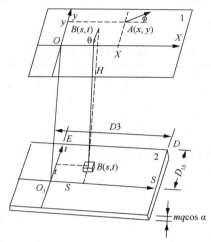

图 9-19　单元开采及其对地表影响示意图

水平煤层整个矩形工作面开采引起(x, y)点的下沉为

$$W(x, y) = \frac{W_0}{r^2}\int_0^{D_{1S}}\int_0^{D_3}\text{e}^{-\pi\frac{(x-s)^2}{r^2}}\text{e}^{-\pi\frac{(y-q)^2}{r^2}}\text{d}q\text{d}s \tag{9-4}$$

式中，$W_0 = mq\cos\alpha$ 为沉降盆地最大下沉值。

9.3.2　地表下沉实测参数拟合计算

概率积分模型中用到的参数主要包括：沉降盆地主要影响半径 r，最大下沉系数 q，水平移动系数 b，拐点偏距，最大下沉角。以本次实测参数和规范建议参数为初始值。考虑到各参数当前确定精度，各参数在拟合计算中的步距和取值范围见表 9-6。

表 9-6　概率积分模型参数

参数	初始值	最大值	最小值	步距
主要影响半径 r/m	200	260	140	20
下沉系数 q	0.1	0.3	0.1	0.05
水平移动系数 b	0.35	0.5	0.2	0.05
最大下沉角/(°)	75	85	65	5
拐点偏距(走向)	−20	20	−20	−10
拐点偏距(倾向下山)	−20	20	−20	0

经拟合计算，12706 工作面拟合参数见表 9-7。

表 9-7　12706 工作面参数拟合结果

参数	拟合值	参数	拟合值	参数	拟合值
主要影响半径 r/m	200	水平移动系数 b	0.35	拐点偏距（走向）	−10
下沉系数 q	0.21	最大下沉角/(°)	80	拐点偏距（倾向下山）	0

2515 工作面拟合参数见表 9-8。

表 9-8　2515 工作面参数拟合结果

参数	拟合值	参数	拟合值	参数	拟合值
主要影响半径 r/m	200	水平移动系数 b	0.35	拐点偏距（走向）	−10
下沉系数 q	0.11	最大下沉角	80	拐点偏距（倾向下山）	0

图 9-20~图 9-23 为基于概率积分模型采用表 9-7 和表 9-8 参数绘制的实测和预计曲线。

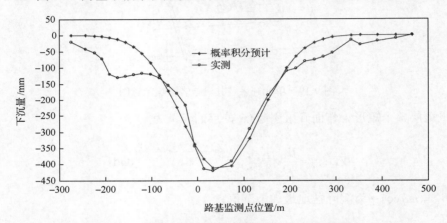

图 9-20　12706 工作面路基观测线最终下沉拟合曲线

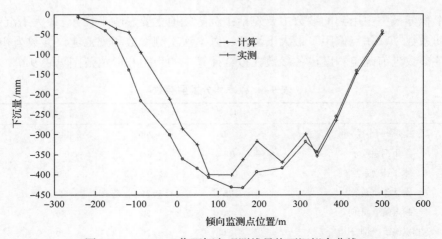

图 9-21　12706 工作面倾向观测线最终下沉拟合曲线

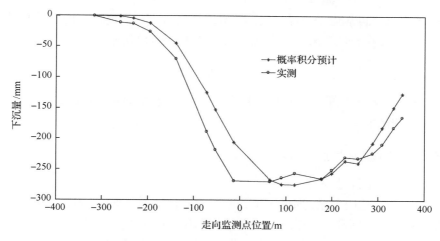

图 9-22　2515 走向观测线最终下沉拟合曲线

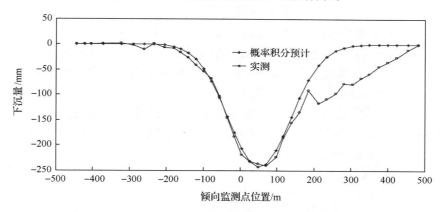

图 9-23　2515 倾向观测线最终下沉拟合曲线

表 9-7 和表 9-8 的拟合结果表明，两个工作面下沉系数不同，其主要原因是两工作面的充填率不同。

9.3.3　等效采高

1. 概念

超高水材料是一种新型充填材料，初期研究认为，超高水材料充填体在封闭的三向受力状态时，可以忽略充填体的压缩量。超高水材料充填体进入采空区后，必然受到上覆垮落岩层的压力，受压后的充填体最终与上覆岩层融为一体，共同支撑上覆岩层。下文根据陶一矿 12706、亨健矿 2515 两个单一工作面开采时的实测数据，研究计算超高水材料充填体在井下特殊环境下的压缩性。

对于任何一种充填材料，在其进入采空区后，由于受到自身重力、压实或凝结等因素，以及受到垮落顶板及上覆岩层的压力，使充填体进一步压缩直至稳定，会比实际充填的高度有所减小。充填体充分稳定后，相当于置换了等厚度的煤层(称为有效充填高度)。因此,地表沉降可认为是由煤层实际采高减去有效充填高度以外的煤层开采引起的,称为等效采高。故在充填开采中,定义等效采高如式(9-5)所示:

$$m' = m - m_1 + m_2 \tag{9-5}$$

式中,m'为充填后的等效采高;m为实际采高;m_1为充填体的充填高度;m_2为充填体受压稳定后减少的高度。

2. 基于充填采场顶板控制的等效采高

1)填充前顶板下沉量分析

采场支架-围岩之间关系,即回采工作面支架工作阻力与顶板下沉之间的关系是采场矿山压力研究的核心问题,是采场矿山压力控制和矿山压力显现机理的理论基础,调压试验是研究这个问题的根本手段。中国矿业大学矿压实验室对支架工作阻力-顶板下沉之间的关系进行了试验,得出了如图 9-24 所示的曲线图。

图 9-24 中横轴为顶板不可控下沉量,(a)、(b)、(c)、(d)分别表示 1.5m、2.2m、3m 和 4m 采高的不可控下沉曲线。国外在回采工作面进行的一系列试验得出的曲线与图中相似。由图可见,各曲线分为两部分。以 1.5m 采高为例,图中 A 点将曲线分为两部分,A 点以下部分的曲线岩层随着支架工作阻力的增加而减小,A 点以上近似直线部分所对应的顶板下沉不再随着工作阻力的增加而减小,我们称 A 点以上部分下沉为不可控下沉。12706 和 2515 工作面采高均超过 3m,由图中曲线(c)、(d)可知,12706 工作面不可控下沉量为 140mm,2515 工作面取 160mm。

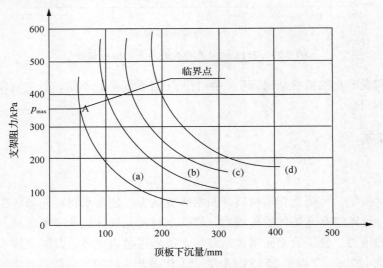

图 9-24　支架工作阻力与顶板下沉曲线

随着开采的进行,除不可控下沉量(与支架阻力无关)外,顶板还会出现一定量的下沉,这部分下沉与支架阻力和充填工艺等因素有关,称其为可控下沉。采空区各点的可控下沉量随着其与作业面距离的增加而增加。各工作面均采用随采随充工艺,填充作业面与开采工作面距离较小，但考虑到充填率、充填材料的固结时间和充填与开采衔接等问题，12706 工作面充填前顶板超前下沉量(不可控和可控下沉之和)应在 160mm 左右，2515 工作面为 180mm。

2) 充填剩余高度

根据各工作面的充填率和采高，计算各工作面的充填剩余高度。将顶板超前下沉与充填剩余高度之和称为理论等效采高，结果见表 9-9。

表 9-9　基于超高水材料充填各工作面等效采高

项目	12706 工作面	2515 工作面
采高/mm	3300	4500
充填率/%	82	92
超前下沉/mm	160	180
充填剩余高度/mm	594	360
超高水等效采高/mm	754	540

上述计算基于充填采场顶板控制，等效采高未考虑充填体受压稳定后减少的高度，即式 (9-5) 中的 m_2。

3. 基于实测下沉的等效采高

充填体受压稳定后减少的高度 m_2 难以获取，因此这里基于实测最大下沉，参考常规全部垮落法经验公式计算等效采高。根据临近峰峰矿区地表移动参数，12706 和 2515 工作面充分采动条件下采用全部垮落法时的下沉系数取 $q_充 = 0.78$。根据各工作面地质采矿条件确定充分采动系数(超高水充填具有一定特殊性，采用该技术时的充分采动系数应大于全部垮落法，其原因将在以后章节中详细分析)，由此可得各面实际下沉系数 q(非充分下的)。

超高水材料充填是一项新技术，具有较高的充填率，极大地抑制了伪顶、直接顶和老顶的破碎，从而在一定程度上会增大下沉系数(以等效采高为采高时)。考虑到岩石碎胀系数通常为 1.3~1.4，压实后为 1.1 左右。超高水材料充填时岩石碎胀远小于全部垮落法，下沉系数将增加 10%左右。各面等效采高按如下公式计算：

$$m' = \frac{W_{0实测}}{q \times (1 + 10\%) \times \cos\alpha} \tag{9-6}$$

其结果见表 9-10。

表 9-10　基于垮落法各工作面等效采高

参数	12706 工作面	2515 工作面
$q_充$	0.78	0.78
充分采动系数	0.6	0.54
q	0.52	0.48
等效采高/mm	776	548

基于全部垮落法经验公式得出的等效采高和超高水充填分析得出的等效采高存在一定差值，见表 9-11。

表 9-11　等效采高比较　　　　　　　　　　　　　　　　　　（单位：mm）

工作面	基于垮落法等效采高	基于超高水材料充填等效采高	差值
12706	776	754	22
2515	548	540	8

4. 超高水材料充填体压缩率

由上文计算可知，根据各工作面实测下沉得出的等效采高与根据各工作面地质采矿条件和充填率得出的等效采高存在一定的差值。造成上文差值的因素难以具体划分，故将上文差值暂归结至超高水材料充填体的压缩，按如下公式计算各工作面的超高水材料充填体压缩率：

$$k = \frac{m_2}{m_1} = \frac{m' - K - m(1-\eta)}{m\eta} \times 100\% \tag{9-7}$$

式中，m_1 为充填体的充填高度；m_2 为充填体受压稳定后减少的高度；m' 为等效采高；m 为工作面实际采高；η 为充填率；K 为顶板超前下沉量。由此计算得各工作面超高水材料的压缩率，见表 9-12。

表 9-12　各工作面超高水材料充填体压缩率

项目	12706 工作面	2515 工作面
采高/mm	3300	4500
充填率 η/%	82	92
等效采高 m'/mm	754	540
顶板超前下沉 K/mm	160	180
充填体压缩率 k/%	0.8	0.6

上述分析表明各工作面充填体压缩率都小于 1%，这一结果小于实验室得出的超高水材料压缩量，可以认为超高水材料充填体具有微变形性。以下基于超高水材料充填体微变形性，研究充填后的地表下沉规律。

9.3.4　地表下沉系数

我国常用的顶板管理方法有全部垮落法、充填法和条带法，表 9-13 所示为超高水充填与其他顶板管理方法的下沉系数的比较。

表 9-13　超高水充填与其他顶板管理方法的下沉系数的比较

顶板管理方法		下沉系数	采出率/%	备注
全部垮落法		0.6~1.1	100	
矸石自溜充填法		0.45~0.55	100	
条带法		0.06~0.3	50	采留比假设为 1:1
超高水充填	12706	0.21	100	
	2515	0.11	100	

注：各工作面下沉系数计算见上节

　　峰峰矿区采用全部垮落法时的下沉系数为 0.78，邯郸矿区与峰峰矿区地质采矿条件相似，采用全部垮落法时的下沉系数取 0.78。由表 9-13 统计数据可知，相较全部垮落法，采用超高水材料长壁袋式充填技术减沉可达 80%，相较一般矸石自溜充填法减小地面下沉可达 70%，随着充填率的提高，超高水材料充填可以达到更好的减沉效果。尽管条带法的下沉系数小于超高水材料充填，但其采出率过低，浪费了大量资源，而采用超高水材料充填技术不但有效减小了地面沉降，而且达到了 100% 的采出率。

　　相较其他充填技术，超高水材料袋式充填可以达到较高的充填率，采用该技术条件下的岩层和地表移动规律具有一定的特殊性，对研究超高水材料充填条件下的地表下沉规律具有重要意义。以下分析以超高水材料充填时的等价采高作为采高，代替全部垮落法各经验公式中的 m，计算超高水充填条件下的下沉系数。

　　由表 9-9 可见，超高水材料充填条件下等效采高与充填率密切相关，随着充填率的提高而减小。超高水充填条件下采场应力环境和全部垮落法不同，以上顶板超前下沉参考了全部垮落法经验曲线，其取值偏大，但考虑到充填过程中充填材料的统计误差，即充填剩余高度会增加，以上等效采高的取值是合理的。

1. 下沉系数

　　经拟合计算可得各工作面超高水材料充填条件下的下沉系数，见表 9-14。

表 9-14　各工作面参数和下沉系数

项目	12706 工作面	2515 工作面
采高/mm	3300	4500
充填率/%	82	92
等效采高 m'/mm	754	540
W_0/mm	401	265
q	0.9	0.9

　　超高水材料袋式充填可以达到较高的充填率，抑制了伪顶和直接顶的破碎、老顶及其他上覆岩层的断裂，减小了各岩层的离层空间。考虑以上因素，以等效采高作为采高，采用超高水材料袋式充填技术的地表下沉系数相较全部垮落法将有所增加。根据表 9-14 计算结果，超高水材料充填下沉系数增加 20% 左右。

2. 充分采动系数

通过上文分析可知，超高水材料充填下沉系数增加 20%左右，下文比较分析超高水材料充填条件下的充分采动系数特征。

先基于全部垮落法经验公式得出充分采动系数计算各工作面的下沉系数。将上述分析得出的等效采高作为采高 m'，根据如下公式计算各工作面的实际下沉系数：

$$m' = \frac{W_{0实测}}{q \times \cos\alpha} \tag{9-8}$$

式中，q 为实际开采条件下(非充分采动)的下沉系数。根据各工作面大小和采深计算充分采动系数(基于全部垮落法经验曲线)，可得各工作面下沉系数(充分采动条件下)，见表 9-15。

表 9-15　各工作面下沉系数与充分采动系数

项目	12706 工作面	2515 工作面
采高/mm	3300	4500
充填率/%	82	92
等效采高 m'/mm	754	540
W_0/mm	401	265
q	0.54	0.49
充分采动系数(全部垮落)	0.4	0.34
$q_充$	1.35	1.4

大量监测资料表明，只有在特厚松散层条件下，部分矿区下沉系数出现大于1的情况，而邯郸矿区松散层厚度不大，因此下沉系数应小于1。上文根据全部垮落法经验公式计算各工作面下沉系数都大于1，显然是不合理的。在研究沉陷变形规律的各类方法中，由于概率积分法具有一定的理论基础，预计参数完全可以通过实测资料求得，且对一个矿区参数相对稳定，参数变化遵循一定的规律；同时概率积分法适用于任意形状的工作面、地表任意点的移动和变形预计，使用方便、适应性强、预计精度高，成为我国当前应用最为广泛的沉陷预计方法。下文基于概率积分模型拟合得出各工作面下沉系数(充分采动下的)，计算超高水材料充填条件下的充分采动系数，见表 9-16。

表 9-16　各工作面下沉系数和充分采动系数

项目	12706 工作面	2515 工作面
$q_实$(非充分)	0.54	0.49
$q_充$	0.9	0.9
充分采动系数(超高水)	0.6	0.54

综合比较表 9-15 和表 9-16 可知，超高水材料充填条件下的充分采动系数显著大于全部垮落法，其原因如下：采用全部垮落法，顶板产生较为充分的破碎，其他上覆岩层也相应发生较大的断裂或离层，随着开采充分程度的增加，上覆岩层的载荷加大，破碎岩层得到的压实程度增加，其他岩层的裂缝和离层空间减小，从而增加地表的沉降，下

沉系数也随着充分采动程度的增加而显著增加；采用超高水材料充填，顶板的破碎程度和其他上覆岩层的裂缝和离层远远小于全部垮落法，随着采动程度的增加，下沉系数也会有所加大，但其所受影响应显著小于全部垮落法。综合上述分析，相同条件下，超高水材料充填充分采动系数大于全部垮落法，表明随着采动充分程度的增加，超高水材料充填时的地表下沉增加幅度小于全部垮落法。

9.4　充填开采地表沉降控制技术

9.4.1　影响充填效果的要素分析

1. 工作面充填率影响

为了更直观地分析充填率-覆岩破坏高度-地表下沉速度的关系，分别绘制了 12706 工作面、2515 工作面各因素的关系图，如图 9-25 和图 9-26 所示，表 9-17 为各工作面开采-充填参数。

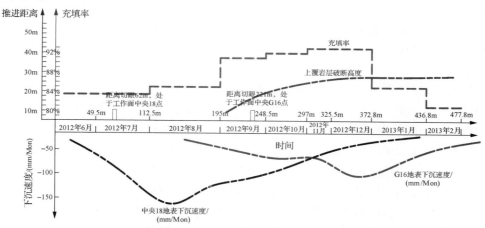

图 9-25　12706 工作面充填率-覆岩破坏高度-地表下沉速度时间空间关系

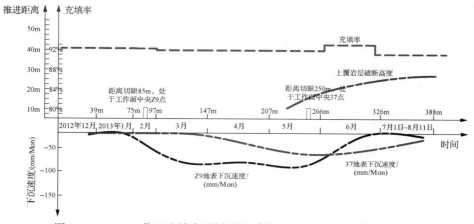

图 9-26　2515 工作面充填率-覆岩破坏高度-地表下沉速度时间空间关系

表 9-17　各工作面开采-充填参数

工作面	工作面长度/m	推进距离/m	采高/m	支架控顶范围/m	循环进尺/(m/天)	采深/m	充填率/%
12706	110	477.8	3.3	8.1	2.1	425	82
2515	72.5	388	4.5	8.1	2.1	400	92

1) 充填率与地表下沉速度的关系

12706 工作面是邯郸矿业集团第一个工业化应用充填开采的工作面,充填支架设计还不完善,因此充填率不太稳定,平均为 82%左右,其他两个工作面加强了充填率的管理,保证了充填效果,平均充填率基本达到了 89%及以上,地表下沉速度也相应的降低。

第一,充填率与下沉速度大小关系。

如图 9-25 和图 9-26 所示,12706 工作面地表中央 18 测点距离切眼 62m,该测点附近充填率为 83.6%,距离切眼 221m 处的中央 G16 点附近充填率为 91%。18 测点处最大下沉速度达到 146mm/Mon,而 G16 点最大下沉速度为 88mm/Mon。2515 工作面 Z9、37 测点分别距离测点 85m、250m,附近充填率平均为 92%,地表最大下沉速度为 60mm/Mon、42mm/Mon。

这说明,地表下沉速度与充填率关系成正比,充填率越大,地表下沉速度越小,最终地表下沉量就越小。由于 2515 工作面充填率较为平均,其综合下沉速度相较 12706 工作面小。

第二,下沉速度大于 10mm/Mon 范围与充填率大小关系。

12706 工作面中央 18 测点,从距离切眼 40m 处地表下沉速度达到 10mm/Mon,一直到工作面推进距离切眼 343m 时,地表下沉速度小于 10mm/Mon,范围达到 303m。

2515 工作面 Z9 测点,在距离切眼 82m 时,地标下沉速度超过 10mm/Mon,工作面推进到 296m 时,地表下沉速度小于 10mm/Mon,范围为 214m。

由于其他测点下沉受到距离切眼较近的测点影响,不便进行分析,但总的趋势是充填率较大时,其下沉的活跃范围相比较充填率较小的活跃范围有大幅度的减少。例如,12706 工作面与 2515 工作面充填率相差为 7%左右,而测点活跃范围相差 89m。

第三,地表下沉启动距离与充填率大小关系。

如图 9-25 和图 9-26 所示,12706 工作面开始时的充填率较低只有 83.6%左右,12706 工作面充填率为 92%,2515 工作面充填率为 92%,其中 12706 工作面启动距离为 40m,2515 工作面为 75m,整体来看,充填率越高,启动距离就越大,地表控制效果就越好。

2) 推进速度与地表下沉速度的关系

推进速度主要体现在月推进距离,如图 9-25 和图 9-26 所示,12706 工作面 8 月推进距离达到 82m,日推进速度达到 2.7m/d,充填率相较 9 月、10 月均有所提高的情况下,18 点下沉量达到 140mm 以上。2515 工作面前期每月推进距离都小于 50m,日平均推进速度小于 1.67m/d,,每月下沉量最大仅为 80mm。

这说明,地表下沉速度与工作面推进速度成正比,推进速度越快,下沉速度越大。

3) 充填率与地表下沉量的关系

图 9-27 所示为不同充填率下的地表下沉曲线,充填率越高,其下沉量就越小,因此

充填开采的关键是增大充填率。

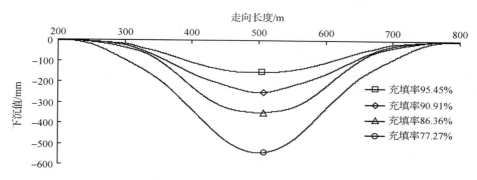

图 9-27　不同充填率下的地表下沉曲线

充填开采控制覆岩移动的关键是严格控制控顶区域顶板移近量，先严格控制控顶区域顶底板移近量，保证充填体接顶，在顶板为垮落前进行补充充填。充填开采采场控制必将成为制约充填效果好坏的主要因素，在该领域的研究势必会对我国充填开采起到促进作用，并发展和补充采场覆岩控制的研究。

2. 开采工艺方法影响

根据第 4 章可知，超高水材料充填开采工艺可以分为袋式充填开采工艺、开放式充填开采工艺和混合式充填开采工艺。充填开采工艺不同，地表沉降控制效果也不同。充填实践表明，袋式充填由于有效控制了采空空间，充填率要高于开放式充填。

3. 充填材料配比影响

充填材料一般要求凝结速度快、早期强度高、后期强度稳定，充填材料的配比影响充填材料的凝结速度并最终决定了充填固结体的强度。

综合上述成果，在基于超高水材料固结体体积基本不变的情况下，提高充填率是控制地表下沉的直接有效方法。

9.4.2　袋式充填开采提高充填率控制地表沉降效果

袋式充填开采中提高充填率是覆岩沉降控制的关键因素，因此提高充填率的技术措施成为关键技术。

1. 隔板布置优化

隔板初始布置设计如图 9-28 所示，隔板分别架设于两相邻支架，间隔宽度为 3m。由于在该间距内无法完成充填作业，因此为提高充填率，缩小不可充填空间，经过研究改进，隔板布置如图 9-29 所示。该布置方式将相邻两隔板固定于一个支架上，可将两隔板间隔间距缩短至 0.8m。

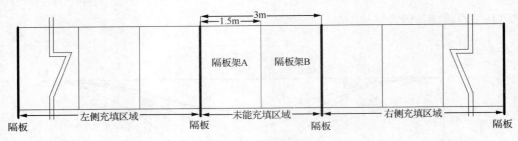

图 9-28　原隔板布置

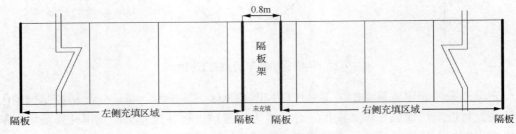

图 9-29　初步改进后隔板布置

为进一步降低不可充填空间，经过多次现场试验改进，最终确定可将隔板固定于隔板架一端，两充填袋之间的未充填间距仅为隔板整体的厚度(0.15m)，布置方式如图 9-30 所示。

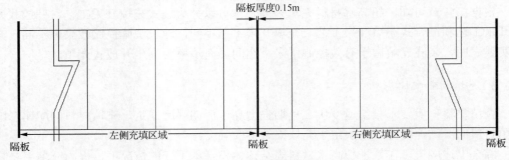

图 9-30　最终隔板布置

以亨健矿 2515 工作面为例，工作面长度为 81m，平均煤厚为 4.5m，工作面采空区共布置 4 个充填袋，每推进 3 刀(2.1m)进行一次充填，充填数据对比见表 9-18。可见，隔板布置设计的改进对充填率的提高做出了较大贡献。

表 9-18　隔板布置设计改进前后各数据对比

改进方案	待充填区域体积/m³	因隔板不可充填区域体积/m³	其他原因未能充填区域体积/m³	理论充填率/%
初始设计	765	85	49	82.4
改进设计	765	23	49	90.5
最终设计	765	1.4	49	93.5

2. 采空区埋管补注浆充填技术

袋式充填方式能适用于现有大多数采煤方法与回采工艺条件下的采空区充填要求。

但当工作面采高加大时，由于充填支架尾梁具有一定厚度，存在不接顶的情况。因此，针对其支架的充填特点，利用副巷留巷空间，对充填袋进行埋管补充充填，以提高工作面充填率，详细工艺如下：

沿煤层倾向管路布置。在采空区内，沿副巷留巷空间，每间隔 10m 埋设一根注浆花管，管长 60~70m，管径 51mm，紧贴采空区顶板沿煤层倾向埋设，距离采空区最外侧充填体 10m 进行补充充填，在保证充填体不流入工作面煤壁侧的情况下尽可能多充填。为了提高补充填效果，充填管尽量靠近顶板。采空区充填到预埋管位置时，将管按照设计顺序依次连接，连接牢固后将管托起并接触到顶板，用串杆将管托在已充填袋上面。沿空留巷预埋管路倾向布置，如图 9-31 所示。

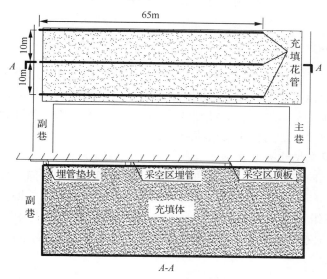

图 9-31　沿煤层倾向布置花管沿煤层走向管路布置

沿煤层倾向布置管路采用 6 根 2″铁管连接而成。管与管间采用套头方式连接，采用 2″管路端部焊接 2.5″管做接头（长度为 100mm），外部管路直接插入该接头即可，再用 14#铅丝沿花管孔将两根管头连接，管子连接时要保证两根管口对口，不留空隙。6 根充填管布置方式如下：外侧 2 根为普通管，另外 4 根铁管做成花管，充填管长度均为 2.5m。最外端焊接一根直径为 50mm 的直通，以便连接直径为 51mm 液压管子进行补充充填。

在工作面沿工作面走向紧贴顶板布置补充充填管路，充填管路在工作面支架上埋设，利用井下充填泵站，对工作面已经充填区域进行补充充填，充填管路由每根长 2.5m、直径 2.5″的管路连接而成，连接后管路长度为 17.5m，靠近工作面侧 5m 为普通管，在 5m 以里管路上打眼做成花管。工作面每隔 16.8m（8 个循环）补充充填一次，补充充填完毕后进行下一个循环的补充充填准备工作，如图 9-32 所示。

注：1″＝2.54cm

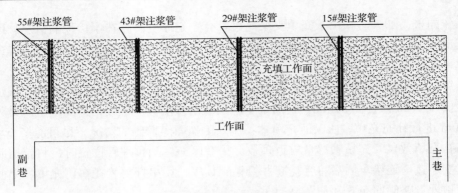

图 9-32　沿煤层走向布置花管

3. 离层区打钻补注浆充填技术

煤层开采后，上覆岩层失去支撑而发生移动、弯曲和破坏，由下至上逐渐发展并形成冒落带、裂隙带和弯曲下沉带。为阻止上覆岩层进一步移动，提高充填率，可利用超高水材料打钻补注浆充填的方法将岩层离层空间和冒落裂隙带内裂隙(统称为采空空间)充满，充填体凝固后可达到补注浆充填减沉效果。

1)打钻补注浆充填钻孔布置

沿煤层倾向上向布置钻孔。利用副巷沿空留巷空间，在副巷向工作面顶板上部打钻孔，利用钻孔对工作面顶板上部冒落空间或裂隙带进行补充充填。钻孔滞后煤壁工作面在空区侧施工，每组钻孔 3 个。其中，中间孔垂直于副巷，两侧孔与中间孔夹角均为 10°，钻孔深度为 50m，终孔位置在工作面顶板以上 2~2.5m。钻孔每隔 50m 打一组，钻孔布置如图 9-33 所示。

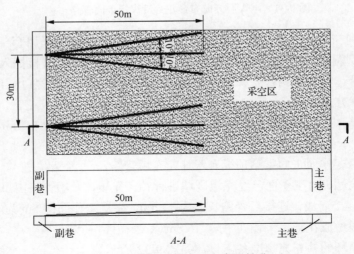

图 9-33　沿煤层倾向上向布置钻孔

沿煤层走向上向布置钻孔。超前工作面 30m 做钻窝，钻窝要求高于煤层顶板 3m，自钻窝处扇形布置钻孔，钻孔底至工作面空区侧顶板以上 2m 左右，然后由钻孔向工作面采空区进行补充充填，提高工作面充填率。每个钻窝布置三个钻孔，第一个钻孔与巷帮夹角为 10°，长度为 46m；第二个钻孔与巷道夹角为 20°，长度为 48m；第三个钻孔与巷道夹角为 30°，长度为 52m。三个钻孔与巷道坡度一致，如图 9-34 所示。

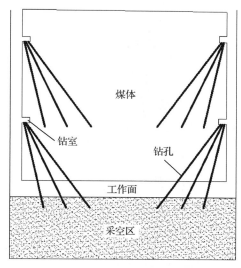

图 9-34　沿煤层走向上向布置钻孔

2）注浆扩散半径与注浆压力

浆体的扩散情况，是由上覆岩层裂隙发展情况决定的。两组钻孔浆液的扩散半径应该相互重叠，以免出现盲区。

一般来说，压力越高，浆液充填饱满，并能增大扩散半径及减少注浆孔数。但压力过高，会使裂隙扩大，浆液流失过远工作面冒浆等，注浆终压为 0.5~2.0MPa，并根据注浆量来调节注浆压力。

3）注浆量

在钻孔注浆过程中，要有专人观察注浆情况，当发现工作面侧有漏浆或充填泵站注浆压力达到设计压力时，可以结束该钻孔的注浆工作。

4）技术效果

根据测算，2515 工作面初次实际充填率仅能达到 91%左右，而采取上述补充充填技术后，按一次补充上覆空间三分之一计算，可以提高约 3.4%的充填率，使工作面实际充填率可达 93.5%以上，有效地控制了地表变形。

9.4.3　开放式充填开采提高充填率控制地表沉降效果

对于开放式充填，充填液面高度是影响充填率的决定因素，是提高地表沉降控制的主要途径，提高液面高度的方法通常有以下四种：①全面抬高充填液面；②部分抬高液面；③留巷灌浆；④工作面分区域充填。其中，前两种方法主要利用液压支架的掩护梁与废旧皮带。风雨布等设成隔离墙，从而提高充填液面；留巷灌浆的方法是留巷进行二次注浆来提高充填率；工作面分区域充填是预设间隔挡墙提高分区充填液面高度，提高整体充填效果。具体实施方法参照 8.4 节。

第10章 区域充填开采地表沉降规律

冀中能源邯郸矿业集团有限公司自2008年陶一矿进行超高水材料充填开采伊始即开展了地表沉降观测工作，第9章主要总结了单一回采工作面非充分采动情况下地表沉降的特征，其沉降结果与基于超高水材料固结体小变形的理论特性基本相符。出于超高水材料固结体小变形理论基础，在后续区域开采过程中，布置多个工作面的开采区块，工作面间未留设煤柱，有的区块甚至实施了沿空留巷（如亨健矿2515工作面与2513工作面），这些区块形成了充分采动，其地表沉降结果大大超出了基于超高水材料固结体小变形的沉降预测。

10.1 区域充填开采充分采动地表沉降规律

10.1.1 陶一矿邯长铁路下12706区块充填开采情况

1. 概况

12706区块位于陶一煤矿七采区北翼，邯长铁路保护煤柱范围内，工作面沿2#煤层倾斜布置，为仰采倾斜长壁工作面。该区块共设计三个充填工作面，分别为12706、12704和12702工作面，工作面设计走向长均为100~116m，倾向长为500m左右。工作面对应地面位置在南牛叫村西北部，地表主要建筑为邯长铁路，地面标高为+147.3~+173.5m，工作面标高为−284.4~−237.9m，工作面埋深为411.4~431.7m。

工作面西距F7断层约为60m，为小煤窑破坏区，东距F1断层约为24m，南面为−310探巷下山，北邻陶一、陶二井田边界。开采煤层为2#煤，平均厚度约为3.3m，平均倾角为11°左右；储量为470万t，实际可采储量为297万t。三个工作面开采顺序为12706、12702、12704工作面。工作面布置见图10-1，工作面充填情况见表10-1~表10-3。

2. 观测线布设

为获取大面积开采时的地表沉降规律，该块段共布设四条观测线：贯穿三个工作面的一条倾向观测线，该线沿铁路路基布设；三条走向观测线。观测线布设情况见表10-4和图10-2。

3. 观测成果

自2012年2月706工作面开采至2014年8月704工作面停采，对三个工作面累计进行了58次沉降观测，观测频率为7~30天一次，观测成果见表10-5。

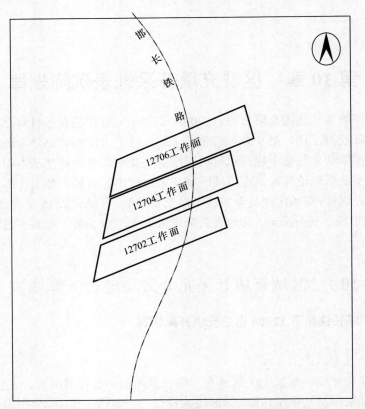

图 10-1　陶一矿邯长铁路保护煤柱 12706 开采区块工作面布置

表 10-1　12706 工作面充填情况

| 日期 | 月推进度 | | | 工作面长/m | 采高/m | 采煤空间/m³ | 充填方数/m³ | 充填率/% |
	副巷/m	运巷/m	平均/m					
2012 年 6 月	47	47	47	108	3.3	16750.8	13601.6	81.2
2012 年 7 月	55	52.5	53.75	108	3.3	19156.5	16493.7	86.1
2012 年 8 月	90	91	90.5	108	3.3	32254.2	28577.2	88.6
2012 年 9 月	45	45.6	45.3	108	3.3	16144.9	14546.6	90.1
2012 年 10 月	57.9	57.9	57.9	108	3.3	20635.6	18530.7	89.8
2012 年 11 月	30	30	30	108	3.3	10692.0	9751.1	91.2
2012 年 12 月	48	48	48	108	3.3	17107.2	15755.7	92.1
2013 年 1 月	61.6	40.6	51.1	108	3.3	18212.0	16245.1	89.2
2013 年 2 月	31	31	31	108	3.3	11048.4	8971.3	81.2

表 10-2　12702 工作面充填情况

日期	月推进度			工作面长/m	采高/m	采煤空间/m³	充填方数/m³	充填率/%
	副巷/m	运巷/m	平均/m					
2013 年 5 月	87	80	83.5	104.5	3.3	28795.0	24850.1	86.3
2013 年 6 月	50	50	50	104.5	3.3	17242.5	15863.1	92
2013 年 7 月	62.2	62.3	62.25	104.5	3.3	21466.9	19599.3	91.3
2013 年 8 月	78.3	65	71.65	104.5	3.3	24944.9	22500.3	90.2
2013 年 9 月	70.5	53.3	61.9	104.5	3.3	21346.2	19126.2	89.6

表 10-3　12704 工作面充填情况

日期	月推进度			工作面长/m	采高/m	采煤空间/m³	充填方数/m³	充填率/%
	副巷/m	运巷/m	平均/m					
2013 年 11 月	47	52	49.5	116.0	3.3	18948.6	16750.6	88.4
2013 年 12 月	53	56	54.5	116.0	3.3	20862.6	18713.8	89.7
2014 年 1 月	62	62	62	116.0	3.3	23733.6	21668.8	91.3
2014 年 2 月	40	40	40	116.0	3.3	15312.0	14102.4	92.1
2014 年 3 月	44	44	44	116.0	3.3	16843.2	15411.5	91.5
2014 年 4 月	106	105	105.5	116.0	3.3	40385.4	36023.8	89.2
2014 年 5 月	78	78	78	116.0	3.3	29858.4	26514.3	88.8
2014 年 6 月	20	54	37	117.5	3.3	14334.5	12399.4	86.5

表 10-4　各工作面监测点布设情况

参数		12706 面	12702 面	12704 面
工作面大小/m²		108×500	104.5×350	116×490
平均采深/m		420	420	420
平均测点间距/m		20	20	20
观测线长度	走向/m	500	500	600
	倾向/m	1100	1200	1300
观测点数量	走向/个	15	15	18
	倾向/个	45	45	45

　　表 10-5 中 36 点至 20 点因铁路施工于 2014 年 3 月至 2014 年 5 月中断观测，施工结束后观测点遭到破坏，表中所列下沉不含中断期间的下沉。

　　为了分析充填效果，根据充填率对该区块开采进行了地表沉陷预计。预计方法采用概率积分法，预计参数如下：基于邯郸矿区地质采矿条件，下沉系数 q=0.78（采厚取充填后剩余空间）；主要影响角正切 $\tan\beta=1.4$；最大下沉角 $\theta=90°-0.6\alpha$；拐点偏移距 $s=0.05H$。
图 10-3 和 10-4 分别为 12706 工作面和 12702 工作面开采结束后路基观测线实测和预计
下沉比较。由图 10-3 和图 10-4 可见，预计下沉大于实测下沉 10% 左右。

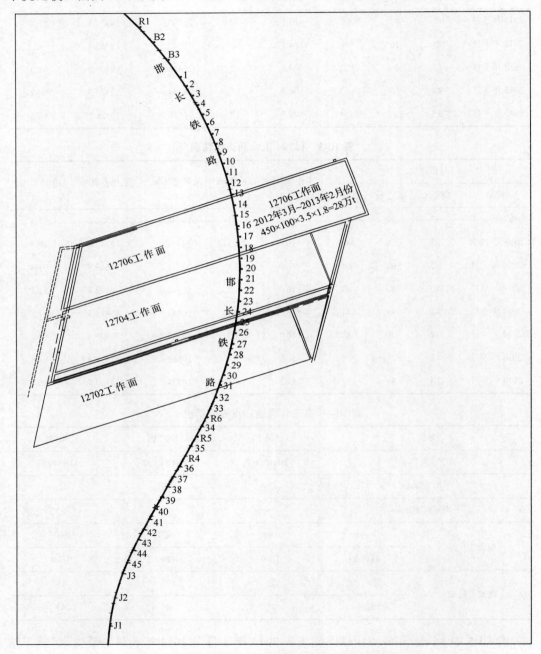

图 10-2　邯长铁路保护煤柱 12706 开采区块观测线布设

表 10-5　铁路路基观测线观测成果

点号	下沉量	点号	下沉量	点号	下沉量	点号	下沉量
J1	−16	35	−92	23	−1077	9	−154
J2	−24	R5	−116	22	−1061	8	−128
J3	−24	34	−180	21	−921	7	−109
45	−27	R6	−252	20	−890	6	−92
44	−26	33	−441	19	−1301	5	−83
43	−29	32	−658	18	−1274	4	−70
42	−28	31	−856	17	−1117	3	−54
41	−29	30	−1033	16	−955	2	−41
40	−32	29	−1238	15	−780	1	−44
39	−40	28	−1311	14	−616	B3	−34
38	−41	27	−1333	13	−478	B2	−23
37	−48	26	−1300	12	−369	R1	−14
36	−52	25	−1221	11	−276	R2	−5
R4	−84	24	−1167	10	−207	R3	−1

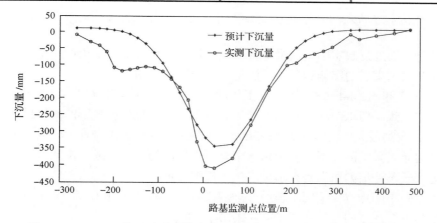

图 10-3　12706 工作面开采后铁路路基观测线实测与预计下沉量对比曲线

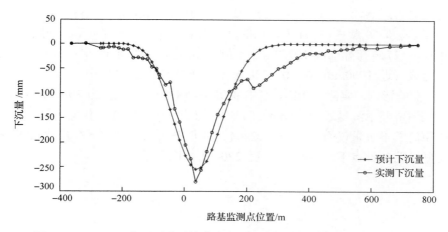

图 10-4　12702 工作面开采后铁路路基观测线实测与预计下沉量对比曲线

　　图 10-5 为 12704 开采结束后路基观测线实测和预计下沉比较，由图可见，实测下沉量远大于预计下沉量。

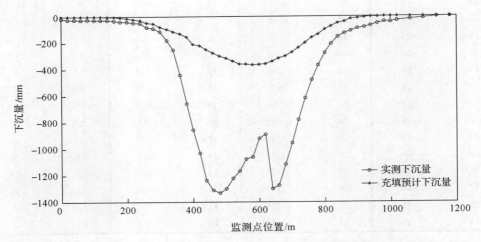

图 10-5　12704 工作面开采综合影响铁路路基观测线实测与预计下沉量对比曲线

　　为了更全面地反映实际下沉量与基于充填材料小变形下沉量预计的差别，绘制了三个工作面开采结束后的实测和预计下沉量等值线图，见图 10-6。

　　由图 10-3 和图 10-4 可知，12706 工作面和 12702 工作面开采时，实测下沉量和预计下沉量基本一致。但 12704 工作面开采后，基于超高水材料小变形的预计最大下沉量小于 400mm，实测最大下沉量达到 1333mm，实测下沉量远大于预计。该区块为独立开采区块，周边无老采空区，下沉完全由三个充填工作面的开采造成。由此可以推断，实测下沉量远大于预计值的原因是充填体产生了压缩变形。

　　为了反映不同点位受不同工作面开采的影响，沿路基观测线选取 5 个点，分别绘制其下沉量和下沉速度曲线，如图 10-7~图 10-16 所示。

　　路基 11 号点位于 12706 工作面北侧，主要受 12706 工作面影响，12702 工作面和 12704 工作面开采对其影响较小。17 号点位于 12706 工作面中央，理论上应主要受 12706 工作面的开采影响，但实测中 12704 工作面的开采对其产生了较大影响。22 号点位于 12704 工作面中央，12706 工作面和 12702 工作面的开采造成其 200mm 左右的下沉，12704 工作面开采造成其近 1000mm 的下沉。28 号点位于 12702 工作面中央，理论上其主要受 12702 工作面的影响，实测中 12702 工作面开采结束后其下沉量为 300mm 左右，12704 工作面开采造成其下沉量近 1000mm。路基 32 号点位于 12702 工作面南侧，12702 工作面开采结束时其下沉量仅为 200mm，12704 工作面开采结束时其下沉量达 600mm。由上述分析可知，路基各点下沉主要发生在 12704 工作面开采以后。

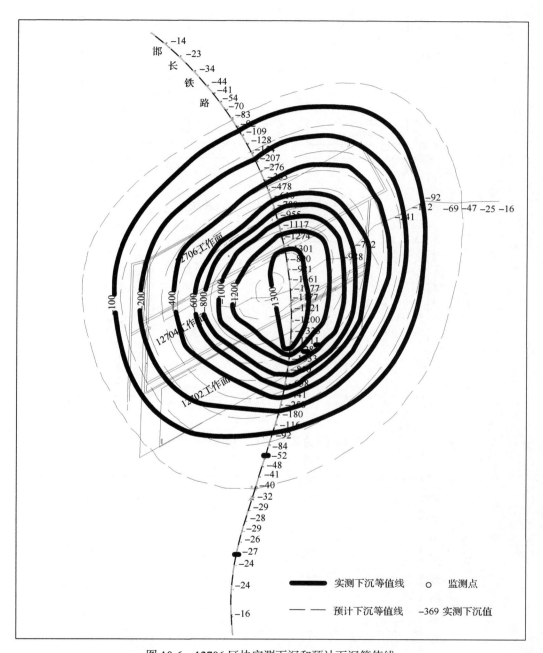

图 10-6　12706 区块实测下沉和预计下沉等值线

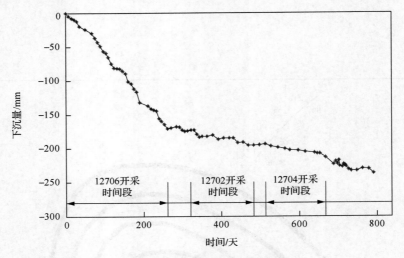

图 10-7　路基 11 号点下沉曲线

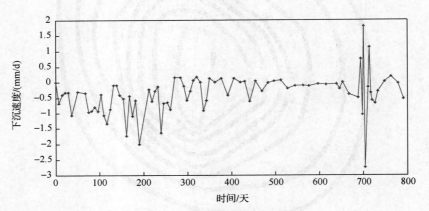

图 10-8　路基 11 号点下沉速度曲线

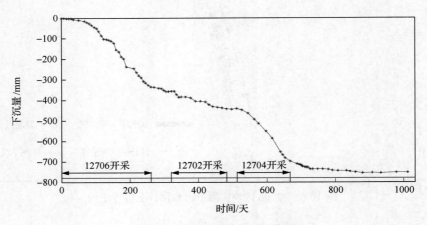

图 10-9　路基 17 号点下沉曲线

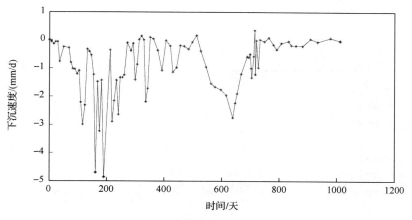

图 10-10 路基 17 号点下沉速度曲线

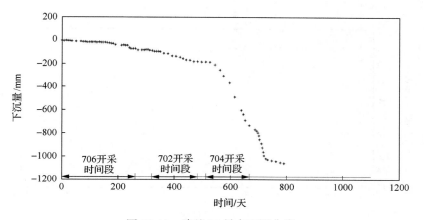

图 10-11 路基 22 号点下沉曲线

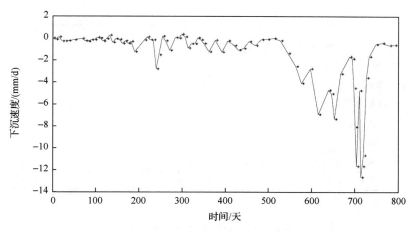

图 10-12 路基 22 号点下沉速度曲线

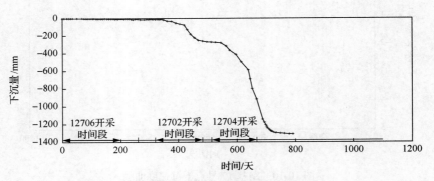

图 10-13　路基 28 号点下沉曲线

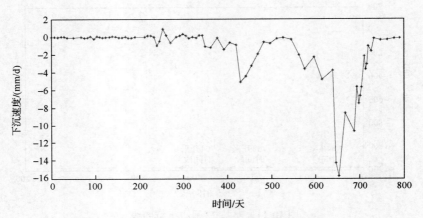

图 10-14　路基 28 号点下沉速度曲线

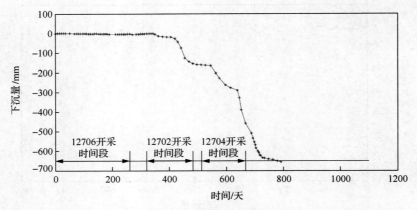

图 10-15　路基 32 号点下沉曲线

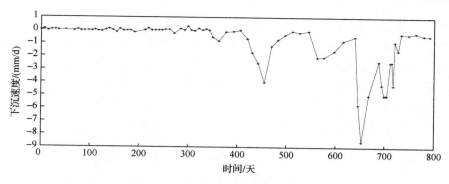

图 10-16 路基 32 号点下沉速度曲线

4. 效果分析

12706 区块开采基本达到了充分采动，全部垮落法时类似地质采矿条件下的下沉系数为 0.78，根据实测最大下沉可得实际等效采高：

$$m = \frac{W_0}{q \times \cos\alpha} = \frac{1333}{0.78 \times \cos 11°}\,\text{mm} = 1740\,\text{mm}$$

该区块平均采厚为 3.3m，平均充填率为 85%，剩余充填高度为 495mm，考虑到充填前顶板下沉和顶梁厚度等因素（两项之和取 160mm），则不考虑充填材料压缩时的充填开采等效采高为 655mm。由此可见，超高水材料充填体压缩量为

$$m' = 1740 - 655 = 1085\,\text{mm}$$

压缩率为

$$k = \frac{1085}{3300 \times 85\%} = 39\%$$

10.1.2 亨健矿 2515 区块充填开采情况

1. 概况

亨健矿 2515 工作面和 2513 工作面位于 –160 水平五采区，工作面南侧为充填区集中皮带巷和集中轨道巷，集中巷南部为 2314 工作面和 2509 工作面采空区；北侧切眼与原有工作面采空区相隔 20m 煤柱；2513 工作面西侧为村庄保护煤柱线以外的 2511 工作面，2511 工作面西部为 2507 采空区；2515 工作面东侧为 2517 工作面，与 F12 断层间隔约为 140m。该区域开采煤层为 2#煤，煤层厚度为 3.6~5.11m，平均厚度为 4.42m；煤层倾角为 3~14°，平均倾角为 8.5°，煤层埋深为 340~380m，平均埋深为 360m。按照开采前的计划，该区块工作面的开采顺序依次为 2515 工作面、2513 工作面、2511 工作面、2517 工作面。由于开采过程中发现了充填体泌水，同时地表下沉降量也超出了预测值，特别是

2513 工作面开采后，地表下沉速度明显加快，在 2513 工作面推进了 200m 左右时，引发了 F12 断层活化，地表出现了裂缝，同时部分民房出现扒裂，村民要求矿上停产，基于现实情况，2513 工作面未按设计推至停采线即终止了生产。随后对 2511 工作面和 2517 工作面开采进行了调整，2511 工作面只开采村庄保护煤柱以外的资源，与 2513 工作面之间留下 40m 煤柱。2517 工作面未再开采，只开掘了几条大断面巷道，用于堆放充填开采探巷掘出的充填体。亨建矿 2515 工作面开采区块采掘平面布置，如图 10-17 所示。

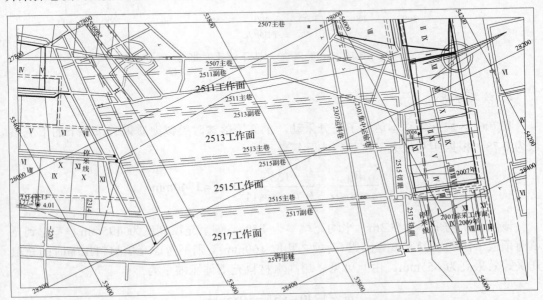

图 10-17　亨健矿 2515 工作面开采区块采掘工程平面布置

亨建矿 2513 工作面、2515 工作面充填情况，如表 10-6 和表 10-7 所示。

表 10-6　2515 工作面充填情况

月推进度		工作面长/m	工作面采高/m	采煤空间/m³	充填方数/m³	充填率/%
日期	平均/m					
2012 年 11 月~2012 年 12 月	39.0	80.0	4.5	14040	13029.1	92.8
2013 年 1 月	35.7	80.0	4.5	12851	11772.4	91.6
2013 年 2 月	22.0	80.0	4.5	7920	7238.9	91.4
2013 年 3 月	49.6	80.0	4.5	17964	16293.3	90.8
2013 年 4 月	58.8	80.0	4.5	21168	19199.4	90.7
2013 年 5 月	58.8	80.0	4.5	21168	19453.4	91.9
2013 年 6 月	60.0	80.0	4.5	21600	19785.6	91.6
2013 年 7 月~2013 年 8 月	62.2	80.0	4.5	22392	19749.7	88.2

表 10-7　2513 工作面充填情况

月推进度		工作面长/m	工作面采高/m	采煤空间/m³	充填方数/m³	充填率/%
日期	平均/m					
2013-10	28.0	80.0	4.5	10080	9273.6	92.0
2013-11	62.0	80.0	4.5	22320	20378.2	91.3
2013-12	64.0	80.0	4.5	23040	20782.1	90.2
2014-01	64.0	80.0	4.5	23040	20782.1	90.2
2014-02	54.0	80.0	4.5	19440	17457.1	89.8

2. 观测线布设

该块段共布设三条观测线：贯穿三个工作面的一条倾向观测线，沿 2515 工作面和 2513 工作面走向主断面的两条走向观测线，见图 10-18。

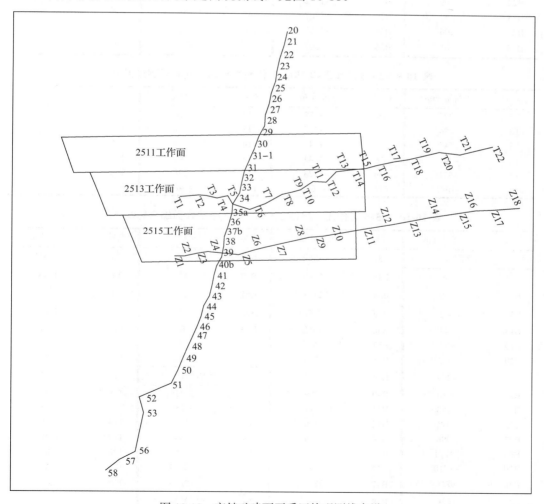

图 10-18　亨健矿建下开采区块观测线布设

3. 观测成果

2013 年 10 月至 2015 年 11 月,对三个工作面进行了 15 次沉降观测,平均观测频率为 30 天一次。观测成果见表 10-8~表 10-10。

表 10-8 2515 工作面和 2513 工作面综合影响倾向观测线下沉

点号	下沉量/mm	点号	下沉量/mm	点号	下沉量/mm	点号	下沉量/mm
B15	2	B27	−784	B37	−723	B48	−3
B16	1	B28	−1012	B38	−563	B49	−4
B17	−4	B29	−1229	B39	−364	B50	破坏
B18	−4	B30	破坏	B40	−221	B51	破坏
B19	−7	B31	破坏	B41	−142	B52	破坏
B20	−46	B32	−1737	B42	−96	B53	7
B22	−109	B33	−1752	B44	−48	B55	−1
B23	−152	B34	−1767	B45	−27	B57	0
B24	−204	B35	−1783	B46	−15		
B25	−305	B36	−1507	B47	破坏		

表 10-9 2515 工作面和 2513 工作面综合影响走向观测线下沉

点号	下沉量/mm	点号	下沉量/mm	点号	下沉量/mm	点号	下沉量/mm
T1	−277	T6	−1438	T12	−618	T18	−88
T2	−524	T7	−1523	T13	−421	T19	−50
T3	−543	T8	−1346	T14	−323	T20	−30
T4	−745	T9	−1243	T15	−240	T21	−25
T5	−871	T10	−1123	T16	−205	T22	−19
34	−1081	T11	−760	T17	−146		

表 10-10 2515 工作面、2513 工作面和 2511 工作面综合影响下沉

点号	下沉量/mm	点号	下沉量/mm	点号	下沉量/mm	点号	下沉量/mm
倾向观测线		B32	−1980	B49	−10	T8	−1944
B15	−6	B33	−2149	B50	破坏	T9	−1743
B16	−20	B34	−2191	B51	破坏	T10	−1553
B17	−42	B35	−2156	B52	破坏	T11	−1109
B18	−44	B36	−1862	B53	6	T12	−870
B19	−76	B37	−963	B55	−1	T13	−627
B20	−133	B38	−758	B57	0	T14	−474
B22	−249	B39	−543	走向观测线		T15	−348
B23	−314	B40	−389	T1	−1419	T16	−298
B24	−483	B41	−311	T2	−1786	T17	−211
B25	−473	B42	−216	T3	−1824	T18	−128
B27	−996	B44	−129	T4	−2042	T19	−68
B28	−1281	B45	−73	T5	−2380	T20	−46
B29	−1510	B46	−38	34	−2209	T21	−26
B30	破坏	B47	破坏	T6	−2269	T22	−23
B31	破坏	B48	−16	T7	−2236		

根据 2515 工作面开采监测结果和表 9-2 绘制下沉曲线图，图 10-19 和图 10-20 为 2515 工作面开采结束后倾向和走向观测线实测与预计下沉对比曲线。由图可见，两者较为一致。

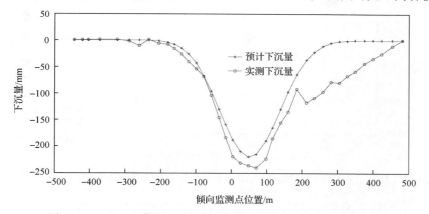

图 10-19　2515 工作面开采倾向观测线实测和预计下沉对比曲线

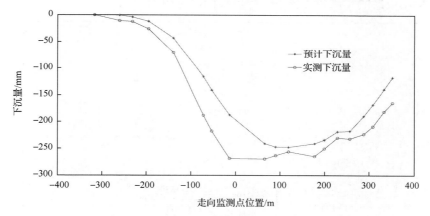

图 10-20　2515 工作面开采走向观测线实测和预计下沉对比曲线

图 10-21 和图 10-22 为 2515 工作面和 2513 工作面开采结束后倾向和走向观测线实测与预计下沉对比曲线。由图可见，两者相差较大。

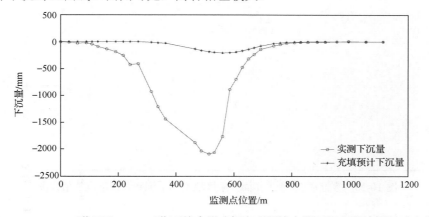

图 10-21　2515 工作面和 2513 工作面综合影响倾向观测线实测下沉和预计下沉对比曲线

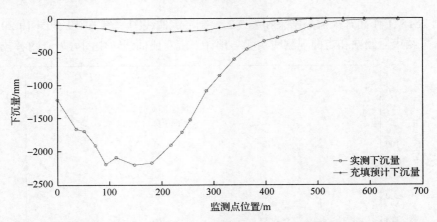

图 10-22　2515 工作面和 2513 工作面综合影响走向观测线实测下沉和预计下沉对比曲线

　　为了更全面地反映实际下沉与基于充填材料小变形的预计下沉的差别，绘制了三个工作面开采结束后的实测和预计下沉等值线图，见图 10-23。

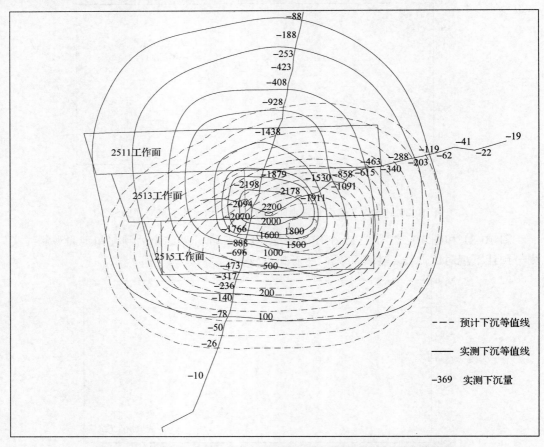

图 10-23　亨健矿 2515 工作面开采区块实测下沉和预计下沉等值线图

　　为了反映不同点位受不同工作面开采的影响，沿倾向观测线选取 4 个点，分别绘制了下沉量和下沉速度曲线，如图 10-24~图 10-31 所示。29 号点位于 2513 工作面西侧，33 号点位于 2513 工作面中央，38 号点位于 2515 工作面中央，42 号点位于 2515 工作面东侧。

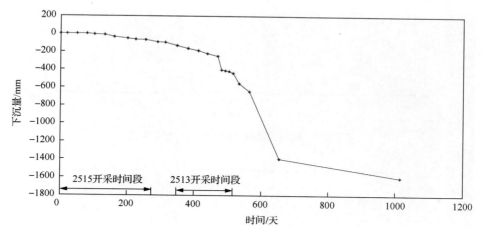

图 10-24　倾向观测线 29 号点下沉曲线

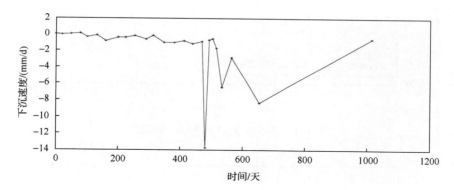

图 10-25　倾向观测线 29 号点下沉速度曲线

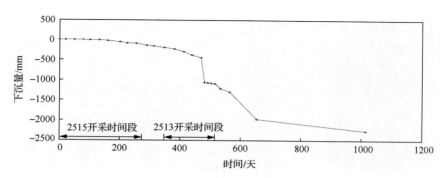

图 10-26　倾向观测线 33 号点下沉曲线

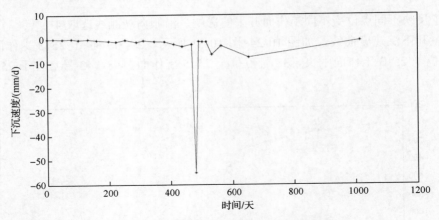

图 10-27 倾向观测线 33 号点下沉速度曲线

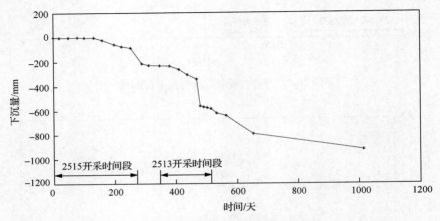

图 10-28 倾向观测线 38 号点下沉曲线

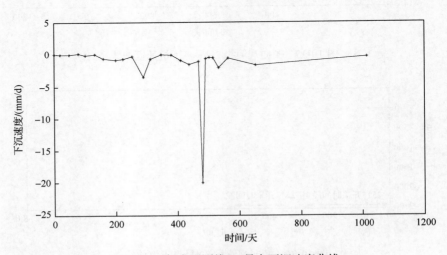

图 10-29 倾向观测线 38 号点下沉速度曲线

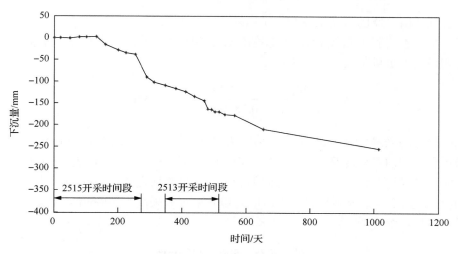

图 10-30　倾向观测线 42 号点下沉曲线

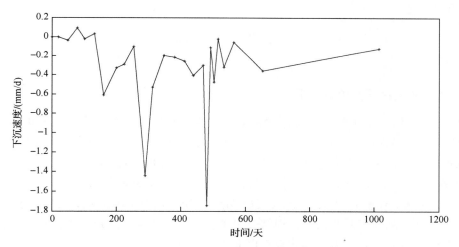

图 10-31　倾向观测线 42 号点下沉速度曲线

2515 工作面和 2513 工作面之间未留设煤柱，2513 工作面的开采使两个面的采空区接近充分开采，增加了覆岩载荷，造成超高水材料的压缩及地表下沉的急剧增加，同时延长了下沉活跃期时间。2511 工作面位于 2513 工作面西侧，开采宽度为 50m，且两工作面之间留设了宽度约为 50m 的煤柱。2511 工作面开采时间段为 2014 年 6 月~2014 年11 月，对应于图 10-24~图 10-31 横轴的 550~730 天，其开采影响到地表在 600 天以后，由图可见，2511 工作面的开采对各点下沉影响较小。

4. 效果分析

该区块基于充填体小变形的预计最大下沉值小于 300mm，实测最大下沉值为2380mm，实测下沉远大于预计。该区块周边存在老采空区，其对下沉的影响估算为100mm 左右，下沉主要由 2515 工作面和 2513 工作面开采造成。由此可以推断，实测下沉远大于预计值的原因是充填体产生了压缩。

该区块基本达到了充分采动,全部垮落法时类似地质采矿条件下的下沉系数为 0.78,根据实测最大下沉可得实际等效采高:

$$m = \frac{W_0}{q \times \cos \alpha} = \frac{2380}{0.78 \times \cos 8.5°} = 3085\text{mm}$$

该区块平均采厚为 4.4m,平均充填率为 91%,充填剩余高度为 396mm,考虑到充填前顶板下沉和顶梁厚度等因素(因两工作面非同时开采,2515 面的开采破坏了覆岩结构,降低了覆岩承载力,加之采空区间的加大,这里两项之和取 200mm,大于单工作面的 180mm),则不考虑充填材料压缩时的充填开采等效采高为 596mm。由此可见,超高水材料充填体压缩量为

$$m' = 3088 - 596 = 2492\text{mm}$$

压缩率为

$$k = \frac{2492}{4500 \times 91\%} = 60.9\%$$

10.1.3　陶一矿七采区充填开采情况

充 I 面~充IX面位于陶一矿七采区南翼,停驷头村庄保护煤柱内,是充填开采的首个试验区。区块范围:西部以 F9 断层,东部以 12701 工作面采空区,北部以七采回风下山保护煤柱线,南部以九采区工作面采空区为界,南北走向长为 460m,东西倾斜长为 470~600m。对应地面位置在停驷头村,地表有村民房屋建筑、冲沟、梯田,地面标高为 171.2~213.0m,煤层埋深为 257.8~365.9m。区块中部有 F10 断层,沿煤层走向发育,将该区块自然分割为东西两部分,根据开采条件,划分为两个区块分别进行开采,东部为充 I 面至充VI面,西部为充VII面至充IX面。

陶一矿七采区充填工作面布设,如图 10-32 所示。

1. 充 I 至充VI区块充填开采情况

1)概况

充 I~充VI区块总共布置 6 个超高水材料充填试验面,分别为充 I 面至充VI面。对应地面位置在停驷头村东部,地表有村民房屋建筑、冲沟、梯田,地面标高为 171.2~179.1m;工作面标高为-143.0~-187.0m,工作面埋深为 315.1~365.9m,煤层平均埋深为 340m;南北走向长为 460m,东西倾斜长为 220~360m;充 I 面至充 V 面,煤层平均采厚为 4.0m 左右,倾角为 5°~12°;充VI面受火成岩侵入影响,煤层厚度为 3.2~2.1m,选用 2.4m 放顶煤支架一次开采,平均采厚为 2.3m。工作面均沿倾斜向布置,仰斜推进,工作面间保留煤柱为 6~12m 不等窄煤柱。为尽量减小开采对地表沉降的影响,采用跳采充填采煤法,开采顺序为充 I 面、充 V 面、充III面、充 II 面、充IV面、充VI面。充填方

式有袋式、开放式和混合式，各工作面尺寸如表 10-11 所示。

图 10-32　陶一矿七采区充填工作面布设

表 10-11　充Ⅰ至充Ⅵ区块工作面充填开采情况

工作面	走向长/m	倾斜长/m	采高/m	充填方式	充填率/%
充Ⅰ面	50	220	4.0	开放式	89
充Ⅱ面	50	200	4.0	袋式	71
充Ⅲ面	50	248	4.0	开放式	91
充Ⅳ面	50	270	4.0	袋式	69
充Ⅴ面	50	292	3.2	混合式、开放式	86
充Ⅵ面	120	330	2.3	开放式（抬高液面）	56

充Ⅰ~充Ⅵ区块由于在不同的工作面分别试验了不同的充填方式,超高水材料又是首次研发并用于充填开采,材料如何使用才能达到预想效果,充填工艺过程中如何控制才能达到较高的充填率?都是在实施过程中不断探索才获得一定经验的,所以,工作面的充填率差异较大。特别是充Ⅵ工作面,由于使用的是老化的轻型放顶煤支架,支架对顶板的控制较差,后期顶板破碎,垮落后即将采空区基本填实,充填浆体进入采出空间非常困难,充填率很低。基于本区的试验,后续其他区块的开采,全部采用袋式充填,研制了专用支架,充填率得到了提高和稳定。

2)观测线布设

该区块因为工作面布设较复杂,故采用网状观测站,见图 10-33。

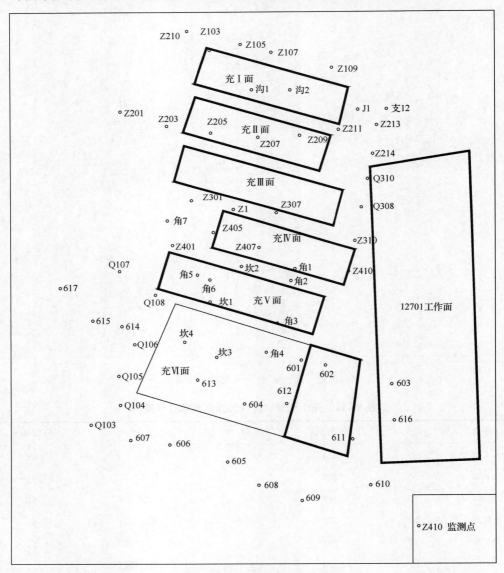

图 10-33　充Ⅰ至充Ⅵ测点布置图

3) 观测成果

2009 年 5 月至 2014 年 6 月对该区块 6 个工作面共计进行了 42 次观测，实测最大下沉量为 1250mm，观测成果见表 10-12。

表 10-12　充 Ⅰ 至充Ⅵ区块沉降观测成果

点号	下沉量/mm	点号	下沉量/mm	点号	下沉量/mm	点号	下沉量/mm
J1	−577	Z209	−1250	角 3	−648	607	−194
Q105	破坏	Z210	−50	角 4	−668	608	−157
Q104	−164	Z211	−1002	角 5	−344	609	−113
Q106	−159	Z213	−650	角 6	−378	610	−107
Q108	−168	Z214	−916	角 7	−293	611	−306
Q308	−1056	Z301	−692	坎 1	−400	612	−627
Q310	−1078	Z307	−1064	坎 2	−824	613	−348
Z1	−1004	Z310	−1032	支 12	−463	614	破坏
Z103	−183	Z401	−581	坎 3	破坏	615	−96
Z105	−173	Z405	−845	坎 4	−221	616	−112
Z107	−212	Z407	−1023	601	−749	617	−72
Z109	−215	Z410	破坏	602	−677	Q104	−164
Z201	−140	沟 1	破坏	603	−390	Q106	−159
Z203	−279	沟 2	破坏	604	405	Q108	−168
Z205	−815	角 1	−447	605	−187		
Z207	−1181	角 2	−498	606	891		

根据上述观测成果绘制区块实测下沉等值线，如图 10-34 所示。

为了反映不同点位受不同工作面开采影响，在全区选取 6 个点，分别绘制了下沉曲线和下沉速度曲线，如图 10-35~图 10-46 所示。Z109 号点主要受充 Ⅰ 面开采影响；Z207 号点位于充Ⅱ面上方；Z301 号点位于充Ⅲ、充Ⅳ面之间；Z407 点位于充Ⅳ面上方；坎 1 号点位于充Ⅴ面上方；612 号点位于充Ⅵ面上方。

4) 效果分析

充 Ⅰ 至充Ⅵ区块为超高水材料充填首个试验区，各工作面采用了不同的充填方式，且充填率不一，同时各工作面大小不一，工作面之间留设了 6~12m 的煤柱，另外该区块周边存在近年开采的老采空区，因此不便于采用传统方法计算。不考虑煤柱和老采空区影响，且认为整个区块达到了充分采动，则该区块的实际等效采高为

$$m = \frac{W_0}{q \times \cos \alpha} = \frac{1250}{0.78 \times \cos 12°} = 1638 \text{mm}$$

取 6 个工作面平均采厚为 3800mm，平均充填率为 77%，充填剩余高度为 874mm，

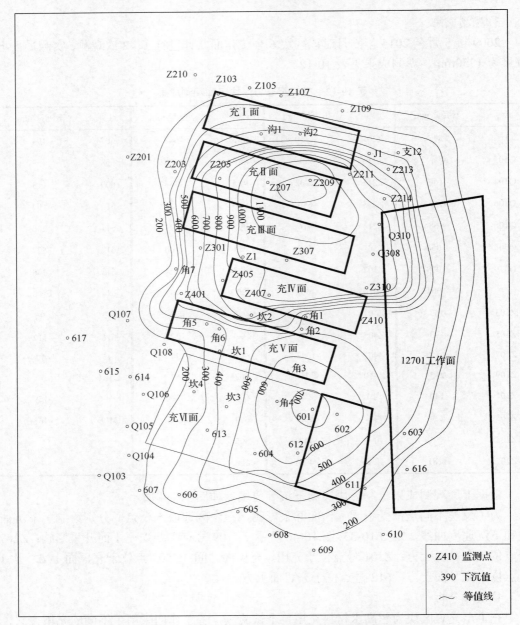

图 10-34　陶一矿充Ⅰ至充Ⅵ区块实测下沉等值线

考虑到充填前顶板下沉和顶梁厚度等因素(两项之和取 160mm)，则充填开采等效采高为 1034mm。可见，超高水材料充填体压缩量为

$$m' = 1638 - 1034 = 604\text{mm}$$

压缩率为

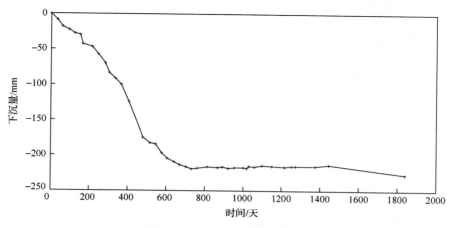

图 10-35　Z109 号点下沉曲线

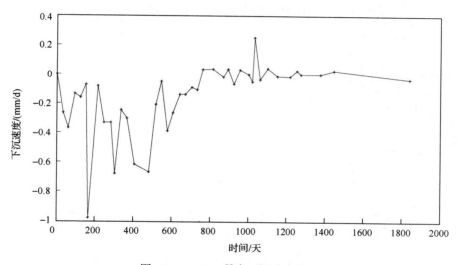

图 10-36　Z109 号点下沉速度曲线

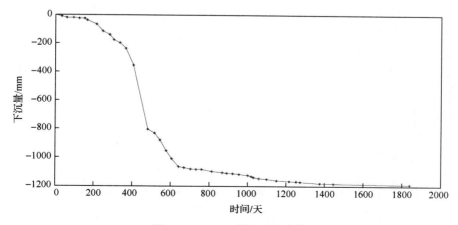

图 10-37　Z207 号点下沉曲线

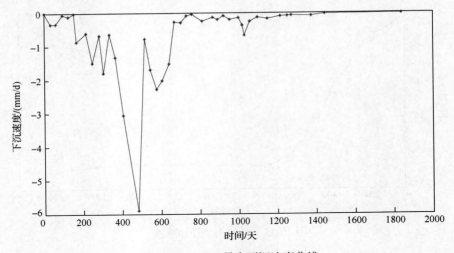

图 10-38　Z207 号点下沉速度曲线

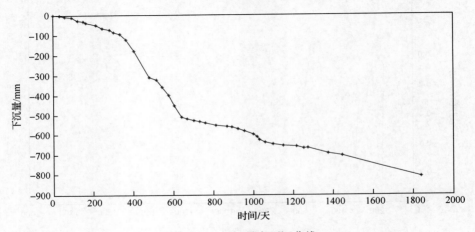

图 10-39　Z301 号点下沉曲线

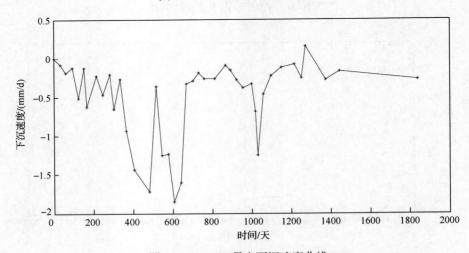

图 10-40　Z301 号点下沉速度曲线

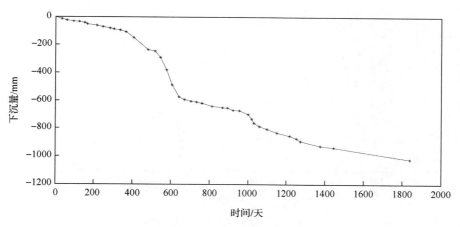

图 10-41　Z407 号点下沉曲线

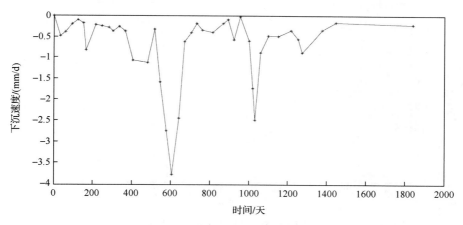

图 10-42　Z407 号点下沉速度曲线

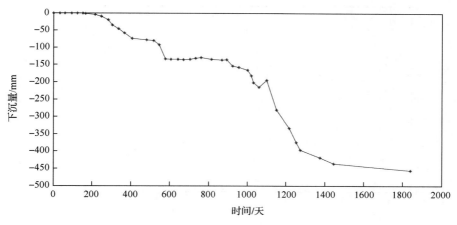

图 10-43　坎 1 号点下沉曲线

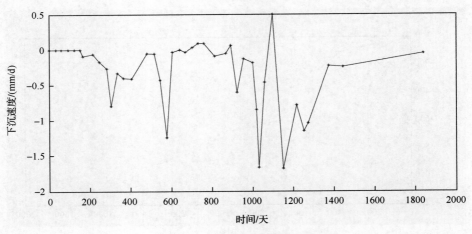

图 10-44　坎 1 号点下沉速度曲线

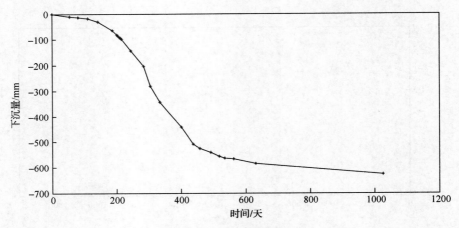

图 10-45　612 号点下沉曲线

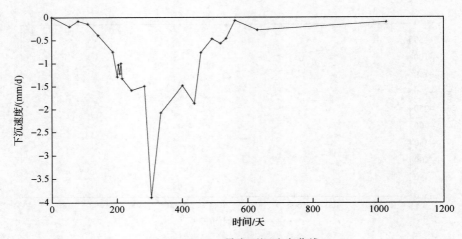

图 10-46　612 号点下沉速度曲线

$$k = \frac{604}{3800 \times 77\%} = 21\%$$

由于各工作面之间留设了 6~12m 的煤柱，煤柱在充填条件下未完全失稳，起到了一定的支撑作用。该区块未达到完全充分采动状态。

陶一煤矿充Ⅰ至充Ⅵ面采用超高水材料充填，其中充Ⅰ、充Ⅲ、充Ⅴ面采用开放式充填，充Ⅱ、充Ⅳ、充Ⅵ面采用袋式充填。由实测下沉等值线图可知：

(1)实测下沉等值线图出现两个盆底，其一位于充Ⅱ面上方，原因如下：充Ⅰ、充Ⅲ面采用开放式充填，充填效果较袋式充填差，且充填率较低(85%)，在充Ⅰ、充Ⅱ、充Ⅲ面综合影响下形成盆底。另一盆底位于充Ⅵ面北部靠近充Ⅴ面处，该处下沉量小于充Ⅱ面上方盆底，形成该盆底的主要因素：一是充Ⅴ面采用开放式充填；二是充Ⅵ面纵向和倾向长度大，充分采动程度高。

(2)充Ⅰ至充Ⅵ面实测总下沉盆底向西影响范围和下沉量明显小于东部。原因为临近充Ⅰ至充Ⅵ面东部为 12701 工作面，该工作面于 2007 年开采，监测期间尚存在较大残余变形影响。

2. 充Ⅶ至充Ⅸ区块充填开采情况

1)概况

充Ⅶ至充Ⅸ区块位于陶一矿七采区南翼上部，F9 断层与 F10 断层之间。南部为陶一九采煤柱工作面采空区，北部为七采下山保护煤柱线，对应地面位置在停驷头村庄东南部正下方。地表地势西北高，东部、东南部低。地面标高为 177.4~213.0m，埋藏深度为 257.8~307.4m，煤层开采标高为-140~-60m；煤层厚度为 4.01~4.35m，平均厚度为 4.28m。倾角为 8°~16°，平均为 9°。

为了减少地表下沉量，有效保护地面民房建筑，该区块采取倾斜条带布置，仰斜充填开采，共布置三个工作面，按开采顺序分别为充Ⅸ面、充Ⅷ面、充Ⅶ面。九采空区与充Ⅸ面之间煤柱宽度为 90m，充Ⅸ面宽度为 54m、倾斜长为 250m；充Ⅸ与充Ⅷ之间煤柱宽度为 40m，充Ⅷ面宽度为 54m、倾斜长为 230m；充Ⅷ与充Ⅶ之间煤柱宽度为 40m，充Ⅶ面宽度为 54m、倾斜长为 200m(表 10-13)。图 10-32 为陶一矿七采区充填工作面布设图。

表 10-13　充Ⅶ、Ⅷ、Ⅸ工作面与煤柱留设宽度参数

参数	工作面					
	煤柱	充Ⅸ面	煤柱	充Ⅷ面	煤柱	充Ⅶ面
工作面宽/m	90	54	40	54	40	54
工作面斜长/m		250		230		200
采高/m		4.0		4.0		4.0
储量/万 t		10.95		9.32		8.0
充填方式		袋式		袋式		袋式
充填率/%		92.4		92.6		91.8

2) 观测线布设

充Ⅶ、充Ⅷ、充Ⅸ区块地表观测点，基本布置为 4 条观测线，一条走向观测线，贯穿 3 个工作面；三条倾向观测线，共设点 74 个，如图 10-47 所示。

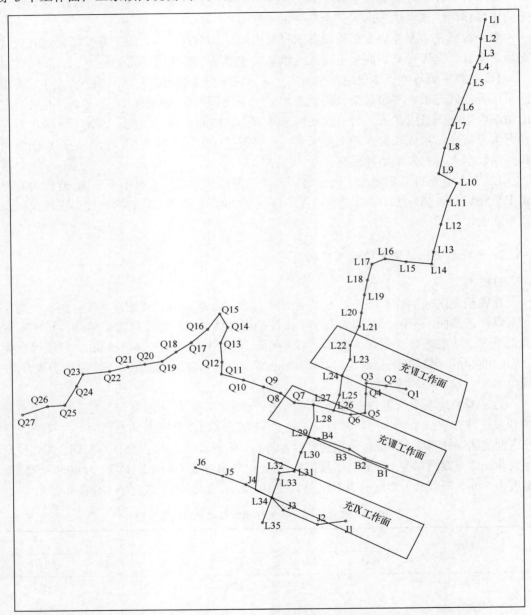

图 10-47　充Ⅶ、充Ⅷ、充Ⅸ观测线布设

3) 观测成果

2013 年 6 月至 2014 年 9 月，共计观测了 15 次，观测成果见表 10-14，测得最大下沉点为 B 观测线的 B3 点，最大下沉量为 235mm。

表 10-14　充Ⅶ至充Ⅸ工作面沉降观测成果

点号	下沉量/mm	点号	下沉量/mm	点号	下沉量/mm	点号	下沉量/mm
L1	0	L21	−80	Q6	−219	Q24	−1
L2	−2	L22	−109	L26	−171	Q25	−4
L3	−5	L23	−129	L27	−163	Q26	−1
L4	−3	L24	−156	Q7	−137	Q27	0
L5	−2	L25	−185	Q8	−98	B1	−224
L6	−2	L26	−171	Q9	−81	B2	−231
L7	0	L27	−163	Q10	−52	B3	−235
L8	−1	L28	−143	Q11	−39	B4	−204
L9	−9	L29	−188	Q12	−30	L29	−188
L10	−4	L30	−187	Q13	−20	L30	−187
L11	−11	L31	−185	Q14	破坏	L31	−185
L12	−12	L32	−157	Q15	破坏	B5	−145
L13	−20	L33	−161	Q16	破坏	B6	−101
L14	−22	L34	−166	Q17	破坏	J1	−208
L15	−36	L35	−169	Q18	破坏	J2	−197
L16	−31	Q1	−207	Q19	−14	J3	−185
L17	−29	Q2	−205	Q20	破坏	L34	−166
L18	−37	Q3	−189	Q21	破坏	J4	破坏
L19	−44	Q4	−213	Q22	−11	J5	−90
L20	−62	Q5	−226	Q23	−10	J6	−56

　　为分析充填效果，对该区块进行了沉陷预计。该区块平均充填率为 92.3%，平均采厚为 4.0m，充填剩余高度（预计采用的采厚）为 0.33m，根据该区域地质采矿条件下沉系数按如下公式计算：

$$q_条 = \frac{H+45}{1250 - 1450 \times \dfrac{b}{a+b}} \times \left(0.3 + 0.12 \times \frac{b}{H}\right) \times q_全$$

　　计算得 q=0.16。

　　根据上述观测成果绘制陶一矿充Ⅶ、充Ⅷ、充Ⅸ区块实测与预计下沉等值线，如图 10-48 所示。该区块预计值和实测值较为一致，充填达到了预期效果。

　　观测线下沉曲线如图 10-49 和图 10-50 所示。

　　4）效果分析

　　陶一矿充Ⅶ、充Ⅷ、充Ⅸ区块采用条带充填，各工作面之间留设 40m 以上的煤柱，实测结果表明，该区块超高水材料充填起到了较好效果，达到了充填开采的预期目标。

　　为了深入分析充填效果，对本区块不充填时的下沉进行了预计，见图 10-51。对比分析可知，充填条件下实测最大下沉量为 235mm，不充填时最大预计下沉量为 430mm，减沉率达 45%，充填具有明显的减沉效果。

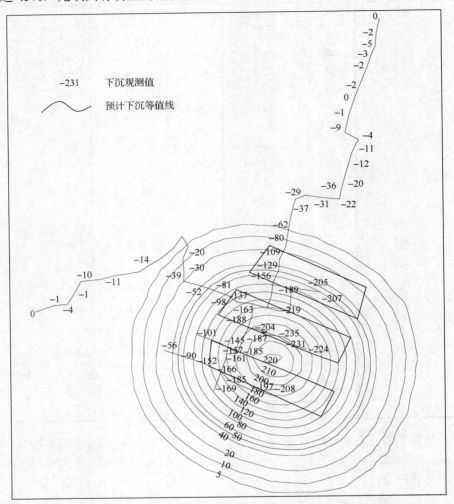

图 10-48　陶一矿充Ⅶ、充Ⅷ、充Ⅸ区块实测与预计下沉等值线

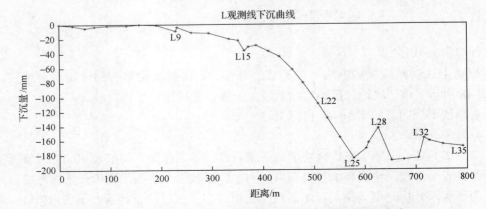

图 10-49　陶一矿充Ⅶ、充Ⅷ、充Ⅸ区块倾向观测线下沉曲线

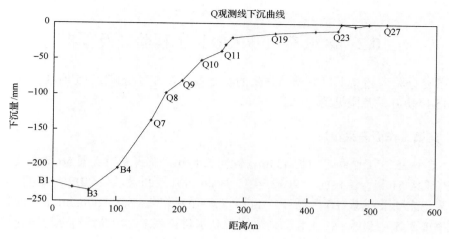

图 10-50　陶一矿充Ⅶ、充Ⅷ、充Ⅸ区块走向观测线下沉曲线

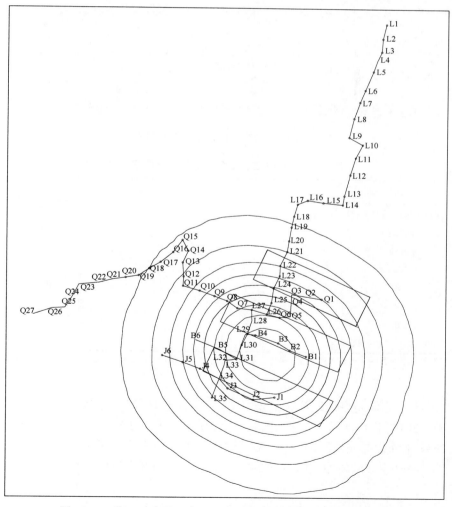

图 10-51　陶一矿充Ⅶ、充Ⅷ、充Ⅸ区块不充填预计下沉等值线

10.2　区域充填开采效果工程验证及分析

为了充分验证超高水材料充填开采的实际效果，在亨健矿 2515 地区进行了巷探验证。2515 区块开采范围见图 10-52。

10.2.1　充填工作面开采情况

（1）首采 2515 工作面走向长 433m，倾向长 81m，布置充填支架 56 架，其中隔板架 5 架，普通架 51 架。工作面于 2012 年 11 月 26 日开始回采，至 2013 年 8 月 11 日回采结束，共完成回采割煤 185 个循环，186 个充填循环作业，推进 396.5m 工作面各月进尺及充填率如表 10-15 所示。工作面内采用超高水材料袋式充填法进行采空区充填，副巷采用超高水材料巷帮充填方法实施沿空留巷，所留巷道作为 2513 工作面主巷。

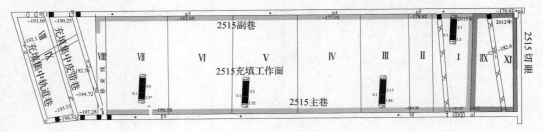

图 10-52　2515 工作面开采进度图

表 10-15　2515 工作面各月进尺、充填率汇总

日期	推进度/m	充填率/%
2012-11-26~2012-12-31	39	92.78
2013-1	35.7	91.58
2013-2	22	91.4
2013-3	49.59	90.75
2013-4	58.8	90.71
2013-5	58.77	91.9
2013-6	59.97	91.61
2013-7-1~2013-8-11	62.17	88.2

注：工作面由于 7 月底 8 月初工作面顶板破碎，架前片帮、顶板冒落严重，对充填率影响较大，故该段时间内充填率整体下降

（2）2513 工作面是亨健矿第二个充填工作面，工作面长度、支架安装数量与 2515 工作面相同，2013 年 10 月 11 日开始回采，至 2014 年 3 月 2 日，因地表下沉量过大停止回采。2513 工作面共完成回采割煤 132 个循环，133 个充填循环作业，工作面走向推进 272m。各月进尺，充填率汇总见表 10-16。2513 工作面开采进度，如图 10-53 所示。

表 10-16　2513 工作面各月进尺、充填率汇总

日期	推进度/m	充填率/%
2013-10	28	92
2013-11	62	91.3
2013-12	64	90.21
2014-1	64	90.2
2014-2	54	89.79

图 10-53　2513 工作面开采进度图

10.2.2　充填过程中遇到的问题

1. 两天三循环作业时期遇到的问题

亨健矿在 2515 工作面于 2013 年 3 月 17 日至 31 日,尝试进行两天三循环作业开采(即回采—充填—回采交替进行),此时间段共完成充填 19 排(第 53 排至第 71 排)。但在充填过程中遇到如下问题:

(1)实行两天三循环后,充填体凝固时间由原来的 8 个小时缩短为 1~2 个小时,充填体强度不能满足要求,在割煤班接班拉架,充填体极易垮塌,影响充填体支护质量,降低了充填率。

(2)由于工作面开采过快,对工作面顶板影响较大,且充填体承载过早,支撑能力整体下降。老空直接顶较以前破碎明显,矸石大量散落,对充填体进行了压迫,再次对充填体造成了破坏,使充填体欠接顶量增大。

2. 充填体泌水现象

亨健矿 2515 和 2513 充填工作面在生产过程中,均在充填垛方向有水析出的现象,特别是 2513 工作面开采时,充填完成初期水量较大,经测量,平均析水量为 3~4m³/h,2~3 天后水流消失。

3. 超高水材料强度

超高水材料袋式充填的材料配比基本是按水体积 95%(质量比为 6∶1)进行配制的,主要考虑的是强度指标如表 10-17 所示。由于材料的稳定性、存放时间、防潮和使用条件,特别是水源温度等对充填体的强度都有不同程度的影响,现场使用时每一批次的材

料都要进行初凝时间和充填体强度试验，以便及时调整材料配比。

表 10-17 2515 工作面 X 批次材料充填体强度试验

水灰质量比	入模时间	初凝时间	初凝时长/min	龄期/h	强度/MPa		
					最小值	最大值	平均
6∶1	9:40	9:44	4	2	0.043	0.045	0.044
6∶1	9:06	9:12	6	3	0.099	0.100	0.100
6∶1	16:07	16:11	4	20	0.334	0.342	0.338
6∶1	15:50	15:55	5	24	0.407	0.445	0.426
6∶1	16:44	16:46	2	48	0.306	0.471	0.389
6∶1	9:20	9:24	4	72	0.557	0.608	0.583
6∶1	15:08	15:13	5	168	0.572	0.701	0.637

10.2.3 充填体应力监测

亨健矿在 2515 工作面安装了尤洛卡公司的 KJ216 动态监测系统，对充填体承压进行动态监测。监测数据显示，随着工作面的推进，充填体承受压力逐渐增大，至 5.5MPa 左右后逐渐趋于稳定，如图 10-54 所示。

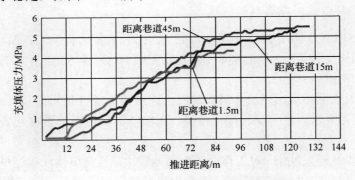

图 10-54 2515 工作面充填体应力监测曲线

10.2.4 工程验证

验证方式：采取向 2515 工作面采空区充填体掘进探巷，探明充填体在采空区内的赋存状况。附探巷布置，见图 10-55。

探巷长度：在 2517 工作面掘进的巷道中，分别在不同位置向 2515 工作面采空区充填体施工了三条探巷，其中 1#探巷总长度为 46m，进入充填体 23.5m，探巷宽为 2m，高度为 2.3m；2#探巷总长度为 30m，进入充填体 10m；3#探巷总长度为 31.5m，进入充填体 10m。

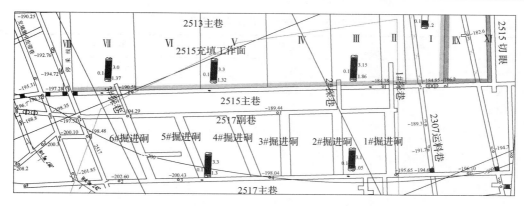

图 10-55　2515 工作面充填效果工程验证平面图

1)1#探巷充填体观测情况

2015 年 5 月中旬在 2517 副巷向 2515 工作面采空区内掘进第一条探巷，探巷位置距离原 2515 工作面切眼 96m（第 46 排充填体）处，当时充填体记录 1#包高度平均为 3.39m，经探巷揭露情况看，在 2515 工作面运巷处，充填体高度剩余 2.1m，向工作面延伸，充填体压缩量逐渐增大，充填体剩余高度从 1.04~1.4m 不等，充填体压缩量均在 2m 以上，见图 10-56。

图 10-56　1#探巷工程验证现场照片

2)2#探巷充填体观测情况

2#探巷进入充填体 10m，位置为原 2515 工作面 69 排充填体的 1#包位置，该包充填于 2013 年 3 月，初始充填高度为 3.39m。

充填体揭露时，充填体高度为 2.0m，充填体高度随着巷道掘进逐渐下降，充填体巷道掘进至里程 10m 时，充填体高度降为 1.57m，现场探测示意如图 10-57 所示，具体变化情况见表 10-18。

3)3#探巷充填体观测情况

3#探巷充填体观测硐进入充填体 10m。位置为原 2515 工作面 168 排充填体的 1 号包位置，该包充填于 2013 年 7 月，初始充填高度为 2.98m。

充填体揭露时，充填体高度为 2.1m，充填体高度随着巷道掘进逐渐下降，充填体巷道掘进至里程 10m 时，充填体高度降为 1.55m，如图 10-58 所示。

表 10-18　2#探巷充填体高度变化表

编号	位置/m	充填体高度/m	观测日期
1	0	2.00	2015 年 6 月 14 日
2	0.75	2.00	2015 年 6 月 14 日
3	1.5	2.00	2015 年 6 月 14 日
4	2.6	2.00	2015 年 6 月 14 日
5	3.5	1.95	2015 年 6 月 14 日
6	4.2	2.0	2015 年 6 月 14 日
7	5.2	1.94	2015 年 6 月 14 日
8	5.9	1.83	2015 年 6 月 14 日
9	6.4	1.79	2015 年 6 月 14 日
10	7.3	1.65	2015 年 6 月 14 日
11	8.2	1.57	2015 年 6 月 14 日
12	9	1.57	2015 年 6 月 14 日
13	10	1.57	2015 年 6 月 14 日

图 10-57　2#探巷工程验证现场照片

图 10-58　3#探巷工程验证现场照片

　　从 3 个探巷充填体观测的情况看，充填体被压缩的量超过了预期值，均在 50%以上，但是探巷的顶板较完整，就是说 2515 工作面顶板属于缓慢整体下沉，工作面老顶没有发生断裂，充填体被均匀压缩。

10.2.5　充填体残余强度

在 2515 工作面采空区共布置三条探巷，在第一条探巷和第二条探巷中取试块三个，规格为 70.7cm×70.7cm×70.7cm，其中第一块试块在第一条探巷进入空区 10m 处取得，试验强度为 0.63MPa；第二块试块在第一条探巷 15m 处取得，试验强度为 0.91MPa；第三块试块在第二条探巷进入空区 10m 处取得，试验强度为 0.93MPa，三个测点充填原始数据与验证对比情况见表 10-19。

表 10-19　测点充填原始数据与验证对比表

探巷编号	埋深/m	测点处采高/m	采宽/m	日推进度/m	月推进度/m	充填循环进度/m	材料配比	原材料试验	充填水源水温/℃	探巷平均高度/m	探巷平均宽度/m	充填体原始高度/m	充填体实际高度/m	充填体压缩厚度/m	压缩率/%	压残块强度/MPa
1	358	3.6	2.1	2.1	22	2.1	6∶1	0.58	15	2.3	2	3.39	1.04	2.35	69	0.91
2	357	3.6	2.05	2.05	46	2.05	6∶1	0.6	16	2.3	2	3.39	1.57	1.82	54	0.93
3	365	3.3	2.2	2.2	58.8	2.2	6∶1	0.62	22	2.3	2	2.98	1.55	1.43	48	0.93

10.2.6　对 2515 区块充填效果

从充填体压缩的情况看，初步分析认为有以下几种原因：

(1)超高水材料使用过程中，做了充填体强度测试，充填体 7 天强度最大为 0.63MPa，平均强度为 0.52MPa。从矿压观测资料看，充填体压力传感器普遍达到 2.4MPa 以上(个别充填体应力传感器显示压力达到 5.5MPa)，后趋于稳定，原来分析认为是工作面顶板下沉量控制在了一定范围，所以压力显现呈现平稳趋势。但是从探巷揭露的充填体观测情况看，分析认为是工作面顶板上覆岩层下沉超出充填体承受能力，造成充填体缓慢持续被压缩，超出了我们对充填体压缩量的预期值。而从 2515 工作面回采结束之后，工作面内部持续有涌水流出，也说明充填体内部富含的水被压出，造成体积流失。

(2)从施工的工艺看，2515 工作面是亨健矿业有限公司第一个超高水材料充填开采工作面，工人从充填泵站的操作到充填现场的操作，均存在不熟练的情况，有可能造成充填料的配比不均匀，从而影响充填体的最终强度，也是造成充填体压缩量过大的原因之一。

(3)2515 工作面开始正式回采是在 2012 年 12 月，充填水源为井下−40 水平水仓排出的水，水温平均为 15℃，超高水材料固化反应较弱。而我们通过实验得知，超高水材料在 6℃以下就会失去活性，两种材料不会发生反应，也就是不能凝固；6~10℃部分反应，只是成为糊状的形状，不具备任何强度；10~16℃时，可保证超高水材料大部分进行反应，但是反应时间会延长，并影响充填体的终凝强度，所以工作面初始充填时的水温对充填的影响也很大。

(4)2515 充填工作面在 2013 年 3 月实施了一段时间的两天三循环的工艺，造成充填体承压过早；另外对 2515 充填工作面副巷进行了沿空留巷，而下巷采取开放式充填，造成充填体不能及时接顶，给工作面充填体留下了变形的空间，也是造成工作面顶板下沉量超过预期值的原因之一。

10.3　超高水材料固结体稳定性综合分析

在第 2 章中，重点介绍了超高水材料的组分构成及其固结体的基本性能，冯光明和丁玉教授所著的《超高水材料充填开采技术研究及应用》一书中，基于对超高水材料固结体体积应变随时间变化规律的研究认为，"当固结体处于全封闭状态时，游离水不会从固结体中逸出"。"在实际应用中，超高水材料固结体在顶板来压及各方受力状态下，其中的游离水不会渗出，受压后的体积变化非常小，可认为其体积不可压缩。该性质对采空区充填十分有利"。后续的生产实践及实验室试验中，固结体在三向受力的高压状态下有水泌出，根据亨健矿工程验证和地表沉降观测结果，固结体的压缩量达到了 60% 以上，这充分说明固结体中存在着大量的可泌出的游离水。为了探究其原因，现做以下分析。

10.3.1　钙矾石生成及稳定性

超高水材料固结体的生成物主要是钙矾石，钙矾石的稳定性基本决定了固结体的稳定性。

1. 钙矾石的结构

冯光明等[132]研究认为，钙矾石（AFt）的基本结构单元为 $\{Ca_3[Al(OH)_6]\cdot 12H_2O\}^{3+}$，属三方晶系，呈柱状结构，如图 10-59 所示。钙矾石的构造式为 $[Ca_6Al_2(OH)_{12}\cdot 24H_2O]\cdot(SO_4)_3\cdot 2H_2O$；其离子式为 $\{Ca_6[Al(OH)_6]_2\cdot 24H_2O\}^{6+}\cdot(SO_4^{2-})_3\cdot 2H_2O$。

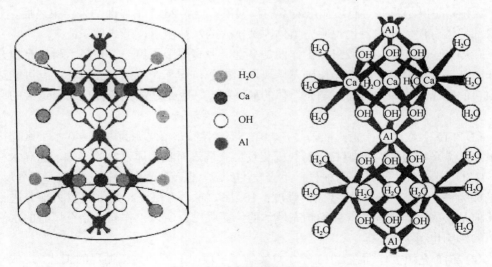

图 10-59　钙矾石的晶体结构

图 10-59 表示钙矾石一个晶胞的构造,它是由$[Al(OH)_6]^{3-}$八面体链组成的,周围与 3 个钙多面体结合,柱状单元可重复的距离为 1.07nm。钙矾石的基本结构就是沿纵轴具有两个相同的柱状结构,所以在长 1.07nm 的晶体结构中有 6 个钙原子,每个钙原子外面有 4 个水分子配位,共有 24 个水分子,定向排列呈柱状,平行于纵轴外侧有 4 个沟槽,其中三个沟槽各有一个SO_4^{2-},另一个沟槽中含有 2 个水分子。在一定的条件下,晶胞可朝纵向增生,横向簇生,成为针状或杆状的晶体,晶体较大时在光学显微镜下可见。

钙矾石在高含水溶液中结晶能力很强,在合理配比的溶液中形成针状并交叉扩展成网状结构。由钙矾石分子式 $3CaO \cdot Al_2O_3 \cdot 3CaSO_4 \cdot 32H_2O$ 可知,钙矾石晶体中含有约 46%(按所含元素的相对原子质量计算)的水,远大于一般无机盐的结晶水含量。此外,钙矾石的网状或针状结构也使晶体之间有巨大的空隙,它们又可吸附、持留大量的水。相关文献表明,钙矾石可持留约 2 倍自身质量的水,即使完全压紧,其持留水量仍可达到自身质量的 75%左右,是一般泥灰岩持留水量的 4 倍以上。因此,加上钙矾石自身结晶水量,水含率约为 90%,水所占的体积分数便可在 95%以上。另外,由于矾土中总有一定量的SiO_2,烧成后形成C_2S。C_2S水化后形成 C-S-H 凝胶。而高铝水泥或硫铝酸盐水泥中的一些其他矿物还含有如 Ca 之类的矿物,其水化后可形成铝胶(AH_6 或 AH_7),这部分物质(铝胶、C-S-H)也具有高持留水分的特性,因此可进一步提高材料的持水率。这是开发超高水材料的主要依据。

2. 钙矾石生成量计算

钙矾石的水化反应,参照 2.1.1。

钙矾石溶解物沉淀后形成超高水材料固结体。其反应方程式如下:

$$3(CaO \cdot Al_2O_3) + 3CaSO_4 + 38H_2O = 3CaO \cdot Al_2O_3 \cdot 3CaSO_4 \cdot 32H_2O + 4Al(OH)_3$$

由化学反应式可知,Al_2O_3 中有 1/3 的铝元素生成了钙矾石,2/3 的铝元素生成了两性氢氧化物$Al(OH)_3$。由于其存在两种电离形式,既是弱酸,可以有酸式化学式 H_3AlO_3,又是弱碱,可以有碱式化学式 $Al(OH)_3$。氢氧化铝微溶于水,其存在形式为胶粘固体沉淀。

Al_2O_3 是组成钙矾石的主要成分,常用超高水材料 A 料中Al_2O_3含量为 22%左右。按照超高水材料 $200kg/m^3$ 配比进行计算,则 Al_2O_3 重量为 44kg,其中有 1/3 的 Al 元素生成了钙矾石 $3CaO \cdot Al_2O_3 \cdot 3CaSO_4 \cdot 32H_2O$,则钙矾石的重量为 166.5kg,其中总重量为 1200kg,则其游离水及其他不溶物重量为 1033kg。

按照超高水材料 $400kg/m^3$ 配比进行计算,则 Al_2O_3 重量为 88kg,其中有 1/3 的 Al 生成了钙矾石 $3CaO \cdot Al_2O_3 \cdot 3CaSO_4 \cdot 32H_2O$,则钙矾石的重量为 333kg,其总重量为 1400kg,则其游离水及其他不溶物重量为 1067kg。其他含量以此类推得到表 10-20。

3. 钙矾石的稳定性

冯光明和丁玉教授[132]研究认为,关于钙矾石相的稳定性包括热稳定性、抗碳化性

表 10-20　不同水灰比钙矾石生成量与自由水含量理论值

体积百分比/%	质量比	质量浓度/%	浓度/(kg/m³)	Al₂O₃含量/(kg/m³)	钙矾石重量/(kg/m³)	自由水重量/(kg/m³)	理论强度/(MPa/m³)
90	3.00∶1	25	300	66	261.41	752.47	5.9
91	3.30∶1	23	270	59.4	235.27	777.22	5.1
92	3.83∶1	21	240	52.8	209.13	801.98	4.5
93	4.43∶1	18	210	46.2	182.99	826.73	3.7
94	5.22∶1	16	180	39.6	156.85	851.48	2.5
95	6.33∶1	14	150	33	130.71	876.24	1.9
96	8.00∶1	11	120	26.4	104.56	900.99	0.9
97	10.78∶1	8	90	19.8	78.42	925.74	0.5

及对其他离子的化学稳定性等问题。这些问题与以钙矾石相为主要水化产物的水泥混凝土的耐热、抗风化、抗冻融、抗化学侵蚀等耐久性有着密切的关系。

1)钙矾石的热稳定性

关于水化产物的热稳定性,不少人对其进行了研究。刘崇熙[133]把纯钙矾石的常温脱水分成 3 个阶段:第一阶段发生在 p/p_s 为 0.9~1.0,吸附水和铝氧多棱柱之间沟槽中的 1.7~2.0 个配位水脱去;第二阶段发生在 p/p_s 为 0.05~0.9,钙矾石的结晶水是稳定的;第三阶段发生在 $p/p_s<0.05$ 时,则会逐步脱去 24 个配位水和 OH 阵点水。在干热条件下,从 55℃开始到 100℃,24 个配位水逐步脱去,在 160~260℃,脱去相当 4 个 H_2O,在 370℃以上脱去相当 2 个 H_2O。由此可以看出,影响钙矾石热稳定性的因素除温度外还与水蒸气的分压有关。但常温下,在很大的水蒸气分压范围内钙矾石可以保持稳定。王善拔[134]认为常压时 80℃以下,钙矾石是稳定的,大于 80℃则受热逐渐变成无定型结构。但在 400℃以下,滴水会重新生成钙矾石。超过 400℃时,钙矾石则逐渐分解生成硬石膏,约 950℃时全部形成无水硫铝酸钙及氧化钙等。蓝俊康和王焰新[135]则认为 40~50℃是钙矾石的稳定形成温度,大于 70℃则其稳定性变差。

2)钙矾石的化学稳定性

影响钙矾石化学稳定性的因素有很多,如酸碱性(pH)和各种离子等。有人认为,钙矾石固溶各种离子后热稳定性会出现差异。

从钙矾石的形成角度来说,杨南如等[136]认为,由于钙矾石属不一致溶四元化合物,当 $CaSO_4$ 浓度下降至 2mg/L,CaO 和 Al_2O_3 在某一浓度时,钙矾石就会转变成低硫型盐,或者与水化铝酸钙形成固溶体。在没有其他外加剂存在的情况下,钙矾石的稳定条件关键在于液相中 SO_3 浓度保持在 1.00g/L 以上。但是 $CaCO_3$ 的存在可以使钙矾石稳定存在。然而,Pajares[137]却得出在 $CaCO_3$(或 $MgCO_3$)及硅胶饱和溶液中,钙矾石分解变成结晶度很差的产物的结论。因此,$CaCO_3$(或 $MgCO_3$)的作用还有待进一步研究。

纯钙矾石在空气中易与空气中的 CO_2 作用分解为碳酸钙、硫酸钙和氢氧化铝(有人认为形成碳铝酸钙),是造成钙矾石风化崩解的主要原因,其反应式如下:

$$3CaO \cdot Al_2O_3 \cdot 3CaSO_4 \cdot 32H_2O \xrightarrow[+H_2O]{+CO_2} 3\,(CaSO_4 \cdot 2H_2O)+3CaCO_3+Al_2O_3 \cdot xH_2O+(26\text{-}x)H_2O$$

陈贤拓等[138]及其合作者对 CO_2 分解钙矾石的作用机理进行了研究，导出了钙矾石表面反应的动力学方程，并认为反应分三步进行：水首先吸附在钙矾石表面的活性中心成为活化态水；其次 CO_2 与活化态水反应生成吸附态碳酸；最后吸附态碳酸与钙矾石反应。宋存义等[139]则通过 X 射线衍射、扫描电镜对置于空气中 720d 的钙矾石风化体进行研究，得出钙矾石易于与空气中 CO_2 反应的结论。游宝坤和席耀忠[140]则在综述了前人研究的基础上指出，钾、钠等离子对钙矾石有一定的影响，但影响不大。在硬化水泥浆体中钙矾石相的热稳定性比单独存在的钙矾石的热稳定性好。钙矾石中足够数量的 C-S-H 凝胶和 AH_3 铝胶对钙矾石起保护作用而使其不至炭化。席耀忠[141]认为固溶了 Fe^{3+} 的钙矾石的稳定性变差。陈胡星等[142]在研究钙矾石的长期稳定性后指出，在所研究的水泥浆体中，钙矾石向单硫型水化硫铝酸钙转变的速度十分缓慢；水泥中含铝（铁）相含量，尤其是 C_3A 含量的多少，是影响钙矾石稳定性的重要因素，C_3A 含量增加，其稳定性明显下降；钙矾石的长期稳定性并不仅仅取决于体系中含铝（铁）相与 SO_3 物质的量之比，还取决于动力学因素。Myneni[143]及其合作者讨论了不同 pH 对钙矾石的影响，认为在 pH 近中性时完全溶解，析出 $CaSO_4$ 等物质，而在酸性条件下的钙矾石分解产物相当复杂。Cody 等[144]则讨论了钙矾石的成核、生长及稳定性，指出山梨醇、柠檬酸、酒石酸等是抑制钙矾石成核及生长的物质。

3）钙矾石的力学稳定性

通过研究压力对钙矾石的影响得出大约在 3GPa 时，钙矾石开始失稳，压力继续升高，钙矾石开始转化成无定型结构。

10.3.2　采空区充填体泌水因素综合分析

超高水材料从原料选购、加工、运输、储藏、制浆过程中的材料配比、浆体输送，到混合浆体进入采空区固化后充填体承压状态等环节，对充填体质量都存在一定程度的影响，综合分析，发现以下几方面为主要因素。

1. 原材料加工及储运

1）原材料质量

原材料有效成分的含量及烧制质量，决定了超高水材料的基础质量，原料选购必须符合指标要求。

2）成品料储运

超高水材料成品料容易吸水，吸水后会影响凝结时间和固化强度，严重时会发生不固化和大量析水，材料的运储必须注意防潮，失效的材料不能使用。

3）制浆过程严控材料配比

使用时根据设计强度确定材料配比，浆体输送要保证等量混合，材料或浆体配比不当都会发生质量问题，同样反映在凝结时间、固化强度和析水方面。

2. 水及环境温度

水及环境温度对超高水材料固结体的影响是最为关键的因素，大量实验室试验和工程实践证明了水温影响的严重程度。环境温度的结果最终反映在水的温度上，当水温在18℃以下时，浆体不能完全固化，大量的自由水不能被包裹在固结体内而自然析出，有效控制凝结时间和固化强度的适宜温度为 20~26℃。

亨健矿和陶一矿都存在冬季低温环境下施工的问题，制浆用水都是取自井下排出的矿井水，排出的水温基本在 15~18℃，如果使用及时，制浆过程中材料入水后会产生一定热量，水温基本能满足要求，如果水在地面搁置时间长了，未采取保温措施，水温会大幅降低，这种情况在两个矿井中都不同程度的存在，这一因素对地表下沉量大有一定的影响，特别是在工作面推进过程中产生泌水，这一因素有较大的影响。

3. 固结体强度

充填效果的好坏，主要反映在进入采空区的充填体是否能够有效承载围岩压力而自身不被压缩，体现在固结体的强度适应能力和是否泌水。

1) 采空区充填体承载能力

亨健矿 2515 工作面安装的尤洛卡公司的 KJ216 动态监测系统，对充填体承压进行动态监测数据显示，随着工作面的推进，充填体承受压力逐渐增大，至 5.5MPa 左右后逐渐趋于稳定，如图 10-54 所示。

亨健矿 2515 工作面开采时，相邻工作面没有开采，工作面属于非充分采动状态，从监测曲线分析，工作面自压力表安装位置向前推进 80m 距离内，该段曲线基本呈等斜率直线，反应出充填体处于弹性应力状态，工作面中间压力表最大应力值为 4.5MPa，可以认为该阶段充填体处于未被压缩阶段。之后，曲线变缓，至 120m 后呈水平线状态，应力值为 5.5MPa。这样的曲线状态，之初，我们认为，120m 之后顶板下沉活动基本趋于稳定，充填体承压不再增加，此时，不考虑地应力影响，仅按上覆岩石重量计算，充填体上覆离层岩石厚度为 220m，从 2515 工作面开采结束后地表下沉结果分析，基本符合固结体小变形的特征；根据区域沉降观测结果分析，我们也可以认为，120m 之后上覆岩层继续下沉，充填体强度已不能承受，充填体开始泌水压缩，这符合最终的验证结果。

上述无论符合哪一种情形，监测曲线所显示的充填体处于采空区的承载能力都超出了其单轴抗压强度的数倍。依据 2515 工作面充填情况，其采用的水灰比为 95% 左右，7天的单轴抗压强度为 0.65~0.75MPa，以其计算，采空区充填体承载能力可提高 8.5~7.3 倍。固结体 7 天的强度可以达到终凝强度的 80% 以上，以 7 天的单轴抗压强度为 0.75 MPa 计算，其终凝强度为 0.9MPa，以此计算，采空区充填体承载能力提高 6 倍以上。

2) 试件承载能力

以实验室进行的试验结果分析，在三向受力试验过程中，当试件达到一定荷载后，试件开始有水泌出，我们把这一压力值称为临界变形载荷。模拟充填后期三向受力试验过程如图 2-38 所示。

统计试件泌水前承载压力(临界变形载荷)随龄期变化的情况如图 2-41 所示。可知，随水体积的增加，试件的临界变形载荷减小；7 天之前，试件的临界变形载荷增幅较大，7 天之后，载荷增幅较小，水体积 95%的试件基本稳定在 10MPa 左右。

亨健矿 2515 工作面在探巷掘进后，分别取了三个充填体压缩后的残块，制成试件后进行了残余强度试验，残余强度分别为 0.63MPa、0.91MPa、0.93MPa。试验证明，采空区充填体被压缩后，仍然保持了完整性，超高水材料固结体内钙矾石的晶格结构完整，基本保持了初始强度。或者可以认为，充填体被压缩过程中钙矾石的晶格结构可能遭到了破坏产生形变，承压稳定后，钙矾石的晶格结构得到了修复，证实钙矾石晶体具有可再生性能。

4. 开采方式影响充填体承压

前述的地表沉降观测结果，单一工作面开采后未形成充分采动的沉降结果，如 12706 面、12702 面、2515 面、充Ⅶ面、充Ⅷ面、充Ⅸ面观测点的最大下沉量，基本都符合充填体小变形理论下形成的按等效采高预计的沉降量。当相邻工作面无煤柱开采形成充分采动的区块开采后，充填体压缩量达到 60%以上，极大地超出了预期，分析原因如下。

(1)根据表 10-20 不同水灰比每立方米固结体中自由水体积分数分析，水体积 95%配比的超高水材料每立方米固结体中，自由水占据了 87%以上的体积。井下使用的充填袋的强度和加工工艺，并不足以封闭高承压状态下充填体所泌出的水，开采过程中已固化的充填袋经常出现破损。因此，固结体在持续高承压状态下大量泌水压缩是充填体被压缩的根本原因。

(2)非充分采动的单一工作面开采后，上覆岩层沉降到一定高度后，之上的岩层形成应力平衡拱，其岩石重量转移到由工作面两侧的煤体上支撑，充填体没有承担直达地表所有岩石的重量。当相邻工作面开采形成充分采动后，上覆岩层的重量即全部作用在充填体上。陶一矿 12706 区块和亨健矿 2515 区块的开采深度都在 400m 以上，作用在充填体上的应力达到 10MPa 以上。根据 2515 工作面应力观测及实验室试验结果，95%水体积配比的固结体的试件压力达到 10MPa 时即开始泌水。因此，工作面之间未留设煤柱，充填体承载超出了其强度所承受的极限，是充填体泌水的关键原因，这是该项技术应用之初未曾想到的。

图 10-9~图 10-14 分别反映了 12706 区块三个工作面开采时对典型 17 号测点、22 号测点、28 号测点的下沉量和下沉速度形成的影响。17 号测点位于 12706 工作面中央，理论上应主要受 12706 工作面的开采影响，但实测中 12704 工作面的开采对其产生了较大影响；22 号测点位于 12704 工作面中央，12706 工作面和 12702 工作面的开采造成其 200mm 左右的下沉，12704 工作面开采造成其近 1000mm 的下沉；28 号测点位于 12702 工作面中央，理论上其主要受 12702 工作面的影响，实测中 12702 工作面开采结束后其下沉 300mm 左右，12704 工作面开采造成其下沉近 1000mm。由上述分析可知，路基各点下沉主要发生在 12704 工作面开采以后。

10.3.3　区域充填固结体稳定的技术途径

超高水材料区域充填固结体的稳定是保证充填效果的关键，根据 10.3.2 节中所述，固结体的稳定性主要受充填开采方式和充填体承载能力影响。区域充填开采方式主要分为区域留煤柱非充分采动的充填开采和区域无煤柱充分采动的充填开采两种。进行区域充填开采时，为保证区域充填效果及充填固结体的稳定性，可采取以下措施。

1. 工作面间留设煤柱

在工作面间留设煤柱，使工作面处于非充分采动状态，主关键层不发生整体破断。此时，主关键层对其上覆岩层起控制作用，充填体仅承受主关键层下方部分岩层自重，充填体承压较小。根据陶一矿七采区钻孔资料，利用关键层的判别方法，可知主关键层距煤层顶板为 176.2m。在非充分采动条件下，充填体的最大承载为主关键层与煤层之间岩层的自重，约为 4.45MPa；水体积比 95%的超高水材料固结体，4d 后的侧限抗压强度可达 6MPa，能够满足其承载要求。同时工作面间的煤柱需确保稳定，其最小宽度为 10.43~14.43m。

根据充Ⅶ至充Ⅸ区块充填开采实践，采用水体积比 94%~95%的超高水材料进行留煤柱充填（煤柱宽度 40m），地表最大下沉量为 235mm，充填效果良好，表明水体积比 94%~95%高水材料固结体能够满足承载要求、区间煤柱发挥了良好的支撑作用。

2. 提高充填体强度

进行区域无煤柱充填开采或者充填工作面达到充分采动状态时，上覆岩层发生整体下沉，充填体的承载为其上覆岩层自重，大于非充分采动条件下的载荷。当作用在充填体上方的应力达到其"临界抗压强度"后，充填固结体将会发生泌水并产生较大的压缩，进而影响充填开采效果。在此条件下，提高充填固结体的强度是保证承载要求的重要途径；同时随着充填体强度的增加，工作面间煤柱保持稳定的宽度逐渐减小，当充填体强度达到上方岩层自重时，可实现工作面间的无煤柱化。

根据 2.3.3 节充填体的侧限承压特性和图 2-5 知，相同养护条件下，固结体的强度随着水体积的增加而减小。由表 10-20 知，90%水体积比固结体的理论强度是 95%水体积比理论强度的 3 倍，降低超高水材料的水体积比，充填固结体强度大幅提高，可以满足充填体的承载要求。

因此，基于超高水材料的性能，特别是固结体强度可调和存在三向受力状态下"临界抗压强度"，必须考虑充填体进入采空区后的承压状况，以确定充填体强度，选取适当的材料配比，并采取提高充填体强度的措施，满足充填体稳定性需求，达到区域充填效果。

第 11 章　超高水材料充填开采设计

建(构)筑物下安全采煤的关键是控制地表移动变形，其中井下充填采矿技术能从根源上控制覆岩移动和地表沉降，实现保护地表构筑物的目的。超高水材料充填开采设计需结合煤矿地质条件，满足充填设计要求，基于关键层和充填开采的理论，通过对充填工艺系统设计、充填工作面参数的合理选取、充填材料及配比的设计，完成超高水材料充填开采设计，进行工程实践达到地表沉降控制目标。超高水材料充填开采设计思路，如图 11-1 所示。

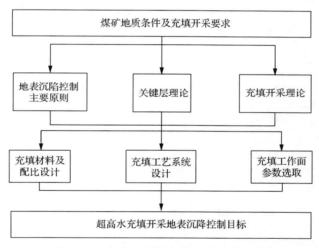

图 11-1　超高水材料充填开采设计思路

11.1　超高水材料充填开采设计的总体原则

11.1.1　总体原则

根据目前国内外建筑物下采煤研究现状以及该矿已经进行的超高水材料充填开采实践，具体到充填设计总体上应遵循以下原则：

(1)村庄下压煤实现不搬迁开采，主要建筑物不超过原煤炭工业部颁布的《建筑物、水体、铁路及主要井巷煤柱留设与压煤开采规程》中规定的破坏标准。

(2)国家 I、II、III 级铁路、工矿企业专用铁路，其下压煤开采引起的变形应在其相关管理规定范围内，并满足《建筑物、水体、铁路及主要井巷煤柱留设与压煤开采规程》中规定的破坏标准。

(3)在第一、第二条原则基础上，尽量提高煤炭的采出率。

11.1.2 地表建(构)筑物破坏等级划分标准与要求

1. 砖混结构建筑物破坏等级标准

煤炭工业局 2000 年 5 月颁布的《建筑物、水体、铁路及主要井巷煤柱留设与压煤开采规程》中，总结了我国建筑物下开采的经验，按不同的地表变形值给出了长度或变形缝区段内长度小于 20m 的砖混结构建筑物，按不同的地表变形值，划分破坏(保护)等级的标准，见表 11-1。

表 11-1　砖石结构建筑物的破坏(保护)等级

损坏等级	建筑物损坏程度	地表变形值			损坏分类	结构处理
		水平变形 ε/(mm/m)	曲率 K/(mm/m²)	倾斜 i/(mm/m)		
I	自然间砖墙上出现宽度为 1~2mm 的裂缝；自然间砖墙上出现宽度小于 4mm 的裂缝；多条裂缝总宽度小于 10mm	≤2.0	≤0.2	≤3.0	极轻微损坏或轻微损坏	不修或简单维修
II	自然间砖墙上出现宽度小于 15mm 的裂缝，多条裂缝总宽度小于 30mm；钢筋混凝土梁、柱上裂缝长度小于 1/3 截面高度；梁端抽出小于 20mm；砖柱上出现水平裂缝，缝长大于 1/2 截面边长；门窗略有歪斜	≤4.0	≤0.4	≤6.0	轻度损坏	小修
III	自然间砖墙上出现宽度小于 30mm 的裂缝，多条裂缝总宽度小于 50mm；钢筋混凝土梁、柱上裂缝长度小于 1/2 截面高度；梁端抽出小于 50mm；砖柱上出现小于 5mm 的水平错动，门窗严重变形	≤6.0	≤0.6	≤10.0	中度损坏	中修
IV	自然间砖墙上出现宽度大于 30mm 的裂缝，多条裂缝总宽度大于 50mm；梁端抽出小于 60mm；砖柱上出现小于 25mm 的水平错动	>6.0	>0.6	>10.0	严重损坏	大修
	自然间砖墙上出现严重交叉裂缝、上下贯通裂缝，以及墙体严重外鼓、歪斜；钢筋混凝土梁、柱裂缝沿截面贯通；梁端抽出大于 60mm；砖柱出现大于 25mm 的水平错动；有倒塌的危险				极度严重损坏	拆建

注：建筑物的损坏等级按自然间为评判对象，根据各自然间的损坏情况分别进行

2. 建(构)筑物下压煤允许开采条件

《建筑物、水体、铁路及主要井巷煤柱留设与压煤开采规程》第 28 条规定符合下列条件之一者，建(构)筑物压煤允许开采：①预计的地表变形值小于建(构)筑物允许地表变形值。②预计的地表变形值超过建(构)筑物允许地表变形值，但经就地维修能够实现安全采煤，并符合第 5 条规定的要求。即建(构)筑物下、铁路下、近水体安全采煤的原则是，在建(构)筑物下采煤时，对于零散建(构)筑物，受开采影响后经过维修能满足安全使用要求；对于大片建筑群，受开采影响后大部分建筑物不维修或小修，少部分建筑物经中修和个别经大修能满足安全使用要求；在铁路下采煤时，经采取措施不影响列车

安全运行；在近水体采煤时，受影响的采区和矿井涌水量不超过其排水能力、不影响正常生产，以及地面水利设施经维修不影响正常使用。③预计的地表变形值超过建(构)筑物允许地表变形值，但经采取本矿区已有成功经验的开采技术措施和建(构)筑物加固保护措施后，能满足正常、安全的使用要求。

第 29 条规定符合下列条件之一者，建(构)筑物压煤允许进行试采：①预计地表变形值虽然超过建(构)筑物允许地表变形值，但在技术上可行、经济上合理的条件下，经对建(构)筑物采取可靠的加固保护措施或有效的开采技术措施后，能满足安全使用要求。②预计的地表变形值超过允许地表变形值，但国内外已有类似的建(构)筑物和地质、开采技术条件下的成功开采经验。③开采的技术难度较大，但试验研究成功后对于煤矿企业或当地的工农业生产建设有较大的现实意义和指导意义。

3. 铁路下压煤开采的特殊规定与要求

对于铁路下压煤，其应满足的开采条件包括《建筑物、水体、铁路及主要井巷煤柱留设与压煤开采规程》中的相关规定以及铁路相关技术文献中的要求。

铁路相关技术文献中的要求。

线路坡度：《铁路技术管理规定》中要求铁路下采矿时，必须保证线路在开采后的坡度满足列车运行允许的坡度，国家 I 级铁路，一般地段为 6‰，在困难地段为 12‰。

竖曲线半径：《铁路工务规则》中要求在进行铁路下采矿时，结合地表曲率变化缓慢的特点，应采取措施消除线路倾斜的不均匀变化，尽量减小线路竖曲线半径的变化，保证行车安全。

钢轨下沉差：《铁路工务规则》中规定曲线超高底的最大限度不得超过 150mm。单线上、下行列车速度相差悬殊时不得超过 125mm，两轨面的实际超高度与设计超高度相比较，其差值不得超过±4mm。我国铁路的标准轨距为 1435mm，为使两轨超高变化量小于 4mm，垂直于线路方向的地表倾斜值应小于 2.8‰。

横向移动变形：线路的横向移动变形将引起曲线正矢、轨距的变化，需密切关注，及时维修加以调整。尽量不让线路与工作面斜交，使线路位于地表移动盆地的有利位置。

线路纵向移动变形：线路的纵向移动变形主要表现为线路的爬行和轨缝的变化。《铁路工务规则》中规定，线路上(超过下列标准的轨缝为大轨缝，对 12.5m 钢轨，夏季为8mm，冬季为 16mm，对于 25m 钢轨，夏季为 12mm，冬季为 17mm)不得超过 5%。在钢轨未达到最高轨温情况下，不允许有连续三个以上的瞎缝。

11.2　超高水材料充填开采设计流程

11.2.1　一般流程

超高水材料充填采煤地表沉降控制设计工作流程如图 11-2 所示。

(1)根据地表构筑物的类型、特点，确定地表构筑物极限变形指标 W_m、i_m、ε_m、k_m。

(2)以地表构筑物的极限变形指标为基础，采用地表移动变形计算公式，反演超高水

材料充填开采的安全等价采高，则超高水材料设计的等效采高 m'，可按式(11-1)求取，

$$m' \leqslant \min\left(\frac{W_\mathrm{m}}{q\cos\alpha}, \frac{i_\mathrm{m}r}{q\cos\alpha}, \frac{k_\mathrm{m}r^2}{1.52q\cos\alpha}, \frac{\varepsilon_\mathrm{m}r}{1.52bq\cos\alpha}\right) \tag{11-1}$$

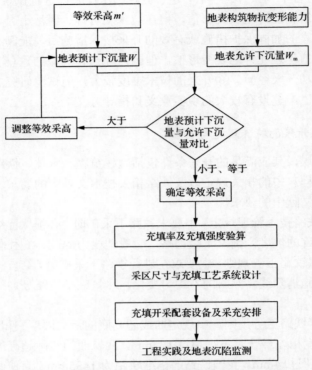

图 11-2　超高水材料充填采煤地表沉降控制设计工作流程

(3)根据反演出来的等效采高，求得相应的充填率，从而设计相应的超高水材料充填采煤工艺和技术参数。根据超高水材料充填体压缩率得

$$k = \frac{m_2}{m_1} = \frac{m' - K - m(1-\eta)}{m\eta}$$

得出超高水材料充填率 η：

$$\eta \geqslant \frac{m + K - \min\left(\dfrac{W_\mathrm{m}}{q\cos\alpha}, \dfrac{i_\mathrm{m}r}{q\cos\alpha}, \dfrac{k_\mathrm{m}r^2}{1.52q\cos\alpha}, \dfrac{\varepsilon_\mathrm{m}r}{1.52bq\cos\alpha}\right)}{m(1-k)} \tag{11-2}$$

式中，η 为工作面实际采高；M 为工作面实际采高；K 为顶板超前下沉量；k 为充填体压缩率。

根据陶一矿充填开采经验，在非充分采动条件下，超高水充填体压缩率为 k，取值为 0.6%~0.8%，顶板超前下沉量为 K，取值为 160~180mm。

该方法设计方便、实用。当地表构筑物不在充填工作面上方地表移动变形极限值的位置时，设计出的结果偏保守，影响经济效益。

11.2.2　优化设计流程

当建筑物不在工作面正上方时，如果按照地表移动变形极值进行设计，充填率较为保守，不利于经济效益的最大化，因此需要优化设计。设计流程如下：

(1)根据地表构筑物的类型、特点，确定地表构筑物极限变形指标 W_m、i_m、ε_m、k_m。

(2)根据地质采矿条件与工作面设计参数，确定基于等价采高的概率积分法沉陷预计模型参数。

(3)给定预计模型一个初始充填设计值，然后不断调整充填采煤等价采高，直到给定方向移动变形预计值略小于极限变形值，此时反演出来的等价采高为安全等价采高。

(4)根据反演出来的等价采高，求取相应的充填率，从而设计相应的固体充填采煤工艺与技术参数。

该方法的优点是设计较为精确、安全、可靠；但是设计的过程较为繁琐，影响计算结果精度的因素较多，容易产生偏差。

当进行构筑物下超高水材料充填开采时，如果全部进行充填率为1的充填开采，将不利于实现充填开采的效益最大化，只要设计的方案最终的地表变形量不超过地表构筑物的极限变形破坏量即可。

11.3　超高水材料充填开采设计内容

11.3.1　超高水材料选择

充填开采减沉效果极大地取决于充填材料的特性。充填材料致密坚固、级配好、刚性大，在上覆岩层压力作用下，则沉缩量小；相反，则沉缩量大。充填材料影响着充填体压缩率，从而，影响充填减沉效果。

超高水充填材料主要由 A、B 两种主料和 AA、BB 两种辅料共四种组分组成。使用时，通过浆体制备系统分别将 A 料及 AA 料，B 料及 BB 料与水混合分别制成 A、B 两种料浆。AA 料和 BB 料分别是 A 料和 B 料的活性催化剂，为了获得稳定的效果和计量准确，使用时先将 AA 料和 BB 料加水制成浆体进行激活，然后再添加到 A、B 料浆的制备中。超高水材料 A、B 浆体按 1:1 比例配合使用，两种浆体充分混合后，快速凝结，并形成具有一定强度的固结体。固结体的强度可根据需要进行调整，以满足井下充填要求，材料水体积最高可达到 97%，水灰比越小，固结体强度越大。

1. 充填材料配比要求

充填材料配比原则如下：

(1)满足输送工艺的要求。目前对于胶结充填开采，充填料浆都采用管道输送的方式，所以充填料浆的流动性必须满足管道输送的要求。在充填路线确定的前提下，保证将充填料浆以自流或泵送的方式顺利地输送到井下采空区,是实现胶结充填的先决条件。

(2)配合比及制备工艺简单。在满足其他原则的条件下,应设计简单的料浆配合比和制浆系统,只有在充填规模大、充填材料来源丰富和充分考虑了综合技术经济指标的前提下,才可考虑多种物料的搭配方式。

(3)充填固结体强度必须考虑矿井开采部署。在控制充填总成本的前提下,选择合理的骨料级配,调整各种充填材料的含量,可以有效地保证充填体强度,同时必须考虑邻近工作面开采及覆岩运动特征,如大面积充填开采时,充填固结体承受载荷与非充分采动时有较大差别。

2. 超高水材料的物理力学参数

1)固结体强度

超高水材料的水体积为91%~97%,随着水体积的增加,固结体的强度随之降低。根据大量的实验室试验测得超高水材料的单轴强度,如表11-2所示。

表11-2 不同体积超高水材料的单轴强度

水体积/%	抗压强度/MPa					
	2h	8h	24h	3d	7d	15d
91	0.92	1.48	1.89	2.61	3.43	3.82
94	0.33	0.72	0.87	1.57	2.12	2.24
97	—	0.11	0.16	0.26	0.45	0.56

根据第2章超高水材料的三向应力试验可知,7天之后,水体积95%的试件临界承载能力可达10MPa。充填固结体强度满足承载要求时,充填体体积基本不变,压缩量较小;充填体承载超过其强度时,充填体泌水并产生较大的压缩量。因此,为保证充填效果,应保证充填体强度与承压状态相适应。

2)初凝时间

超高水充填材料凝结时间是确定充填工艺的基本参数。一般情况下,在其他条件相同的前提下,超高水材料的凝结主要受水灰比与外加剂的影响。水灰比影响材料凝结时间,水灰比越大,凝结时间越长,反之则越短。不同水体积超高水材料的凝结时间,参考第2章的表2-1和表2-2。

超高水材料初凝时间对水温非常敏感,施工时要根据水温和环境进行试验,可以改变水温,也可以要求厂家调整材料配方,以达到所需初凝时间的要求。

11.3.2 充填率及充填采区布置

1. 充填率

按照超高水材料充填开采设计流程,由式(11-2),可以求得满足要求的最小充填率,超高水材料充填开采现场实践中充填情况及效果统计,如表11-3所示。

表 11-3　现场工程实践充填率及效果情况

工作面	充填率/%	平均采深/m	工作面大小(走向/倾斜)	最大下沉量/mm	下沉率
12706	82	420	500m/120m	401	0.12
2515	92	360	368m/100m	265	0.06

超高水材料充填开采需要考虑充填方式的影响。在选择矿井超高水材料充填开采方式时，需要结合该矿井的地质条件及采煤方法，同时参照各种充填工艺的优缺点，选择合理的充填工艺。

2. 充填采区布置

根据第 9 章、第 10 章的充填开采的工程实践，在非充分采动条件下，地表下沉量基本符合预期；在充分采动条件下，充填体的承载超过了其强度极限，充填体发生较大变形，地表下沉量将会远大于地表预计下沉量。因此，通过合理的采区布置，减小采区的充分采动程度能够有效地控制地表下沉量。

采区尺寸的大小影响充分采动程度，充分采动程度通常用宽深比 D/H 表示。根据我国实测资料，D/H 小于 1.2~1.4 时为非充分采动。在充填开采设计时，充填采面的尺寸(走向与倾向)应小于非充分采动极限值。

3. 充填开采方式

根据工作面采厚、煤层倾角及开采工艺的推进速度的不同，确定不同地质条件下的采空区充填方式，超高水充填开采方式主要包括采空区袋式充填、开放式充填、混合式充填三种方式，超高水充填开采矿井应用情况见表 11-4。

表 11-4　超高水材料充填开采矿井应用情况

矿井名称	工作面	采高/m	埋深/m	煤层倾角/(°)	采煤工艺与方法	充填方式
陶一煤矿	12701 上 01~06	3.5~4.3	315~389	10~13	大采高仰斜长壁综采	开放式、袋式、混合式
田庄煤矿	1611 等	1.2	205~253	8	仰斜长壁炮采	开放式
邢东煤矿	1126	4.0~4.7	792~883	9	大采高走向长壁综采	袋式
城郊煤矿	C2401	2.9	533~543	2~8	走向长壁综采	袋式

几种充填方式的优缺点如下：

(1)袋式充填开采工艺适用性广，对煤层地质条件的变化适应性强，顶板控制效果好，但是充填工艺较为复杂。

(2)开放式充填采用仰斜推进、自流充填的方式，该充填模式由于充填成本低、对工作面正常推进影响小而成为主要的充填方式。

(3)混合式充填开采工艺结合了袋式和开放式充填开采工艺的优点，既降低了充填开采的成本又提高了充填效率，同时也可以根据现场需要选择间隔交错式充填或者分段阻隔式充填，可以根据现场实际情况进行。

11.3.3　充填开采工艺系统设计

超高水材料充填开采系统设计主要包括浆料制备、浆料输送及浆料混合、流量控制及清洗管路等系统的设计。

充填开采工艺系统设计的原则如下：

(1) 系统的充填能力应该满足充填开采产能需求。

(2) 料浆制备系统及输送系统的生产能力应大于系统的充填能力。

(3) 工艺系统应采用自动化控制系统，实现生产配比、数据查询、充填监控等环节的自动化作业。

(4) 浆料制备、运输系统需要自动、手动开机装置，当出现故障时能够紧急制动。

以陶一矿充填开采工艺系统为例。

1. 大流量浆体制备及输送充填工艺系统

1) 浆体制备工艺

超高水材料制浆系统分为 A 料区制浆系统和 B 料区制浆系统，每个料区都是由储料系统、称量系统、搅拌系统和输送系统构成。

制浆和输送的整个过程都是在 PLC 自动控制下进行的。先由螺旋给料机和管道泵将粉料和水分别倒入称量斗中，进行自动称量，称量后倒入搅拌桶内，经过搅拌后，分别制成 A 料浆和 B 料浆进入成品浆池。将成品浆通过泵送或自流的方式经管道将浆体输送至工作面前方 90~200m 的范围进行混合，之后输送至充填作业点。充填工艺系统如图 11-3 所示。

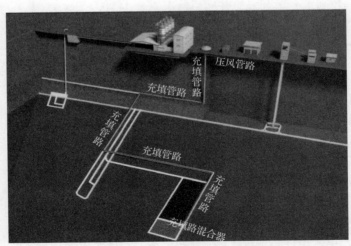

图 11-3　充填系统地面立面布置与工艺流程示意图

该系统具有整体投入低，自动化程度高，系统简单可靠，浆体配比准确性高，易于控制、远距离输送无需额外增加井巷工程，制浆、输送能力大的良好性能。陶一煤矿的地面充填站，制浆能力达到了 300m³/h，无泵输送距离达到 3300m，具备年产百万吨充填工作面的水平。

2) 大流量双液匹配自动控制浆体输送系统

超高水填充要求 A 料、B 料两种料浆按照 1∶1 的比例进行混合。为保证充填体的稳定性，研究应用了大流量双液匹配自动控制装置。该装置在每条输料管道中加装流量传感器，探测料浆的流量，提供给 PLC 信号。根据生产设置流量、PLC 控制装置自动调控电动阀门，使两趟管路流量达到平衡，如图 11-4 所示。

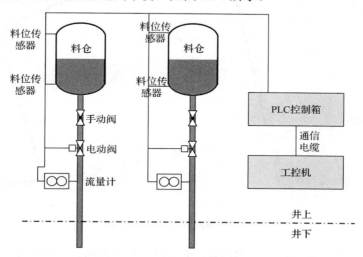

图 11-4　浆体流量控制工艺流程

3) 风水联动管路清洗系统

每次充填开采后，为防止管道内积液固结堵管，要及时清洗管道。初期采用清水冲洗时产生大量的尾浆，这些废浆总量达到 100 m³ 以上，废浆严重地影响了充填开采效果，污染开采环境。经反复研究试验，采用高压风水联合清洗的方法，使清洗管路用水量减少至 20m³ 以下。

4) 工作面尾浆处理

尾浆处理的位置十分关键，不能距离工作面太远，并且能够实现尾浆一次性排放，无需二次处理。

通过大量的调查，发现尾浆处理选择在工作面前方煤柱(无沿空留巷)和后方煤柱(有沿空留巷)较为合适。

图 11-5 所示为陶一煤矿充Ⅸ工作面尾浆处理示意图，粗实线为管路正常经过路线、网线为排尾浆、废水路线。通过阀门将尾浆、废水排至老巷道内，如果没有老巷道可以利用，可以专门开掘一条巷道进行储水储浆。

11.3.4　充填开采"三机"配套

超高水材料充填采煤工作面"三机"是指采煤机、充填采煤液压支架和工作面刮板输送机，是超高水材料充填采煤工作面的主要设备。设计选型的基本原则如下：

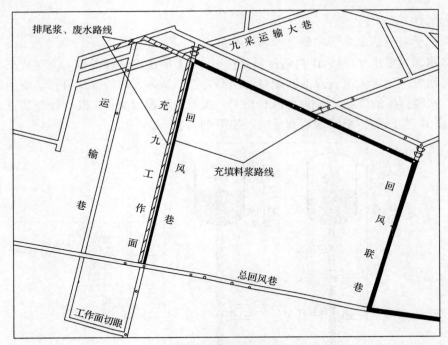

图 11-5 充填尾浆处理示意图

（1）能够满足工作面生产能力的需要。主要包括两个方面：一是采煤机生产能力与工作面生产任务相适应；二是充填能力要求与采煤能力相适应。

（2）设备的主要技术参数相互匹配。

（3）设备结构性能相互匹配。

（4）工作面设备能够实现采煤与充填并行。由于充填与采煤在时间、空间上相互影响，故设备的设计与选型方面应考虑此部分原因，以减少两者之间的相互影响。

11.3.5 采充工作制度

由于超高水材料初凝时间较短，早期强度较高，充填结束 1.5~2 小时后即能进行移架，因此缩短了充填等待时间，很好地提高了采充效率。

采充工作安排原则：①要能够满足产能需求；②采煤作业与充填作业相互协调。

充采工作制度主要有"三八制"（两班采煤一班充填）、"四六制"（两班采煤、两班充填）。

表 11-5 所示为"四六制"系统能力计算，如陶一煤矿 12706 工作面煤层赋存稳定断层较少，采煤时间较短（3 刀），但是由于割煤前的准备工作较长，因此需要提前两个小时进行准备。在现有的充填工艺条件下，实现充填百万吨工作面完全能够实现。

12706 工作面刚开始开采时，按照图 11-6 进行分配，虽然工作分配按照"四六制"，但是工人工作时间仍然是 8 小时。

表 11-5　"四六制"系统能力计算

参数	系统能力计算
工作面日产量/(t/d)	3400
煤密度/(t/m³)	1.9
有效充填时间/(h/d)	10
计算系统最小能力/(m³/h)	178.9
实际系统能力/(m³/h)	180
A/B 单系统能力/(m³/h)	90

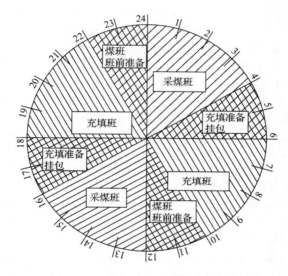

图 11-6　"四六制"采充分配示意图

11.4　核心技术要素

基于对超高水材料工程特性、非充分采动条件下充填开采和区域无煤柱充分采动条件下充填开采的实验室研究及开采实践研究成果，可以认为：

(1)超高水材料充填采煤技术是成功的。

(2)基于超高水材料的性能，特别是固结体强度可调和存在三向受力状态下的"临界抗压强度"，在开采设计时，必须考虑充填体进入采空区后的承压状况，并进行量化计算，以确定充填体强度，选取适当的材料配比。

(3)结合关键层理论，区域充填开采设计时，工作面间需适当留设区段煤柱，尽可能使充填工作面处于非充分采动状态。

参 考 文 献

[1] 钱鸣高, 缪协兴, 许家林, 等. 岩层控制的关键层理论[M]. 徐州: 中国矿业大学, 2003.

[2] 钱鸣高, 缪协兴. 岩层控制中的关键层理论研究[J]. 煤炭学报, 1996, 21(3): 225-230.

[3] 钱鸣高, 刘听成. 矿山压力及其控制[M]. 北京: 煤炭工业出版社, 1990.

[4] 许家林, 钱鸣高. 岩层控制关键层理论的应用研究与实践[J]. 中国矿业. 2001, 10(6): 54-56.

[5] 罗斐. 煤炭资源的现状与结构分析[J]. 中国煤炭, 2008, 34(3): 91-96.

[6] 毛艳丽, 陈妍, 郭艳玲. 世界煤炭资源现状及钢铁公司的煤炭安全策略[J]. 冶金管理, 2009, (3): 40-44.

[7] 陈丽新, 吴尚昆. 我国煤炭产业布局与结构调整浅析[J]. 中国国土资源经济, 2012(7): 51-53+56.

[8] 胡晓清, 任一鑫. 煤炭资源形势分析及对策[J]. 煤炭经济研究, 2001, (3): 30-31.

[9] 徐法奎, 李凤明. 我国"三下"压煤及开采中若干问题浅析[J]. 煤炭经济研究, 2005, (5): 26-27.

[10] 钱鸣高, 许家林, 缪协兴. 煤矿绿色开采技术[J]. 中国矿业大学学报, 2003, 32(4): 343-348.

[11] 冯光明. 超高水充填材料及其充填开采技术研究与应用[D]. 徐州:中国矿业大学博士学位论文, 2009.

[12] 杨本志, 卞正富. 浅议我国东部矿区的生态重建技术[J]. 煤矿环境保护, 2000, (3): 7-10.

[13] 赵玉霞, 杨居荣. 采煤塌陷地复垦的环境经济分析——以开滦煤矿为例[J]. 环境科学学报, 2000, (2): 87-92.

[14] 何国清, 杨伦, 凌赓娣, 等. 矿山开采沉陷工程[M].徐州: 中国矿业大学出版社, 1994.

[15] 姜富华. 结合治淮开展两淮矿区采煤沉陷区综合治理探讨[J]. 中国水利, 2010, (22): 61-63.

[16] 吴亦三. 评价从城市固体垃圾焚烧中回收能源[J]. 能源研究与信息, 1990, (4): 47-58.

[17] 孙文标, 郭军杰, 张建立, 等. 煤系固体废弃物用作充填材料改善煤矿安全和环境状况[J]. 矿业安全与环保, 2008, (1): 25-26.

[18] 谷志孟, 白世伟. 利用城市垃圾充填废弃采矿空场的环境综合治理建议[J]. 科技进步与对策, 2000, (1): 25-26.

[19] Isaacs L T, Carter J P. Theoretical study of pore water pressure developed in hydraulic fill in mine slopes. International Journal of Rock Mechanics &Mining Sciences & Geomechanics Abstracts. (Section A:Min Industry).1983,20(6): A178.

[20] 张道珍, 陈鼎懿. 水砂充填在深部开采中的应用[J]. 世界采矿快报. 1989, (35): 10-12.

[21] 郑文达, 黄沛生, 谢鹰. 盘区机械化细砂水砂充填采矿工艺的实践[J]. 采矿技术, 2001, (1): 7-8.

[22] 叶晓, 周友生. 水砂充填技术在大茶园矿井的应用及改进[J]. 中国矿业, 2012, (S1): 274-277.

[23] 高天革. 加压水砂充填[J]. 煤矿设计, 1990, (1): 15-16.

[24] 曹连喜. 粗粒级水砂充填法的应用与发展[J]. 有色金属(矿山部分), 1991, (1): 1-3.

[25] 周爱民. 矿山废料胶结充填[M]. 北京:冶金工业出版社, 2007.

[26] 朱国涛. 高浓度结构流全尾砂胶结充填实验研究与应用[J]. 矿业工程, 2011, (6): 20-22.

[27] 王海瑞. 全尾砂胶结充填自流输送管路改造及优化[D]. 长沙: 中南大学硕士学位论文, 2010.

[28] 于润沧. 料浆浓度对细砂胶结充填的影响[J]. 有色金属, 1984, (2): 6-11.

[29] 徐飞. "三下"矿体开采全尾砂胶结充填体强度研究[D]. 长沙:长沙矿山研究院, 2014.

[30] 王小卫. 影响金川矿山细砂胶结充填体质量的因素分析[J]. 中国矿业 , 1999, (1): 36-40.

[31] 王新民, 胡家国, 王泽群. 粉煤灰细砂胶结充填应用技术的研究[J]. 矿业研究与开发, 2001, (03): 4-6.

[32] 瞿群迪, 周华强, 侯朝炯, 等. 煤矿膏体充填开采工艺的探讨[J]. 煤炭科学技术, 2004, (10): 67-69.

[33] 赵才智, 周华强, 瞿群迪, 等. 膏体充填料浆流变性能的实验研究[J]. 煤炭科学技术, 2006, (08): 54-56.

[34] 丁德强. 矿山地下采空区膏体充填理论与技术研究[D]. 长沙: 中南大学硕士学位论文, 2007.

[35] 王洪江, 吴爱祥, 肖卫国, 等. 粗粒级膏体充填的技术进展及存在的问题[J]. 金属矿山, 2009, (11): 1-5.

[36] 杨志强, 高谦, 王永前, 等. 金川镍矿尾砂膏体充填采矿技术进步与展望[J]. 徐州工程学院学报(自然科学版), 2014, (3): 1-8.

[37] 傅鹤林, 桑玉发. 块石砂浆胶结充填体中级配骨料的分形效应[A]//面向 21 世纪的岩石力学与工程: 中国岩石力学与工程学会第四次学术大会论文集[C].北京: 中国水利水电出版社 1996: 7.

[38] 谢声维, 张葆春. 块石胶结充填的应用现状及发展[J]. 矿业研究与开发, 2002, (2): 1-4.

[39] 傅鹤林, 陈鼎初, 周罗中. 块石砂浆胶结充填技术试验研究[J]. 化工矿物与加工, 2002, (4): 2022.

[40] 刘福春. 块石砂浆胶结充填技术在铜坑锡矿的应用[J]. 工程设计与研究, 1997, (3): 1-4.

[41] 姜凡均. 狭长形采场块石胶结充填中块石和砂浆的分流[J]. 有色矿山, 1995, (1): 9-13.

[42] 张保义, 石国伟, 吕宪俊. 金属矿山尾矿充填采空区技术的发展概况[J]. 金属矿山, 2009, (S1): 272-2 75.

[43] 吕宪俊, 连民杰. 金属矿山尾矿处理技术进展[J]. 金属矿山, 2005, (8): 1-4.

[44] 张传信. 空场嗣后充填采矿方法在黑色金属矿山的应用前景[J]. 金属矿山, 2009, (S1): 257-260.

[45] 何哲祥, 鲍侠杰, 董泽振. 铜绿山铜矿不脱泥尾矿充填试验研究[J]. 金属矿山, 2005, (1): 15-17.

[46] 张晓铜. 尾矿充填技术综述[J]. 铜业工程, 2010, (3): 16-18.

[47] Huston D L, 刘德镒. 澳大利亚塔斯马尼亚岛罗斯伯里北端矿体中金的分布、矿物学和地球化学[J]. 黄金科技动态, 1990, (2): 15-18.

[48] 苏鸿英. 诺兰达公司铜生产现状和未来发展[J]. 世界有色金属, 2005, (3): 53-57.

[49] 刘天泉. 波兰城镇及建筑物下采煤技术[J]. 世界煤炭技术, 1985, (8): 5-9.

[50] 施能为, 王金庄, 李成智. 波兰建筑物下采煤[J]. 煤炭科学技术, 1991, (6): 48-50.

[51] 金铭良. 空场阶段充填采矿法——介绍澳大利亚芒特艾萨矿[J]. 化工矿山技术, 1987, (1): 18-21.

[52] 奈因多尔夫 L-B, 熊宠民. 芒特艾萨矿业公司的充填技术[J]. 国外金属矿采矿, 1984, (2): 35-42.

[53] 周爱民, 刘德茂, 芮钟英, 等. 德国铅锌矿山充填采矿技术考察[J]. 长沙矿山研究院季刊, 1991, (3): 56-63.

[54] 石文波. 西德矿井风力充填技术[J]. 煤炭科学技术, 1983, (5): 53-56.

[55] 耿毅德, 张东峰. 风力充填法管理煤矿采空区顶板的初步研究[J]. 山西煤炭, 2012, (3): 77-80.

[56] 胡爱华. 水砂和风力充填用的非传统材料管道[J]. 世界采矿快报, 1992, (4): 11.

[57] 周爱民. 中国充填技术概述[A]//中国有色金属学会. 第八届国际充填采矿会议论文集[C].北京: 中国有色金属学会, 2004: 7.

[58] 许家林, 赖文奇, 钱鸣高. 中国煤矿充填开采的发展前景与技术途径探讨[A]//中国有色金属学会. 第八届国际充填采矿会议论文集[C].北京: 中国有色金属学会, 2004: 4.

[59] 卜豹章. 分析充填技术在采矿实践中的前景探究[J]. 科技风, 2013, (5): 25.

[60] 惠功领. 我国煤矿充填开采技术现状与发展[J]. 煤炭工程, 2010, (2): 21-23.

[61] 朱秀梅. 充填技术在采矿实践中的前景探究[J]. 中小企业管理与科技(上旬刊), 2010, (11): 245-246.

[62] 杨井志. 充填技术在采矿工程中的应用[J]. 黑龙江科技信息, 2014, (2): 6.

[63] 王奎辉. 试论采矿充填技术的发展前景[J]. 科技与企业, 2014, (4): 169.

[64] 徐法奎, 李凤明. 我国"三下"压煤及开采中若干问题浅析[J]. 煤炭经济研究, 2005, (5): 26-27.

[65] 吴吟. 中国煤矿充填开采技术的成效与发展方向[J]. 中国煤炭, 2012, (6): 5-10.

[66] 许家林, 轩大洋, 朱卫兵. 充填采煤技术现状与展望[J]. 采矿技术, 2011, (3): 24-30.

[67] 李海波. 上宫金矿干式充填采矿方法试验研究[D]. 西安: 西安建筑科技大学硕士学位论文, 2005.

[68] 于亦亮, 庞曰宏, 郭斯旭. 召口分矿废石干式充填方法的应用[J]. 有色金属, 2003, (1): 11-12.

[69] 袁世伦, 胡国斌, 杨承祥. 金属矿山充填技术的回顾与展望[J]. 江西有色金属, 2004, (3): 11-15.

[70] 徐瑞勇. 有色金属地下矿山充填技术的发展[J]. 矿冶, 1999, (3): 5-8.

[71] 陈维新, 关显华. 粉煤灰基胶结充填采煤技术及应用[J]. 煤矿现代化, 2014, (3): 16-18.

[72] 陈维新, 付明超, 刘世明, 等. 粉煤灰基胶结材料袋式条带充填开采实验[J]. 黑龙江科技大学学报, 2014, (4): 360-363.

[73] 张磊, 吕宪俊, 金子桥. 粉煤灰在矿山胶结充填中应用的研究现状[J]. 矿业研究与开发, 2011, (4): 22-25.

[74] 许猛堂, 张东升, 马立强, 等. 超高水材料长壁工作面充填开采顶板控制技术[J]. 煤炭学报, 2014, (3): 410-416

[75] 周华强, 侯朝炯, 王承焕. 高水充填材料的研究与应用[J]. 煤炭学报, 1992, (1): 25-36.

[76] 杨本生, 李杰, 孙恒虎, 等. 我国地下矿山高水充填采矿发展状况及其前景[J]. 黄金, 1999, (4): 14-16.

[77] 张桂暄. 干式充填采矿法存在问题与改进实践[J]. 黄金科学技术, 2002, 10(6): 25-30.

[78] 王黎, 王彦丰, 刘兰菊. 干式充填采矿法几个技术问题的探讨[J]. 黄金, 2000, 21(3): 24-27.

[79] 谭伟华. 云西矿区干式充填采矿的改进与实践[J]. 矿业工程, 2007, 5(3): 29-30.

[80] 杨秀瑛, 王跃江, 贺志坚. 干式充填采矿法若干技术进步[J]. 黄金, 2004, 25(10): 29-31.

[81] 白忠强, 王彦军. 干式充填采矿法若干技术问题探讨[J]. 中国矿山工程, 2004, 33(2): 18-21.

[82] 杨明. 干式充填采矿法在河台金矿的应用[J]. 矿业研究与开发, 1996, (S1): 80-82.

[83] 张桂暄. 干式充填采矿工艺若干技术问题探讨[J]. 黄金科学技术, 2004, 12(1): 8-12.

[84] 唐际华. 干式充填法在实践中的应用[J]. 内蒙古科技与经济, 2004, (3): 53-54.

[85] 吴壮军, 刘小林, 杨立根. 机械化水平分层干式充填采矿法试验研究[J]. 湖南冶金, 1996, (2): 8-12.

[86] 缪协兴, 张吉雄, 郭广礼. 综合机械化固体废物充填采煤方法与技术[M]. 徐州: 中国矿业大学出版社, 2010.

[87] 张吉雄, 缪协兴, 郭广礼. 固体密实充填采煤方法与实践[M]. 北京: 科学出版社, 2015.

[88] 刘建功. 煤矿充填法采煤[M]. 北京: 煤炭工业出版社, 2011.

[89] 赵庆彪. 邢台矿区煤矿开采新技术应用与发展[M]. 北京: 煤炭工业出版社, 2000.

[90] Yilmaz E. Effect of curing under pressure on compressive strength development of cemented paste backfill[J]. Minerals Engineering, 2009, 22: 772-785.

[91] Fall M. Effect of high temperature on strength and micro structural properties of cemented paste backfill[J]. Fire Safety Journal, 2009, 44: 642-651.

[92] Fall-M. Saturated hydraulic conductivity of cemented paste backfill[J]. Minerals Engineering, 2009, 22(15): 1307-1317.

[93] 李增波, 刘树轮, 杨生强. 超高水材料充填技术在陶一矿开采中的应用[J]. 中国煤炭, 2015, 41(10): 114-117.

[94] 冯光明, 王成真, 韩晓东, 等. 超高水材料开放式充填开采研究[J]. 采矿与安全工程学报, 2010, (4): 453-457.

[95] 连小林, 冯光明, 王成真, 等. 超高水材料液压支架后挂袋充填技术[J]. 煤矿安全, 2011, (2): 57-60.

[96] 冯光明, 孙春东, 王成真, 等. 超高水材料采空区充填方法研究[J]. 煤炭学报, 2010, 35(12): 1963-1968.

[97] 冯光明, 王成真. 超高水材料采空区充填工艺系统与应用研究[J]. 山东科技大学学报, 2011, 30(2): 1-8.

[98] 丁玉, 冯光明, 王成真. 超高水充填材料基本性能试验研究[J]. 煤炭学报, 2011, 36(7): 1087-1092.

[99] 孙春东, 李凤凯, 冯光明, 等. 一种采空区袋式充填方法[P]. 中国专利: 2009101853195, 2011.

[100] 孙春东, 孟杏莽, 冯光明, 等. 一种矿用充填浆体制备系统[P]. 中国专利: 2009200364479, 2009.

[101] 孟兴莽, 孙春东, 邸志平, 等. 大型自移式沿空留巷充填支架[P]. 中国专利: 2009200364483, 2009.

[102] 冯光明, 李乃梁, 周振, 等. 一种采空区堤坝式充填液压支架[P]. 中国专利: 2010201371152, 2010.

[103] 冯光明, 贾凯军, 尚宝宝. 超高水充填材料在采矿工程中的应用与展望[J]. 煤炭科学技术, 2015, (1): 5-9.

[104] 孙春东, 张东升, 王旭锋, 等. 大尺寸高水材料巷旁充填体蠕变特性试验研究[J]. 采矿与安全工程学报, 2012, (4): 487-491.

[105] 薛君玕. 钙矾石相的形成、稳定和膨胀——记钙矾石学术讨论会[J]. 硅酸盐学报, 1983, 11(2): 247-251.

[106] 杨长珊, 薛君玕. C_2AS 玻璃在石膏—石灰溶液中形成钙矾石过程[J]. 硅酸盐通报, 1985, (6): 1-5.

[107] 刘崇熙. 钙矾石脱水过程中晶体结构的演变[J]. 长江科学院院报, 1989, (3): 60-67.

[108] 舒秋贵, 郭昭学, 陈家凤, 等. 水泥浆时变性对注水泥水力参数的影响分析[J]. 天然业, 2008, 28(11): 80-82.

[109] 王雄鹰. 水泥浆液粘度随时间变化的试验研究[J]. 山西建筑, 2009, 35(16): 10-11.

[110] 柴诚敬. 化工原理(上)[M]. 北京: 高等教育出版社, 2005.

[111] 高仁端, 韦绍伟. 水泥浆液粘度随时间变化的试验研究[J]. 凯里学院学报, 2010, 28(6): 3-5.

[112] 费祥俊. 浆体与粒状物料输送水力学[M]. 北京: 清华大学出版社, 1994.

[113] 张远君. 流体力学大全[M]. 北京: 北京航空航天大学出版社, 1991.

[114] 王旭锋, 孙春东, 张东升, 等. 超高水材料充填胶结体工程特性试验研究[J]. 采矿与安全工程学报, 2014, (6): 852-856.

[115] 冯光明, 王成真, 李凤凯, 等. 超高水材料袋式充填开采研究[J]. 采矿与安全工程学报, 2011, (4): 602-607.

[116] 贾凯军, 冯光明, 王誉钦, 等. 俯斜开采超高水材料袋式充填体失稳机理及防治[J].中国矿业大学学报, 2015, (3): 409-415.

[117] 冯光明, 孙春东, 王成真,等. 超高水材料采空区充填方法研究[J]. 煤炭学报, 2010, (12): 1963-1968.

[118] 冯光明, 贾凯军, 李凤凯, 等. 超高水材料开放式充填开采覆岩控制研究[J]. 中国矿业大学学报, 2011, (6): 841-845.

[119] 孙春东, 姜福兴, 刘懿, 等. 超高水开放式充填开采围岩破裂的微地震监测[J]. 岩石力学与工程学报, 2014, (3): 475-483.

[120] 郭楠楠, 冯光明, 孙红卫, 等. 超高水材料分段开放式充填开采研究[J]. 金属矿山, 2012, (3): 19-22.

[121] 周振, 冯光明, 张明, 等. 超高水材料分段阻隔式充填开采研究[J]. 中州煤炭, 2011, (2): 10-12.

[122] 张文涛, 陆庆刚, 张睿, 等. 超高水材料阻隔式充填开采技术[J]. 煤矿安全, 2013(03): 78-80+84.

[123] 贾凯军, 冯光明, 李凤凯. 矿用超高水充填材料制浆系统研究与应用[J]. 山东科技大学学报(自然科学版), 2011, (6): 8-14.

[124] 孙春东. 超高水材料长壁充填开采覆岩活动规律及其控制研究[D].徐州: 中国矿业大学博士学位论文, 2012.

[125] 连小林, 冯光明, 王成真, 等. 超高水材料液压支架后挂袋充填技术[J]. 煤矿安全, 2011, (2): 57-60.

[126] 时统军. 超高水充填分体式液压支架的研制[J]. 煤矿机械, 2013, (5): 193-194.

[127] 杨立宏. 矿用微震监测系统的研究[D]. 淮南: 安徽理工大学硕士学位论文, 2013.

[128] 赵圣琦. 微地震监测技术研究与应用[D]. 大庆: 东北石油大学, 2014.

[129] 唐绍辉, 潘懿, 黄英华, 等. 深井矿山地压灾害微震监测技术应用研究[J]. 岩石力学与工程学报, 2009, (S2): 3597-3603.

[130] 王旭锋, 张东升, 张炜, 等. 沙土质型冲沟发育区浅埋煤层长壁开采支护阻力的确定[J]. 煤炭学报, 2013, 2: 194-198.

[131] 王旭锋, 张东升, 卢鑫, 等. 浅埋煤层沙土质冲沟坡体下开采矿压显现特征[J]. 煤炭科学技术, 2010, 6: 18-22.

[132] 冯光明, 丁玉. 超高水材料充填开采技术研究及应用[M].徐州:中国矿业大学出版社, 2010.

[133] 刘崇熙. 钙矾石脱水过程中晶体结构的演变[J]. 长江科学院院报, 1989, (3): 60-61.

[134] 王善拔. 钙矾石热稳定性的研究[J]. 膨胀剂与膨胀混凝土, 2007, (1): 8-11.

[135] 蓝俊康, 王焰新. 铬酸型钙矾石与硫酸型钙矾石的差异性研究[J]. 混凝土, 2004, (10): 8-11.

[136] 杨南如, 钟白茜, 董攀, 等. 钙矾石的形成和稳定条件[J]. 硅酸盐学报, 1984, (2): 27-37.

[137] Pajares I, Martínez-Ramírez S, Blanco-Varela M T. Evolution of ettringite in presence of carbonate, and silicate ions[J]. Cement and Concrete Composites, 2003, 25(8): 861-865.

[138] 陈贤拓, 邹瑞珍, 陈霄榕. 钙矾石表面碳化动力学及反应机理[J]. 河北轻化工学院学报. 1993, 14(3): 2-5.

[139] 宋存义, 程相利, 汪增乐. 钙矾石材料硬化体风化机理[J]. 北京科技大学学报, 1999, 21(5): 459-461.

[140] 游宝坤, 席耀忠. 钙矾石的物理化学性能与混凝土的耐久性[J]. 中国建材, 2002, (3): 13-16.

[141] 席耀忠. Fe_2O_3-Al_2O_3 钙矾石型固溶体系列[J]. 硅酸盐通报, 1996, (6): 16-19.

[142] 陈胡星, 叶青, 沈锦林, 等. 钙矾石的长期稳定性[J]. 材料科学与工程, 2001, (2): 15-20.

[143] Myneni S C B, Traina S J, Waychunas G A, et al. Vibrational spectroscopy of functional group chemistry and arsenate coordinate in ettringite[J]. Geochimica et Cosmochimica Acta, 1998, 62(21): 3499-3514.

[144] Cody A M, Lee H, Cody R D, et al. The effects of chemical environment on the nucleation, growth, and stability of ettringite [$Ca_3Al(OH)_6$]$_2$(SO_4)$_3$·26H_2O[J]. Cement and Concrete Research, 2004, 34(5): 869-881.